读客®文化

机器情人

当情感被算法操控

[美] 理查德 · 扬克 著
布 晚 译

文匯出版社

图书在版编目（CIP）数据

机器情人 : 当情感被算法操控 / (美) 理查德·扬克著 ; 布晚译. -- 上海 : 文汇出版社, 2020.4

ISBN 978-7-5496-3135-3

Ⅰ. ①机… Ⅱ. ①理… ②布… Ⅲ. ①人工智能一普及读物 Ⅳ. ①TP18-49

中国版本图书馆CIP数据核字(2020)第030596号

机器情人

作　　者 / [美] 理查德·扬克
译　　者 / 布　晚

责任编辑 / 甘　棠
特邀编辑 / 路　娇　　李佳镁
封面装帧 / 汪芝灵

出版发行 / 文匯出版社
上海市威海路 755 号
（邮政编码 200041）
经　　销 / 全国新华书店
印刷装订 / 北京中科印刷有限公司
版　　次 / 2020 年 4 月第 1 版
印　　次 / 2020 年 4 月第 1 次印刷
开　　本 / 660mm × 960mm　1/16
字　　数 / 248 千字
印　　张 / 20

ISBN 978-7-5496-3135-3
定　　价 / 52.00 元

谨致多年来给予我教导、启蒙与激励的各位老师。

从头数起，从我的父母开始。

目录

工智能得以体验周围世界的精密传感器，让机器能大胆步入任何智能此前都未曾踏足过的世界。

机器可以让我们觉得它们真的是以爱回应我们的，从而成为我们生活、家具甚至家庭的一部分。但若对抗的局面来临，鉴于人机在可用智能、资源还有薄弱环节上的巨大差异，人类十之八九无法在这个星球上立足。我们期待的则是一场浩瀚而成功的共同进化进程，人类与技术彼此托举，相互提高，造就了我们所能想象得出的最神奇的伙伴关系。

引言

情绪，与你的身体和心智一样，是你之所以为你的决定性因素。虽然大多数人在看到或者体验到时，都知道那是情绪，但关于情绪是什么，如何变化，甚至情绪到底为什么存在，仍然存有很多疑问。不过可以肯定的是，如果脱离情绪，你大概会面目全非。

现在，我们正迈入一个叹为观止的新时代。我们开始赋予手中的技术读取、理解和重复的能力，甚至可能让它们有自己的情绪体验。而这些成为可能，要归功于情感计算。情感计算是人工智能领域相对较新的一个分支。这项技术功能强大、前途无量，必定在未来几十年中推动我们生活的世界改变和发展。

可能有些人会觉得这是科幻，另一些人则会当它是科学持续前行的又一实例。不管你怎么看，我们与技术之间的关系正比以往任何时候连接得更为紧密。最终，这些设备会成为我们的助手、朋友和伙伴，甚至可能——猜得没错——成为爱人。在这个过程中，我们或许能看到真正意义上的智能机器出现，美梦（噩梦）成真。

从文化起源人类制作工具开始，人类的进化史就与技术演化互相交织。没有彼此间长期以来如影随形地互为支持，无论是人类还是机器，都不可能发展到今天的高度。一切顺利的话，这种逃不开的难舍难分，会继续伴随此世界的生命历程，直到永远。

技术的进步通常受社会和经济的推动，这个过程与自然选择的某些过程似乎相仿，但绝非完全重合①。为了保持竞争力，人类采用了各种技术（包括发明机器、设定机构以及塑造文化）。接下来，这些技术要通过一系列判断它们与所处大环境适应程度的筛选。所谓大环境，是指当时社会的物质、精神、经济和政治状况的总括。尽管技术会有更新，但每项新技术能否存活还是由大环境决定的。

虽然自然进化与技术进化有所类同，但有一点两者完全不同，那就是技术的进化速度呈指数形式增长。生物的进化维持在一个相对稳定、呈线性的速度上，其决定因素包括新陈代谢、繁殖速度，以及基因突变的频度等。而技术进化则在多个正反馈回路中进行，发展得到提速②。尽管这种提速并非恒定，而且往往具体到某一领域、某一范式时，发展速度会渐趋平稳，但如果从时间尺度分析，纵览整个技术世界，会看到整体上技术知识和能力呈现净正增长。正因如此，在同一时间段内，技术以及技术带来的各种可能，其发展速度远超生物世界的演化速度③。

① 这里要澄清的是，技术进化与生物进化固然有很多平行发展的地方（这一点从达尔文和拉马克的模型可以看出），但在机制上显然存在很多不同。虽然选择、适应和是否适宜的决定因素等在技术进化中都可以找到匹配概念，但两者之间的最大不同，在于技术进化过程中有人类意识的参与，人是整个过程的主导。自然选择不是目的论的，这意味着它本质上不存在最终的原因、设计和目的。而人类却能够设立目标——即便自己对最终结果的影响力有限。人类的参与，使得意图和决定性因素必然贯穿技术演化的整个进程。

② 多种不同因素，都可能造成不同给定时间段内生物的进化速度有所不同（正如间断平衡理论所认为的那样）。但是如果时间够长，从长期看，这种差异会渐趋平缓。有些事件，比如有性繁殖的出现，可能会带动进化速度整体上升。但是总体而言，重组、变异和其他一些导致基因改变的因素，其增长速度还是比较线性的。与之相比，技术演化进化的发展速度则更呈指数式增长，其原因至少部分是由于之前取得的进展会形成正反馈环。

③ 大量的文章和研究成果都对技术正在加速变革的观点表示赞同，其中包括Stanislaw Ulam、R. Buckminster Fuller、Ray Kurzweil、Vernor Vinge和Kevin Kelly的作品和成果。

这种进步带来的后果之一，就是需要有越来越复杂的用户界面来帮助我们控制众多的新技术设备，并与之互动。我曾从事应用程序的界面开发工作多年，对此深有体会。正如研究技术理论的布兰达·劳雷尔（BrendaLaurel）观察到的那样："两个主体间的差异越大，就越需要一个设计精良的界面。"于是，一直以来技术发展的趋势就是不断研发使用起来更"自然"的界面，这样技术才能与我们的生活、身体、心灵和头脑沟通无碍。

《机器情人》讨论的就是一些最新的自然化界面。情感计算融合了计算机科学、人工智能、机器人技术、认知科学、心理学、生物特征识别技术及其他学科领域，旨在让我们运用情感，与计算机、机器人及其他技术形式进行交流和互动。目前人们正在设计这样能读取、理解，乃至可能对人类情绪产生影响的应用系统。其中部分应用已经走出实验室，投入商用。而所有这些都标志着新时代的到来——一个情感影响数字化的时代。心理学家和认知科学家使用的"情感影响"一词，指的是情感的展现。

在科技高速发展的今天，这一步无疑意义重大，但却并非毫无先兆。想想我们与技术之间从未间断且不断演化的关系，这一步可说是相辅相成。与此同时，它给人机关系带来的改变，不论对人类，还是对技术，都会造成巨大而深远的影响。它引领的道路充满不确定性因素。未来的世界，也许会越发美丽，也可能不忍目睹。科技发展造就的新机器，是会在我们还没有意识到自己需求的时候，就提示并让需求得到满足，还是会在不知不觉中升级成为对人类个体，乃至整个人类社会加以操纵的设备？无论怎样，在我们还有机会改变未来的终极面貌时，尽力探索科技能为我们实现的未来奇境，都不失为明智之举。

本书在多处采用了不同视角，这样做实属有意为之。在探索未来的过程中，很重要的一点，就是要认识到我们不可能真正了解或者预测未来。而解决这个问题的最好办法就是探讨所有可能的未来预期，并贴近现实，针对每一种可能性做好准备。

这意味着，不仅要考虑到科技按照预期发展了会怎样、没按照预期发展会怎样，还要考虑到人们对新技术的态度是接受，还是排斥。这也意味着我们要对这种发展做出短、中、长期的后果预测，包括那些容易被忽视的后果。这种未来学的观点，能让我们预先针对多种可能做好准备，积极主动地引导未来的发展。

《机器情人》分为三个部分。第一部分《通往情感计算之路》，介绍了人类的情感世界，跨度从人类出现之始，到开始研发能识别人类情绪的计算机及社交机器人。第二部分《情感式机器人的兴起》，分析了该技术的多种用途、技术对人类的益处，以及机器人潜力得到充分开发后人类值得思考的问题。最后是《人工交互智能的未来》，对人工交互智能的未来发展，及其带给个人乃至社会的影响等重要问题进行了探讨。本书的结尾就意识和超智能提出了诸多看法，并试图说明这些科技新发展将如何达成新的人机之间的平衡关系。

三百万年来，我们有科技相伴。一路走来，到目前为止，人与技术之间仍处于交流相对单向、一方基本沉默的状态。一旦我们开始与机器互动，即便是在看似很基础的层面上互动，这种体验会出现怎样的变化？此外，这些进展是否会让技术得到质的飞跃？如果有朝一日，人工智能达到甚至超过人类水平，也许在发展过程中获得意识，那么情感及由之而来的一切，是否是那引发熔断效应的火花？这些问题，只有时间能回答。而眼下我们要做的，应该是估量种种可能。

尽管本书讲的是情绪和感受，但它更多是以科学、研究，以及对宇宙中智能本质的认识为基础的。我们会看到，情感也许不只存在于人性的重要方面，不论以何种形式存在，它还是很多高智能技术的关键组成部分。

关于未来之我见

未来学，有时也称“战略性预测”，有别于其他领域。几乎天天都有人问“未来学家是什么”或者“未来学家都做什么”。很多人脑子里出现的，都是一个盯着水晶球的算命人形象，其实这些人是大错特错了。因为说到底，人人都是未来学家。

预见力是人类的主要特质之一。自我意识和内省力让人类能对周围环境呈现的模式及其循环加以预测，进而提高自身的生存能力。正因如此，我们进化出了前额叶皮层，让人类对未来情形的判断力远远优于其他物种。也许刚开始只能识别塞伦盖蒂大草原[①]上状况的变化，发现周围有猛兽潜伏。逐渐地我们了解月盈月亏、潮涨潮退，还有春夏秋冬。再之后没多久，我们开始预知日食月食、预报龙卷风袭、预测股市涨跌。我们是智人，是会预测未来的物种。

当然，这仅仅是开始。尽管我们的这种预测力不可思议，但是如果不加训练，它能做的还是不够广泛。因此，当世界开始扪心自问“怎样才能在核武时代生存下去”这种不好回答却关乎存亡的重要问题时，我

① 编者注：塞伦盖蒂大草原栖息着世界上种类最多、数量最庞大的野生动物群，半年一次的动物迁移是世界十大自然旅游奇观之一。

们也该悉心梳理对未来的预见了。

兰德计划[①] 始于“二战”刚结束之时。在很多人眼里，它的启动标志着严肃意义上的预测活动开始。兰德计划奠基于现有能力，就军事发展规划与研发决策相关联的必要性和收益展开研究。它让军方不仅能更好地预见未来己方的能力，还能发现未来敌方的能力。这一点非常关键，因为在核武时代，未来存在着太多的不确定性，包括人们能否存活到未来来临都是未知数。

兰德计划最终转变为兰德公司，成为世界首批政策智库。当时空间竞争愈演愈烈，人们——特别是政府和军方——对预知未来发展的兴趣随之增强。公司企业也很快开始表现出兴趣，最有名的案例是英荷壳牌石油公司运用情景规划应对1973年的石油危机。直到今天，人们还在开发各种工具和方法，预测活动也在全球各地展开。在英特尔和微软这样的大公司，未来预测工作专人专职，小些的企业和机构则雇请未来学家提供咨询。无论是品牌推广、产品设计、研究开发，还是政府规划、教育管理，只要其面向未来，就有人在探寻。以技术手段设计项目架构、扫描收集信息、建立预测、设立情景、勾勒目标、规划实施，这些未来学家帮助我们看清机遇与挑战，让我们能朝着众望所归的未来前行。

预见工作很重要的一点，就是要认识到未来并非石刻铅铸，我们每个人都或多或少地对它的形成产生影响。注意我说的是影响，不是控制。塑造未来的诸多因素，其涉及范围之广、复杂程度之高，远远不是我们中任何个人能控制的。但是，如果我们早早就清楚自己对未来抱有的期待，我们就可以通过影响其他因素，加大期待实现的可能。

攒钱养老就是个人生活方面一个很好的例子。年轻人想清楚了自己

① 编者注：“兰德计划”是兰德公司的前身，宗旨是通过慈善、教育和科技促进未来美国公众福利，提高社会安全。

有一天要退休，就可以早早地开始攒钱、做投资。这样到退休的时候，他们在经济上的保障，肯定比等到五六十岁才开始攒钱要好得多。

本书运用了预见的多种方式方法，如前瞻评估、专家调查、趋势预测等，在此不一一列举。情景规划在书中经常出现，可算是最容易认出的分析方法了。未来学家的方法会产生大量数据，可数据往往无法将重点直观传达给人类，而故事却可以，因为我们讲故事的传统源远流长。我们从故事中获取新知，也通过故事亲近彼此。情景的作用正在于此：它将所有数据统合，转换成一种让人易于接受、更人性化的形式。

书中没有做出过于精细的预测，因为预测本身从多个角度看都价值不大。一些人认为，研究未来的目的是预言未来，其实并非如此。知道一件事是会在2023年发生还是2026年发生，远不如知道这件事到底会不会发生以及我们该如何应对来得重要。预测赛马场上哪匹马快或者世界杯哪个队夺冠，那是赌徒所为，不是未来学家的工作。

从很多方面看，未来学家研究未来的过程，与历史学家研究历史颇为相像，两者都是利用零碎的线索，推演出事件的全貌或者发展趋势。也许你会问，事情还没有发生，哪里来的线索？你早就知道，未来以过去和现在为基础，而过去和现在满载的信号和指示，会告诉我们即将到来的是什么。

所以读下去，了解人工交互智能的未来时代吧，因为弹指间那也会成为我们的现在。

第一部分

通向情感计算之路

人类始终致力于让技术的应用愈渐亲和，情感计算科学的出现，是水到渠成的一步，它能让计算机和社交机器人识别、理解、重现乃至干预人类的情绪。在未来，任何人与技术发生直接互动的地方，任何人与机器互动时期望它有智能的地方，都能找到情感计算。

交互设备崭露头角

加利福尼亚州门洛帕克，2032年3月3日早上7:06

初春露重的清晨。曼迪温和地将阿比盖尔从睡梦中唤醒。曼迪是阿比盖尔的数字私人助理。对于阿比盖尔所处的睡眠周期，曼迪可以通过床上的传感器准确获知。这样曼迪就能按照阿比盖尔的工作安排，在最佳时点叫醒阿比盖尔。考虑到外面天色有些灰暗，昨晚阿比盖尔上床前的心情又稍显欠佳，曼迪决定用麻雀、金翅雀清晨和鸣的录音做叫醒音乐。

阿比盖尔伸了个懒腰，从床边坐起，脚在地上探着拖鞋。“唔，已经早上啦？”她含糊地嘟哝着。

“你睡了七小时十九分钟，中间基本未受打扰。”曼迪汇报道，甜美的声音通过房间里内置的音响系统传出，语调是经过精调的轻快，“今天早上感觉如何？”

“不错，”阿比盖尔眨巴眼睛，“应该说非常好。”

这只是礼貌的问候。曼迪其实根本不需要问，也不需要主人来回答。通过多个远程传感器，这位数字助理已经对阿比盖尔的身体姿态、能量水平、面部表情及说话腔调进行了分析，并得出评估结果，那就是她今天的心情比昨晚好多了。

这是这位年轻女性和她的数字助理很平常的一天。他们俩在一起已经很久了。很多年前，阿比盖尔给自己的助理取名曼迪，那时阿比盖尔还是十几岁的孩子。当然，那时候软件的智能程度也比现在落后好多个版本。所以，某种意义上说，他们是一起长大的。这些年来，曼迪对阿比盖尔的工作习惯、行为模式、情绪状态、个人喜好，还有其他好多特点越来越熟悉。可以说，曼迪比世界上任何人都更了解阿比盖尔。

趁着阿比盖尔洗漱准备上班的时间，曼迪又跟阿比盖尔汇报了天气状况、路况和阿比盖尔上午的工作安排，还有几条推上了社交媒体头条的比较有意思的消息。

阿比盖尔一边梳头发一边问："曼迪，今天董事会的材料你都整理好了吧？"

数字助理早料到有此一问。它已经查过阿比盖尔的工作日历，调取了生物特征历史数据，把她召开董事会所需的一切都安排好了。阿比盖尔的公司是AAT公司，AAT是情感影响应用技术[1]的缩写。阿比盖尔是这家公司的CEO。在人机技术关系领域，阿比盖尔和她的公司在业界领先。"每人都已收到会议议程。你的纪要和三维演示稿已经定稿。工作早餐备餐的事，杰罗米都安排妥当。你今天要穿的衣服我也替你选好了，莲娜

① 编者注：AAT全称为：Applied Affective Technologes

丽姿那套。”

“那套我最近没穿过吗？”

曼迪想都不用想就答道：“我的记录显示，你上次穿这套衣服是两个月前，参加同等重要级别的会议。这套衣服让你自信满满，好像充满力量。而且，今天参加会议的人没见过你穿这套衣服。”

“那太好了！”阿比盖尔眉开眼笑，“曼迪，要没有你，我可怎么办呢？”

真的，可怎么办呢？

尽管这一幕听起来颇似科幻小说片段，但它所描述的十五年后的科技水平，并不算完全异想天开。语音识别与合成、个人生物特征的实时测量，还有人工智能排班系统，已经进入我们的日常生活，且影响渐增。随着计算能力的不断提高，以及相关技术的不断进步，不用几十年，这些工具的先进程度就会远超现在。

不过，我们这里要说的那种真正意义上的转变，却出自计算机科学一个尚属发展初期的分支，它的历史短到很多人都没有听说过，这就是情感计算。情感计算的目标是要研制出能与人类感受互动的系统和设备。确切地说，就是让计算机和社交机器人识别、理解、重现乃至干预人类的情绪。

这一迅猛发展的领域，很可能带来我们与计算机及其他设备的交流方式上的剧变。各种系统和控制装置，会越来越根据我们的情绪反应和其他非语言线索，调整操作及行动。由此，技术会越来越跟随我们的本能，它不仅能回应我们明确表述的指令，还能满足我们未言明的需求。在接下来的章节中，我们会进一步探讨这样的时代对机器、对人类意味着什么。

我们都是情绪机器。几个世纪以来，生理学、生物学、神经科学及其他多个领域的研究一次次证明，人几乎从头到脚都遵循一套生理流程。这些机械化作用的规则，让我们四处活动、吃饱喝足、长大成人、繁衍后代。基因变异的范围非常狭窄时，我们基本都是先人的翻版，接着繁衍几乎是我们翻版的后代，人类几乎就像是从同一个饼干模子里倒出来，如此一代代传下去。

可这显然与人类的实际状况不尽相同。尽管这些因素在一定程度上限定了我们，但我们所具有的深度和广度，远非仅用刺激反应机理就能解释清楚。之所以如此，最重要的原因是因为我们有情绪。每一个人都有希望、梦想、恐惧和欲望，这些情绪既独一无二，又是人所共有。这种共同而普遍的特质之所以能表现出独特和个性，很大程度上是由于我们对外部世界的情感体验不同。否则，一起长大的双胞胎岂不是连性格特质都一模一样了？可事实正相反，虽然刚开始两个人受基因影响的那部分特征和行为相同，但随着时间推移，差异会慢慢显现。从生物学、化学过程、观感输入模式上讲，人类几乎如出一辙，而让曾经和现在生活于这个星球上的所有1070亿人每一个都与众不同的，是我们的感受，是我们对所体验到的世界做出的情绪释读和反应[①]。

关于情绪是什么、为什么存在，以及如何产生等情绪理论，不说成千也有几百种。希冀在一本书，比如说本书中介绍或者探讨所有这些理论，是绝无可能的。而且本书也不会妄称哪种理论为唯一绝对真理，因为在一定意义上，绝对真理也许根本不存在。神经科学家、心理学家和

① 有部分读者会坚持认为，让我们具有独特性和意识能力的是我们的灵魂。由于这属于信仰范畴，无法通过客观观察和可证伪性等科学手段展开研究，所以本书无法对其进行探讨。

哲学家已经多次指出，有多少理论家，就有多少种情绪理论[①]。情绪是人类境况和心灵一个异常复杂的层面，恐怕在复杂性上也只有意识之谜能略胜一筹。承认情绪的深度和复杂性，而不是试图去过度简化情绪的机制和目的，这一点很重要。

情绪是人类最基本的经验构成之一。可是，对我们生命如此重要的情绪，却一直让我们难以定义，甚至难以描述。我们对感觉和情绪理解最透彻的时候，倒像是在情绪离开我们，或者发生扭曲的时候。无论理论有多少种，有一点是肯定的：我们之所以是我们，情绪在其中发挥着重要作用。没有情绪，我们不过是自身了无生气的仿制品而已。

那么进入一个计算机、机器人或其他设备与人类情绪互动程度越来越高的时代，意味着什么？这种互动会如何改变人机关系和人际关系？又会如何改变技术本身？还有更重要的一点，如果情绪能在人类及部分其他动物身上自然演化，并使我们受益，那么情绪会不会也给未来人工智能的发展带来类似的益处？

人类始终致力于让技术的应用愈渐亲和，而不是命人向技术靠拢。情绪计算科学的出现，是水到渠成的一步，具体原因我们会在后面章节中讨论。也因为这样，人工智能的这一分支，早晚会不同程度地渗透到我们生活的方方面面。最终，它会隐没于画面之中，就像人工智能领域已经研发并推向市场的几乎所有技术那样——因为无处不在而被人们飞快地视作理所当然，对其熟视无睹，以至于没有机会充分肯定它的重要

① “可惜，几乎有多少位情绪理论家，就有多少种情绪理论。” Jesse J. Prinz. The Oxford Handbook of Philosophy of Cognitive Science [M]. Oxford University Press, 2012; “可以说有多少理论家就有多少种情绪理论。” Neal M. Ashkanasy, Charmine E. J. Härtel, W. J. Zerbe. Emotions in the Workplace: Research, Theory, and Practice [M]. Praeger, 2000; “有人说，情绪理论的数量和情绪理论家一样多。” Joseph LeDoux, Beck, J. Hard Feelings: Science's Struggle to Define Emotions [J]. The Atlantic, 2015(2).

价值。

设想一下这些可能性：能根据你的心情调整灯光和音乐的房间；能让年轻人投入自然的情绪反应，被玩得不亦乐乎的玩具；能注意到那件让你手足无措的工作，进而调整其帮助方式的电脑程序；在激动地发出一条措辞过于激烈的信息前，能给你一个暂停拦截的邮箱。这样的例子可谓不胜枚举。

然而，几乎任何一项技术都可能带来始料未及的问题，或者被用在有违发明者初衷的地方。情绪计算也不例外。用不着费心思量，我们都知道这项技术也可能被误用或滥用，这明显损害公众利益。与其他很多技术一样，情绪计算会成为一把双刃剑，一方面对我们有益，但其潜在的伤害力也同样不可小觑。

在谈论这一重要进步的同时，还有一点要说：一定意义上讲，情绪计算无论是在技术进步还是在人机关系的漫长进化进程中，都是一个里程碑。走到这里，花了数百万年时间来积淀。这征程漫漫的长篇故事如今可能正走到一个关键时点，此后何去何从决定的不仅是技术的未来，还有人类的未来。

不过首先让我们来看看这些很多人都会思考的问题：怎么会有人要去做这个？为什么要设计能理解我们感受的机器呢？接下来的一章会告诉我们，人类经过三百多万年的跋涉发展，这一步再自然不过，甚至可说是势在必然。

情绪推动第一次技术革命

埃塞俄比亚阿法尔三角区戈纳，339万年前

青翠苍郁的山谷中，一个浑身毛茸茸的矮小身影，蹲在一小堆石块前。她一手屈掌捧着一块中等大小的燧石，一手不停地用第二个石块——一块没了棱角的花岗岩，反复击打燧石的表面。每击打几下，燧石就会迸落一小片，留下一个浅凹。随着这位年轻女性反复击打，原本没有什么形状的燧石慢慢有了形状。在女子辛苦的劳作中，这块燧石渐生出锋利的刃面。

这项工作带有仪式的神圣，同时也是传承沿袭——是祖祖辈辈传下来的技艺，不知已经传了多少代。最终的成品，是一件很小的切割工具，人们可以牢牢握住，然后把肉从骨头上剔下来，确保维系生命的那点食物连碎渣都不会浪费。

这里是东非大裂谷，旧石器时代的人类先祖，正在运用一项人类最早的技术。我们现在还无法确定她所属的具体人种，

> 但可以肯定她是双足行走的原始人，而且早于能人，也就是在教科书里一直被描述为“能人，工具制造者”的物种。她也许是肯尼亚平脸人，也可能是体形稍大的阿法古猿。按我们现在的标准，她体形娇小：大约三英尺[①]半（约1.06米），相对偏瘦。脑容量也比我们小很多，大约400立方厘米，比起我们的1350立方厘米，还不到三分之一。但这种比较实在有失公允。与人类进化树状分布图上的其他分支比，这个原始人，这个早期人类，已经是脑力上的巨人。她把这种能力充分运用了起来，制造出工具，从此将她属于的这一物种与之前的所有物种区别开来。

以今天的眼光来看，这些石器可能显得简陋。但在当时，这算是一个巨大的飞跃，大大提高了人类先祖获取营养、击败竞争对手和抵御猛兽的能力。借助这些工具，他们可以捕杀比自身强大得多的动物，把肉从骨头上剔下来。这又进而改变了他们的饮食结构，让他们能更稳定地获得蛋白质和脂肪，为大脑的进一步发展提供条件。

制造这些工具，需要知识与技能将人类先祖剧增的脑力与拇指屈伸使手部更灵活的特点两相结合。而最为重要的是，这从中发展出了交流石器制作，即石器打制技术的能力，从而使这一技术得以代代相传。这一点太神奇了，因为这些古猿更多地依靠情绪、面部表情和其他非言语交流手段。

要使这种知识的传递成为可能，需要多种认知和进化因素共同协调作用。打制技术并不简单，也不容易学，但对个体的生存，乃至整个物

① 编者注：1英尺=30.48厘米=0.3048米。

种的最终发展至关重要。因此，不管是通过基因传递，还是行为承袭，有利于这种知识延续和发展的人类特质会在自然选择中存留下来。

这是人类历史上非常不可思议的一件事，因为我们从此就成了实实在在的技术物种，人类与技术也自此开启齐肩并进的漫长旅程。我们会发现，情绪从一开始就参与其中，并让这一切成为可能。人类和技术此后的依存发展，给双方各自带来的机会和空间，若非彼此互为助力是根本做不到的。

人们往往会觉得工具和机器都是“蠢”物件，对其不以为然，但这显然是以人的智能水平作为衡量标准的。我们和机器比，毕竟是占了十亿年的先机，从单细胞生命出现我们就起步了。但随着时间推移，技术的智能水平已经越来越高，在不少新生领域已有赶超之势。再加上技术达到这一步几乎只在转瞬之间。原因我们后面会谈到，那就是技术的发展速度是以指数形式增长，相比之下人类的进化却是线性的。

于是我们又绕回到那个重要问题：石器打制是技术吗？答案是“绝对是”。石质工具的制作技术，在当时属于先锋前沿技术（拿“先锋”这个词做双关不太完美，但肯定贴切），这一点应该是确定无疑的。石器打制技术非常有用，乃至人类将这项技术整整沿用了三百余万年。毕竟，不夸张地讲，这些原始人的生死都仰仗着它。在这段时期，制作工艺的变化和发展异常缓慢，其中至少有部分原因是因为，新的尝试即便不被视为彻头彻尾的浪费，至少代价也太过昂贵。燧石是一种细粒的沉积岩，在当地的储量有限。从古人类遗址和当地的化石记录来看，燧石在非洲几个不同区域都曾数度消耗殆尽。而且据推测，有数次只能转而从产出更为丰富的地区搬运。

从化石记录来看，石器从简单的单边直刃，发展到多达上百个切面的精美切片石器，用了一百多万年的时间，差不多经历了七万代人的传承。虽然这项技术本身的改进速度拖沓缓慢，但有一点至关重要，那就是分享和传递这一技艺的能力。石器打制技术并没有随着某个才华出众的个体，或者旧石器时代的某位天才之死而消亡。因为这项技术太有用了，它让使用者具有更强的竞争力，所以世代交替间，这门技艺和知识被一丝不苟地传递下去，并得以慢慢演化出更复杂的技术形式和更多样的实际用途。

人类的原始人先祖会打制石器，这个我们几十年前就已经知道了。自20世纪30年代始，英国考古学家路易斯·利基及夫人玛丽·利基，从坦桑尼亚的奥杜瓦伊[①]峡谷挖掘出土了上千件石器工具和切片石器，这些石器也因此得名奥杜韦[②]石器。现在奥杜韦石器多用于指最早的切片石器类型[③]。后期对这些石器的年代分析表明，这些石器大约有170万年的历史，其制造者应该是鲍氏傍人，或者能人。

但是，更为近期的发现大大提早了人类使用工具的时间。20世纪90年代早期，沿着东非大裂谷，在位于奥德瓦伊北部的另一处旧石器时代古人类遗址，出土了年代更早的石器工具及碎片。1992年到1993年，美国新泽西州罗格斯大学的古人类学专家在埃塞俄比亚的阿法尔地区出土了2600件刃面锋利的切片石器及石锋碎片。经过放射性年代测定法和磁性地层学检测，研究人员认定这些碎片应完成于260多万年前，从而使这些石器成为已知最古老的人类工具遗存。

当然了，毕竟是数百万年前的东西，并不是总能找到直接证据。2010年的一个发现就属于这种情况。2010年，古人类学家在上述同一地

① 编者注：奥杜瓦伊峡谷（又译奥杜韦峡谷），人类最早的直系祖先“能人”骸骨碎片最早由英国考古学家路易斯·利基在坦桑尼亚的奥杜瓦伊峡谷发现。

② 编者注：奥杜韦文化：非洲大陆旧石器时代早期文化，因发现于坦桑尼亚奥杜韦峡谷而得名。

③ 利基夫妇同期还发掘出土了晚于这一时期的阿舍利文化的石器。

区发现了一些兽骨，上面的痕迹与石器的刮切痕迹相符。其中有两块骨化石，一块是股骨，另一块是肋骨，出自两种不同的有蹄类动物。两块化石上的痕迹，显然是为了剔净上面的肉而精心运用多种工具留下的。扫描结果显示，这两块骨头约有339万年的历史，从而将工具最初的使用又上溯了80万年。如果这个判断准确，根据其所在位置及年代可以推断阿法古猿，也可能是面部平坦的肯尼亚平脸人，就已经在使用，当然也已经在制作工具了。可惜，因为这一证据属于非直接证据，其有效性受到了很多专家的质疑。而由其得出的结论，即精细复杂工具的制作年代比以前认为的要早得多的论断，也因此颇有争议。

到了2015年，研究人员在肯尼亚境内距离奥杜瓦伊1000公里左右的地方，出土了石片、石核及石砧等石器，其制作年代全部在公元前330万年。今后可能还会有新的发现，将人类使用工具的历史上溯到更早的年代。目前为止，我们至少可以确定，石器打制是应用历史最悠久的技术之一。

至此，我们有了证据，证明我们最早开始应用的这项技术，正确无误地一代代传承，历经300多万年。单这一事实，本身就已经足够了不起了。不过还有一点值得思考，那就是在语言还不存在的时候，我们的先祖是如何维持这种连贯性的？

没有人知道语言确切的出现时间，就连人类何时开始使用真正有句法的语言的时间都难以确定。这在一定程度上是因为口头语言与化石和石器相比，不会留下有形的痕迹。从达尔文认为语言使用能力得以进化的观点，到乔姆斯基[①]反进化的强式最简命题，再到平克的新达尔文主

① 编者注：乔姆斯基认为说话的方式遵循一定的句法，这种句法具体而言就是一种不受语境影响并带有转换生成规则的语法，儿童被假定为天生具有适用于所有人类语言的基本语法结构的知识，这种与生俱来的知识通常被称作普通语法。

义[1] 论调，对语言的起源可谓众说纷纭。在本书中，我们姑且做几个假设，判定我们的语言能力至少部分是受自然选择推动，又由自然选择塑造形成的。

尽管我们很想将这个世界的一切都拟人化，但其他灵长类，以及其他动物并没有真正的组合性语言。固然很多动物都会嘶吼、啸鸣或是啼唤，但这些在本质上只是宣示或者情绪流露，最多只能表达当前的状态或处境。这些声音，绝大多数无法通过组合或者重组产生不同的意义。就算像有些鸣禽和鲸类动物能做到声音组合与重组，却不能细分保留其中各组合单元的意义。此外，动物的鸣叫无以表达否定传达讥讽意味，也不存在过去和未来的时态区分。简而言之，动物的语言与人类的语言的确没有可比性。

人们普遍认为，黑猩猩和倭黑猩猩在基因上，是与人类关系最近的表亲。很长时间以来，进化生物学家都表示，我们最晚近的共同祖先人与黑猩猩最晚近的同一个先祖生活在600万年前。这个时间是根据DNA特定片段的突变率推算的。以人类而言，我们的整体突变率据估测在每个后代产生30个变异基因左右。然而，近期研究人员对黑猩猩的分子钟进行了重新测定，发现速度比原来想的要快。如果这一信息准确，那么人与黑猩猩最晚近共同祖先的生活时期就应该前推至1300万年前，而这个共同祖先应该是已经灭绝了的人科人亚科中的乍得人猿。

当然，单个基因的不同，并不会造就新物种。突变需要积累到一定数量，才能产生一个完全不同的灵长类物种，比如远古地猿。而这个突变量，据估计直到1000万至7000万年前才终于积累完成。这是一段相当漫长的时间。

① 编者注：新达尔文主义认为生物进化是由于两性混合所产生的种质差异经自然选择所造成的后果。

在如此大幅的时间跨度中，我们能明确指出人类语言出现的时间点吗？人们普遍认为，南方古猿通过发声来交流的能力，与黑猩猩及其他灵长类动物没有什么不同。事实上，进化生物学家认为，在舌骨演化出特定形状，并移动到特定部位之前，我们的声带结构根本达不到现代语言的发声要求。舌骨的演化，加上咽喉的精准构造，才让我们在20万到25万年前，开始以音素[①]为单位，发出复杂的声音。近年来，有研究指出，尼安德特人可能同样具有语言能力。不管怎么说，这都是阿法古猿、鲍士傍人以及能人从地球上消失很久以后的事了。

遗传学则从另一角度对这一问题展开了研究。很多遗传学家认为，叉头框蛋白P2（FOXP2）基因的变异，可能与人的言语形成及运用有密切关系。叉头框蛋白P2基因，控制着转录因子叉头框蛋白P2的合成。这种基因在现代人身上发生了变异，而在其他哺乳动物身上则高度保留。转录因子是符合DNA特定序列的多种蛋白质，负责调控DNA模板转录成信使RNA的速度，核糖体随后通过信使RNA来合成氨基酸。

氨基酸合成上的差异对生物的发展会产生重要影响。FOXP2基因在除人类之外的灵长类动物身上同样存在，但人的这一基因中氨基酸序列发生了两处变化，正是这两处变化对人类的语言发展起到了关键作用。当然人的语言发展仅凭FOXP2一个基因是远远不够的，但这是我们首个发现的与语言表达相关的基因。另外，FOXP2的这种变异，直到距今约20万年前才发生。综合所有证据，就算是原始母语，即现代语言的初期形式，其发展历史相对而言也非常之短。

如果真是这样，那么在语言产生之前，我们旧石器时代的先祖是怎样分享并将石器打制的知识准确地传递了上百万年呢？机械的模仿和练

① 音素：语言中可用于将不同词区分开来的最小单位。

习是肯定有的，但是仅靠模仿，能做的有限。我们早就知道，技艺不精的一个问题，就是你不知道自己不知道什么[①]。

一般来说，要把细致繁复的知识，从技艺精湛的老师传授给一无所知的学生，最好是能在教学过程中有一定的及时反馈。因此，我们可以假定，在口头语言还未出现时，他们只能依靠表情和其他非言语交流手段。手势可以传递与技艺相关的一些信息，也可以用于表示不满意或是可接受。面部表情同样可以提供反馈，达到某些发声表达的效果。

教者与学者之间，应该有交流愉悦、愤怒和挫败情绪的能力。鉴于他们的嗅觉应该远比我们敏锐，就连气味和信息素，都可能成为反馈的形式。此外，也许还有很多我们现在认为是不够社会化的手段。比如，黑猩猩投掷粪便的做法，在很多灵长类动物学家看来，是宣示对方要听从自己的手段。对黑猩猩的近期研究表明，这一投掷行为与黑猩猩大脑中相当于人脑布洛卡区的脑区联系增多有关。人脑的布洛卡区，是额下回的一个非连续区域，是重要的语言中心。研究结果显示，投掷越频繁越精准的黑猩猩，智能也更高。虽然这种行为很不能为人类社会所接受，但却可能属于早期人类的一项交流本事。看，扔屎有理！

那么，人类情绪交流的基础从何而来呢？首先，最基本的情绪极可能源自我们的生理反应。与这个星球上其他所有生命形式一样，现代智人是几十亿年演化的结果。在此过程中，早期的脊椎动物逐渐进化出复杂的内分泌系统。这套由化学信号构成的网络，帮助身体在危险袭临、捕获食物或交配时机等特定情景下做出最佳反应[②]。当愤怒、恐惧、吃

① 我们今天把这种过度自信称为达克效应，属于一种认知偏差。https://en.wikipedia.org/wiki/Dunning-Kruger_effect.

② 这一现象存在的时间要比这里提到的长得多。趋化性让细胞根据特定化学物质的浓度升降向给定方向移动。因此可以说，化学信号对动作的驱动，可以一直追溯到第一个游动单细胞生物。

惊、厌恶、快乐和悲伤等基本情绪出现，多种激素的水平会随着情绪的兴奋度升高而升高。肾上腺素、皮质醇，还有其他多种化学物质，让身体做好要么打要么逃的准备。内啡肽控制痛感，多巴胺带来快感，褪黑素调节睡眠周期，催产素让人产生信任感和吸引力，如此等等。

但这只是情绪的生理构成。早在古希腊时期，人们就已在试图将情绪描述为驱动我们按某种方式行动的体验过程。我们可能会说，我们出拳是因为愤怒，跑开是因为恐惧。但在1884年，美国哲学家威廉·詹姆斯（William James）却提出，我们完全把事情弄反了。詹姆斯指出，人在受到某个事件的影响，也就是受到刺激时，身体会发生变化。这种反应几乎是瞬间发生的。在那篇名作《什么是情绪？》中，詹姆斯这样解释：

> 对刺激因素的感知，会直接带来身体的变化，而这些身体变化发生时给我们带来的感受，就是情绪。按照常识，没有了财产，我们会难过，开始哭泣；遇到了熊，我们会恐惧，然后逃跑；受到了对手的侮辱，我们会愤怒，大打出手。而本文要在这里提出的假说是，这种排序是不正确的。心理状态不是由刺激因素直接引发的，我们必须把身体变化置于两者之间。更合理的说法是，难过是因为我哭了，愤怒是因为我出手了，恐惧是因为我颤抖了，而不是我哭、我出手、我发抖，是因为我难过了、愤怒了或者恐惧了，等等。没有了随感知而得的身体状态，感知就成为纯认知层面的空壳，苍白无趣，缺乏情绪应有的温度。结果就成了我们看到熊，觉得最好开跑吧，受到侮辱，判断该出手了，但却无法真正感觉到恐惧或者愤怒。

因此，按照詹姆斯的理论，只有先出现身体反应，我们才能从认知角度加以理解，然后诉诸某种情绪表现。由此得出，对具体情绪在认知上的识别和归类，是在内分泌推动的生理反应之后发生的[①]。尽管詹姆斯–朗格理论在过去125年间不断受到批评和修正，但今天的很多情感影响神经学家至少会对这一理论的核心表示部分赞同。

虽然詹姆斯、朗格和塞吉都对情绪的理解进行了新的阐述，但他们的观点远未就此理论形成定论。在过去100年中，又涌现出很多新理论，对詹姆斯–朗格理论（James–Lange theory）或赞同或反对。关于这个话题，时至今日仍存在大量争论。就连是身体的体感先产生，还是我们称之为情绪的认知状态先产生，都无法完全达成共识。正如不少专家指出的那样，这两者几乎是同时产生的。在不假思索就对刺激做出反应时，可能是出于认知，甚至是本能主导，而反过来看也同样可能成立。我们经常会记起一些让我们或愤怒、或欢悦、或悲伤的回忆，而此时身体的生理反应是在之后才出现的。

众多持驳斥态度的理论之间，甚至连情绪到底有多少种都莫衷一是。例如，美国东北大学知名心理学教授丽莎·费尔德曼·巴雷特（Lisa Feldman Barrett），于2000年左右提出了“情绪的概念化作用模型”（conceptual act model），以期对所谓“情绪悖论”（emotion paradox）进行解释。这个悖论指出，虽然我们宣称自己有分类情绪的经验，比如愤怒、高兴、伤心等，还宣称自己能识别他人的情绪，但事实上却找不到什么神经科学的证据，来证明情绪体验存在这些分立的类别。

---

① 丹麦生理学家卡罗·朗格（Carl Lange）和意大利人类学家朱塞佩·塞吉（Giuseppe Sergi）也分别独立提出了同样的理论。后来这一理论被称为詹姆斯–朗格理论，也可称为詹姆斯–朗格–塞吉理论。

巴雷特的概念化作用模型认为，情绪不是脑回路产生的，而是出现在当时当刻的意识之中。巴雷特不同意分立情绪的观点，她认为这些情绪都是她称之为“核心情绪”的神经生理状态，而核心情绪的特征仅通过两个维度体现，一个维度是愉悦到不愉悦的程度高低，另一个维度则是从兴奋到平静的兴奋度变化。我们体验到的情绪，就落在由这两个轴构成的坐标系中，被人们按照在各自文化中对情绪的理解，根据具体情境加以归类。如果这种关于人类情绪的模型正确，那么这对我们如何将情绪性理解引入技术，会产生重大影响。

由于情绪的这些复杂性，关于情绪起源、作用及测量方法，争议还将持续下去。比如，巴雷特认为，两个维度足以定义情绪体验，但也有人提出，想恰当地定义情绪，需要四个、五个甚至六个维度才行。另外，同一事件可以让我们同时体验到积极和消极情绪，这一事实使问题变得更为复杂。正如德国心理学教授阿维尔·卡帕斯（Avril Kappas）在欧洲网络情感联会（Europe's Cyber Emotions consortium）的报告中所讲：“积极情绪和消极情绪并非水火不容，它们可能同时发生，从这个角度观察二者如何相互作用，会对我们有所裨益。”他还以父母在孩子第一次离家上大学时的心情为例，做了进一步解释。那种心情就是积极情绪和消极情绪的叠加。英语中甚至还专门有词来描述这种杂糅的状态，比如“bittersweet（苦乐参半）”。

显而易见，这些驱动我们的化学物质在我们身上存在已久。后来，随着我们大脑的进化，引发身体反应的激素刺激通过边缘系统与认知功能的整合程度越来越高，联系越来越紧密。边缘系统是大脑中包括杏核体、丘脑、下丘脑、海马体及其他一些脑结构在内的脑区，负责处理情绪、动机和长期记忆，进而影响这些方面的表现。此外，边缘系统的各组成部分之间还通过极为复杂的交互联通，作用于新皮层并为新皮层提供信息输入，而新皮层正是我们语言、感知和抽象思维的中心。

内分泌系统本质上是一套化学网络和信息体系，而边缘系统是其主控系统。如此，也就解释了内分泌系统的进化先于新皮层，且不受新皮层影响的原因。在新皮层区域，人们一般将种种化学变化归类为不同情绪。在两个各自进化的系统之间，必然产生了某种联系，使双向联通成为可能。

而前扣带皮层（anterior cingluate cortex, ACC）看来既是认知信息处理中心，又是情感信息处理中心。它同时负责处理下行和上行的双向刺激，因此很可能是受内分泌驱动的生理体验与认知功能的交会之所。

纺锤体神经元，又称Von Economo神经元（VENs）[①]，是前扣带皮层与另外两个皮层(前岛叶皮层和背外侧前额叶皮层)特有的脑皮层细胞。这种很长的特异性神经元将大脑相对距离较远的不同部分连接了起来，很可能起到了加快信息处理、强化不同脑区与功能间相互联系的作用。纺锤体神经元的进化大约发生在1500万至2000万年前，是新皮层进化相对较晚的部分。研究人员起初认为，只有人类和部分高等灵长类动物才有这种神经元，后来在其他某些亲缘关系很远的物种具体如鲸类和大象身上也发现了纺锤体神经元，从而表明纺锤体神经元的出现可能是趋同进化的结果。换言之，这些神经元是在完全不同的物种中各自独立进化的。促成这种趋同进化的原因也许是脑容量加大后，这种神经元的存在能为多物种带来普遍的利益。无独有偶，这些物种恰恰就是那些已证明能通过某些自我识别测试（镜子测试）的物种，这也说明纺锤体神经元提供的神经连接，很可能对自我意识和心智构成至关重要[②]。

有趣的是，人类婴儿的纺锤体神经元要到4至8个月大时才会出现。

① 纺锤体神经元似乎主要存在于前扣带皮层、前岛叶皮层和背外侧前额叶皮层。

② 心智理论，简称ToM，是了解和推断自己和他人心理状态的能力。

神经元的相互连接，要到1岁半左右才能达到一定数量，一般要到三四岁才能全部连接完成。这些时间点，与人类认知能力发展的一些重要节点基本吻合，显示纺锤体神经元对人类的自我意识发展有支持作用。

由此可见，我们的情绪和更高级的执行功能这两个系统，应该是经过了很漫长的进化，才开始慢慢相互融合。大脑的执行功能之所以能覆盖和调节我们的部分生理和情绪反应，可能与纺锤体神经元的连接作用有关。无论其神经机制如何，只有发生这种融合，通过融合生成的反馈环，意识、自我意识和内省才能唤起一系列所谓人类独有的高等情绪，如负罪感、骄傲、尴尬，还有羞愧等[①]。同理，如果不是有这种融合的作用，由内部生成的情绪，比如我们回忆过去时产生的情绪将无从生发。

最后，我们甚至发展出控制自己情绪的能力，至少是一定程度上的控制能力，这也和社会化进程不无关系。我们还学会了反省自己的情绪，在某些场合甚至可以随心调整。也许有人奇怪，究竟为什么我们的认知需要具备这些能力？这很可能是因为在做决定的过程中，这些能力通过判别过去记忆的不同价值让我们在进化上受益颇丰。毕竟，如果河里满是鳄鱼，你在决定过不过河时，恐惧是重要的参考和激发因素。

情绪还对形成和巩固记忆有重要帮助。这一功能进化可能是因为记住情绪反应更强烈的事件，比如能带来恐惧或愉悦的事往往比记住情绪反应一般的事件更有价值。记忆是文化和技术的重要推动力。因此任何提高记忆力的事物，实际也推动了我们作为技术物种的前进步伐，这一点也就不言而喻了。

情绪最有趣的一面，应该是情绪本质上的社会性。快乐的时候，

① 人类和可能为数不多的其他几个物种表现出自我意识。

我们展露笑颜；难过的时候，我们泣不成声；生气的时候，我们面红耳赤；恐惧的时候，我们苍白无力。从进化来看，这很奇怪，因为在他人不在场的情况下将个人感受表露在外，这本身并没有什么价值可言。要是纯粹从生物学上的经济观念出发，人类应该进化出只对所处情境做出反应的能力，然后安之若素。可是我们人类却始终要将情绪表达出来，而且不分种族、文化，基本都是如此。因此，也许在进化过程中，不只是那些更善于表达情绪的个体存活了下来，还有那些能马上理解这种情绪并相应做出反应的同伴也存活了下来。表情有部分组成原本属于生理过程的附随表现，比如面色涨红和苍白是血流变化所致。很可能那些对表情敏感的个体，就是先注意到这些基本信号并加以利用的。当然，这也可能是自然选择的结果。如果真是如此，那么辨识面部表情带来的种种益处，可能也是我们最终脱去面部毛发的诱因之一，要知道，我们的灵长类先祖面部可是毛发浓厚。

举例来说，比如我看见你逃跑了，甚至只凭你脸上的恐惧就马上做出反应，那我生存下去的概率就会大大提高。如果我能马上模仿你的行为，而不是先停下来想想，甚至还要去花时间自己慢慢识别、理解当时的情境，那我被吃掉或者被杀掉的可能性就会大大降低。要是我也能通过自己表达反应的面部表情，将这条救命信息传递给我的族人，提高他们的生存机会那就更好了，这对我也有利。简而言之，反应若能瞬时分享，对整个族群或部族都有利。我们现在言辞上总是对从众行为多加非难，但从历史上看，从众者往往可能活得更长久，从而将自己的基因传递下去。

20世纪90年代初期，研究人员首次找到证据，证明了执行这种镜像功能的特殊神经元的存在。在研究恒河猴的前运动皮质时，研究人员发现猴子在做出某一动作时会兴奋的神经元，在它观察到别的猴子做出同一动作时也会兴奋。换言之，行动和观察触发的是同一组神经元。[①]这一发现意义重大，因为它有可能解释人类心理学中很多未获解答的疑问。进一步的研究表明，这种镜像神经元存在于包括人在内的多种灵长类动物脑中。不过，也有些其他研究表示不赞同这种结论。虽然镜像神经元这一观点很流行，但对于是否确有专门的镜像神经元存在，乃至其在自闭症、自我意识、打哈欠等行为中的作用仍存在诸多争议。争议的范围还涵盖了镜像反应到底是不是特定神经元作用的结果，这是整个神经网络的整体反应，还是视觉和运动指令之间一连串习得的联系。如果这种作用机制——或者不管哪种作用机制的正确性最终得以证明，都会大大加深我们对人类进化的理解。除了能让个体活下来，镜像和模仿还可能促进学习、语言发展和同理心的产生，从而进一步强化家庭成员和部族成员之间的情感纽带[②]。反过来，这种行为又会进一步加大个体及其部族的存活机会，进而在自然选择中胜出。

再到后来，这种镜像行为可能还起到了另外一个作用，即传递文化和技术[③]，包括从第一项真正意义上的技术，一直到后来其他技术的传递和延续。在这些技术中，最引人注目的就是石器打制技术，显然它成功地传递了很久。然后，隔了几千代，甚至可能是上万代以后，又出现了其他技术，比如用火和最初的原始语言。

近期，美国埃默里大学人类学教授迪特里希·斯托特（Dietrich Stout）与神经学家一道，就数百小时石器打制活动对神经连接的影响进

---

① 这项研究并没有找到神经元一对一的确切镜像。行动过程中激活的神经元中只有一个分组在观察过程中也被激活。

② 神经元作用机制产生的很可能是情感同理心或体感同理心，而不是认知同理心。同理心这几种形式的具体区别会在第十八章中详述。

③ 也就是《技术想要什么》的作者、编辑及技术理论学家凯文·凯利所指的“技术元素”。

行了研究。石器打制对力量的稳定和着力的精准要求很高，因为要用石锤反复击打燧石核，不偏不倚。研究人员利用现代的正电子发射断层扫描（PET）和功能性核磁共振技术，发现只要击打的时间够长，这一石器技术的确能改变脑的连接，使众多神经结构间的连接加强，尤其是在控制精细运动的脑额下回[①]。有趣的是，那些精于粪便投掷的黑猩猩，同样也是这个区域的神经连接更多！在人类身上，左脑额下叶的一部分就成了后来我们所说的布洛卡区——言语生成的重要活动控制中心。部分学者认为，这一区域就是曾被大脑用来控制包括发声和手势等初等交流的区域。

因为有能力制造石器的原始人类存活的机会更大，斯托特以此为基础做了一个合理推断，认为“自然选择会偏向所有能让（石器打制）新手艺学起来更容易、更高效或者更可靠的变异”，包括交流方式上的进步。类似推断应该也适用于能改进镜像行为，以及其他通过手势和表情传递信息的手段。尽管现在这么说还有些牵强，但语言的逐步发展很可能也属于那些手段之一。

根据最近提出的镜像系统假说（Mirror System Hypothesis, MSH），支撑人类语言的神经区域和功能，是以大量原本与沟通无关的基本结构为基础进化而来的。镜像系统假说认为，原用于抓取和操纵的镜像系统及通过复杂模仿产生行动的能力出现在先，并为组合和组织语言单位所需的语言运动中枢及认知能力提供了演化基础。起初是手势化语言，然后是口头语言。由此，将复杂行为分解为熟悉的单元，然后加以重复的能力，就成为人类语言发展的基础。

---

① 多项研究表明，脑额下回同时还对反应抑制起着至关重要的作用。这一进化是否可能是在石器打制过程中发展起来的一种保持注意力集中的手段呢？如果真是如此，那么这种反应抑制就可能进一步延伸，起到促进社会化和自上而下的情绪控制的作用，成为石器打制改变我们这一物种的又一可能途径。

现在我们再来谈谈人科[①]，这个发明了人类第一批技术石器打制，并把这项技术延续了几百万年的物种。他们还没有说话的能力，知识的传递靠的是面部表情、发声、手势和镜像。数百个小时的敲打，实实在在地改变了它们的大脑，在相关神经区域建立起了更多的连接。于是打制的石器更好了，获得的营养更好了，大脑发育也更好了。

在历经数万代的自然选择中，有利于模仿和学习工具制造技术的基因变化被选择保留，因为它们提高了生存机会。最终，在学习和模仿过程中用到的部分认知机制被大脑调动起来，发展出越来越复杂的手势语言和口头语言。这大大强化了我们分享和改进知识与技术的能力，促成了人类与技术的共生演化。事实上，如果没有这样的发展，更确切地说，没有这些发展带来的技术传递，人类作为一个物种是否能生存下来都非常值得考量。

当然了，语言、工具和文化全都得到了发展，否则这本书不会存在，你也不会有读它的机会。但是正如有了新技术，并不等于老技术势必无以为继，文化有了新层面，旧层面也不一定会无影无踪一样，虽然优美复杂、句法精良的语言出现了，但非语言交流并没有消失。那些在语言出现前就有的交流方式，几乎全都保留了下来（也许有人有不同意见），发挥着提供语境、补充信息，以及为略显平直的陈述抹上否定和讽刺色调的作用。我们的情绪表达——人类的第一界面（interface）——在很大程度上仍然是人类其他沟通方式的基础平台。

提起沟通，人们往往只会想到正式的语言。毕竟大多数人几乎每天都在说话和书写。但是，尽管口头语言和书面文字非常重要，我们沟通中的相当部分却是非语言的：充满同情的目光、怒气冲冲或失意徘徊的

① 编者注：人科是指猿猴。史前尚有一些其他种类的人科成员，一般可分为两个亚种，即早期的南方古猿亚科和后期的人亚科。

表情、因为沮丧耷拉着的肩膀、把整句话意思都反转过来的嘲讽语调。

加州大学心理学教授艾伯特·梅拉比安（Albert Mehrabian）在《沉默的讯息》（Silent Messages）一书中写道，他的研究结果显示，信息交流中词句占7%，语调占38%，而55%是非言语行为，比如面部表情。乍一看，梅拉比安似乎是在说，非言语交流比我们实际说的词句重要12倍！但这是对这项研究普遍存在的一种误解。梅拉比安反复说明，他的这一结果是在严格控制的特定条件下得出的，并不反映日常交流的真实情况。不管怎么说，我们都能发现此处的重要信息。倒不是说交流过程中到底是93%，或者80%，甚至60%是非语言的，而是非语言表达占有相当大的份额，乃至我们无法忽视它在我们日常交流中扮演的重要角色，以及进而在我们智能上占据的重要位置。

从多重意义上讲，很难想象世界上情绪的沟通不存在。去掉非语言部分的沟通会变成什么样？也许短信技术能给我们提供一些线索。说实话，谁没有在跟别人短信沟通时出现过误解？当然引发误解的原因有多种，但很多误解的产生，实际上都是因为在沟通时缺乏非语言线索和语调的缘故。这一点在很多针对手机短信和电子邮件的研究中得到证明。2005年的一篇文章《电子邮件中的自我中心主义——我们真如自己所想的那么善于沟通吗？》援引了相关研究成果，称参与者对邮件基调是否为嘲讽做出辨识，其正确率是50%。如果我们正确推导此类信息与随机概率相当，也就不奇怪为什么手机短信可能经常导致误解了。

这无疑是表情符号得以大行其道的主要原因之一。可能有些人觉得表情符号很傻，年龄因素大概算是有此偏见的主要原因，但表情符号在传递发送者的语调和意图上确实发挥了很多作用。

在解决沟通中缺乏情绪传递这个问题上，表情符号是绝佳的自发解决方案实例。使用者仅仅通过几个字符，就能至少将自己发送信息时的感受示意出来。一个笑脸“:-)”，一个皱眉“:-(”，在多种层面上都实现了成功的有效沟通[①]。后来，好像这样用都嫌费事了，很多使用者干脆将“-”（鼻子）也去掉了，只用两个字符就代表了脸“:)”或者“: (”。自这些符号开始应用，这一创意被推至极致，创造的字符和图像表情符号已有上千种，不过人们日常使用的也就是十几种最基本的而已。

不过，表情符号多么有效并不是我们要谈的重点，我们的重点是使用者有这种要开发出表情符号的基本需求。似乎无论我们如何交流、和谁交流、交流什么，反正不将情绪包含在内是做不到的。而这一点，似乎也越来越适用于我们的技术。

机器——首先也是最基本的一点——是我们的工具。我们发明、制造和改进机器的目的，是为了让自己生活得更好更便利。从来没有谁会专门发明一种机器，好让自己活得不容易，或让自己增加负担。不管是为了征服、协作还是便利，建造它的目的都是服务生命的延续，并最终改善我们的生活，至少是怀抱这样的希望。在此过程中，我们为使用者创造了竞争优势，加速了自然的演化进程，又将这些演化转移到文化的竞技场。我们以此谋求自己的竞争优势——不论发生在什么领域，不论是在职业上，还是个人生活中。在与另一家企业、另一个国家，抑或一个情敌的较量中占据上风，不仅会给我们带来优势，还会触发很多自远古以来就有的激素刺激反应，这些化学物质曾帮助我们一代代将遗传物质传递下来。不同只在于，技术作为我们无法回避进化过程的直接产物，正伴我们共同发展进化。

在向往美好生活而研发技术的过程中，人们始终不忘改善界面，那是我们与设备互动，并对设备进行控制的方式。从最初的操纵杆，到机

① 如果这些符号你没有用过，试着从侧面看看。冒号是眼睛，分号是鼻子，括弧是上扬或者下垂的嘴形。

动车的仪表盘，再到原子力显微镜，这些界面让我们在控制世界的方式和规模上达到了难以企及的高度。正如虚拟现实领域先驱布兰达·劳雷尔（Brenda Laurel）所说的：“我们很自然地将两个主体的接触点视为界面。两个主体间的差异越大，就越需要一个设计精良的界面。”

过去的十几年里，我们见证了计算机界面设计上的海量变化。当前计算机处理能力和记忆空间的不断增加是其中的一个重要因素。这是一种持续不断的进步。二十世纪八九十年代，GUI，也就是图形用户界面取代了打孔卡和命令行。如今，图形用户界面又正逐渐被自然用户界面取代。所谓自然用户界面，就是通过触摸、手势、语音识别及其他多种方式运行的界面。

这种发展背后的驱动力，是让使用更方便。但请注意，随着这种发展，我们在界面设计上正越来越趋向于自然使用，交流方式也越来越和人类接近。换言之，使用最方便的界面，是适应我们的方式习惯，而不是让我们去迁就它的界面。在执行任务时，我们更喜欢采取对我们来说自然的方式，而不是被迫去学习晦涩的指令，或者苦哈哈地像机器一样重复同样的步骤——如果有选择的话。斯坦福大学的两位交流学教授克利福德·纳斯（Clifford Nass）和拜伦·里弗斯（Byron Reeves）在共同撰写的《媒体等同》一书中，对这种关系进行了简要总结：“个人与媒体的互动，包括计算机、电视和其他媒体等，在本质上是社会性的，本质上是自然的。”他们认为，我们对待这些技术的态度，和对待其他社会关系的态度是一样的，进化使然。如果有这样的技术存在，而且还能和我们互动，那把它当活物对待就顺理成章。

因为想用更自然的方式控制机器、进行人机互动，想要机器和我们的距离感觉更接近，这样一来，想让它们理解我们的感情也就说得通了。会“本能”地根据我们的感受而改变行为的设备，有望给我们带来巨大潜在利益和作用。比如能注意到司机的警觉程度已低于既定阈值的汽车，能识别学生的挫败感高低，并据此实时调整课程进度的教育软件，能测定那些可能诱发个体愤怒情绪或自毁行为事件的咨询程序。

情绪计算的潜在优势正在于此。正如数字革命几乎改变了世界的每一个角落一样，未来情绪计算同样会让我们生活的方方面面发生改变。读完这本书，你会发现几乎没有什么领域是这个新技术不涉及的：执法机关和国家安全部门需要了解嫌犯和罪犯内心的想法和动机；通过早教及类似途径帮助婴幼儿大脑发育；自闭症程度检测及潜在疗法，建立更好的交流渠道；能改善购物体验的个性化市场营销；能成为我们的朋友、伙伴，甚至爱人的机器人。

对这种种可能，很多人会对其中一些抱有相当的怀疑、不确定，甚至会产生焦虑。每一种可能性自身都会面对独特的挑战、意料之外的后果和种种不尽如人意的评价。简而言之，阴暗面。几乎任何技术都兼具利弊之可能，既可用于行善，也能用于不义，这大概无法避免。

最终，社会会找到应对挑战、解决问题的办法。如果同时还不会变得对技术过于剑拔弩张，那就最好了。以可能有负面影响为由便对技术严令禁止（就算能做得到），实与技术恐惧无异。想知道这种恐惧可回溯到多么久远以前，看看历史就知道，以希腊哲学家苏格拉底为例。他就对当时的一项新技术——书写和文字普及——持坚决反对的态度：

> 如果人学会了这个，就等于在灵魂中种下遗忘；他们不再去努力记忆，因为可以依赖写下来的东西；不再从自己的脑海回想，而是去借助外在符号。你发明的这贴药不会增强记忆，只是起提醒作用罢了，而且你传递给学生的也不是真正的智慧，而是智慧的仿品。因为借助文字，你只是告诉了他们很多

东西，却没有真正地教授，你会让他们觉得自己知道很多，但其实基本上什么都不知道。人，如果不是充满了智慧，而是自以为有智慧，会成为其同胞的负担。

苏格拉底谈到的书写对前书写社会及口头记忆的影响，可能有些合理成分存在，但今天相信没有几个人会真心认为，这个世界没有书写会更好。与其他所有技术一样，书写技术的使用也存在利弊。但就具体情况而言，显然利大于弊。可能会有人说，在漫长的发展过程中有相当数量的书面作品对人类造成了一定损害，但这远不足以成为将书写彻底抛弃的理由。

统观历史，对新技术抱有类似恐惧态度的情况比比皆是。印刷机、电、汽车、电脑，还有智能手机只是其中几个例子而已。几乎找不出一项通用技术，其用途没有覆盖伦理道德要求的整个范围。这样想，也就没有理由期望情感计算成为特例。

情感计算的多种可能用途会让大多数人担心，感觉会受到冒犯。因为和我们的思想一样，我们的个人感受是最隐蔽的避难所，永远不该冒犯其私密性。对这一领地的入侵，预示着思想被浏览的日子即将到来。接下来我们会看到，也许这么说并非完全脱离实际。

还有一个担忧就是麦迪逊大道式的心理操纵——在第十章中我们会谈到，有这种可能性。广告和市场营销历来就是以诱发受众的行为改变为要旨。有了对消费者情绪反应的不间断实时反馈，可能会彻底改变这些领域的局面。

当然，还有那个老问题也需要再度审视，就是认为这种新兴技术会弱化人性，或者说造成人类的异化。担心的理由通常都是说新设备，或者新系统导致人们彼此隔绝，或者一定程度上让人们越来越像机器了。

如果我们的目标是让机器更像我们又会怎样呢？

我们正进入一个陌生的新时代。在这个时代，人与技术之间的界限会日渐模糊，世界将看到那些见所未见的奇迹成为现实。我们会遇到前所未有的机遇和挑战。有趣之处在于，这个勇敢的新时代，虽然难以回避属于这个时代的恐惧与焦虑，但同时也让我们整体上更快乐，更欢悦，甚至可能更有爱。

在这些颠覆性变革发生的同时，我们一定会一遍一遍地问自己，做人到底意味着什么？是什么塑造了我们？是什么让我们与周围的自然世界、技术世界有那么大区别？最终我们也许会发现，原来其中的区别并没有原先想的那么重要。也许随着我们进入情感交互智能机器时代，我们甚至会发现，自己正与一种新的意识形式共享未来，而这种意识恰是对我们自身的回顾与反映。

建设未来

安尼顿，美国，1987年

艾略特曾拥有大多数人只能做梦想想的生活。当时他才三十几岁，是一名公司律师，智力超常，身体健壮，有妻有子，有房有钱，社会地位不容小觑。突然之间，艾略特的生活开始分崩离析。他开始出现剧烈头痛，注意力越来越难以集中。根据这些症状再加上他一系列行为上的改变，医生怀疑他可能得了脑瘤。这个怀疑很快得到了证实。

他得的是脑膜瘤。这种肿瘤发生在脑膜组织，通常是良性的，但艾略特的肿瘤却生长迅速。到确诊时，肿瘤已经有小橘子大小。因为位置就在他的眼后、鼻腔上方，因此对艾略特大脑额叶的压迫越来越厉害。虽然肿瘤本身不是恶性的，但这样下去，不可避免地会对他的大脑造成灾难性破坏，并最终导致其死亡。医生最后诊断出手术是唯一的办法。经过一台漫长的手术，艾略特的肿瘤以及部分受损组织被成功摘除。在这类手术中这属于常规做法。

从身体上讲，艾略特彻底康复了。他超乎常人的智力丝毫没有受损，语言运用一切如常。在认知上，术前能做的事，术后很多他仍有能力完成。然而，周围的人很快就发现，艾略特和从前完全不一样了。他整体的推理能力看似正常，但却无法进行个人决策，也无法通过恰当的行动执行个人决策。似乎在艾略特的眼中，所有事情的重要性和优先级都雷同，结果导致他无法做出决定。在任何给定时间，他都决定不了哪些事要做，或者不需要做。所有事，对于他都是等值的。结果没有一件事为他带来一丁点儿价值。

比如说，让他给文档归类，艾略特可以非常娴熟地完成。不过，这也未免过于娴熟了。因为他可能要花一整天时间来决定分类是应该按时间还是文件大小，或者编号，或者相关性，或者别的什么标准。从智力上讲，他能列出每一种分类方法的利弊，但就是决定不了哪种方法最好。然后，分类正做到一半，他说不定又转去读他正归档的什么报告，之后就把剩下的时间都集中到那个上面去了。说白了，就是他彻底失去了按事情轻重缓急恰当安排各项工作的能力。这么说听起来好像很复杂，其实这个过程我们每天都会完成几百次，也许上千次。

在接下来的几个月、几年间，艾略特陆续失去了工作、妻子和房子。他卷入一系列疑点多多、代价高昂的事务，并因此很快破产。他的生活变成理不清的一团糟。

可是，如果你和他谈起他的损失，你会发现他显然对此没什么感想。他既不难过，也不愤怒，更不怨恨，反正就是没反

> 应。尽管他拥有的知识和智力与从前完全一样，但肿瘤造成的损害却夺走了他一样非常重要的东西，就是他与自身情感的联系。再进一步说，就是他对自己的世界中哪些东西重要、哪些不重要的识别能力。在他的生命中，事无巨细，样样事情都同等重要，结果他每样都没能留住。

美国著名神经科学家兼作家安东尼奥·达马西奥对艾略特进行了细致研究，将他的不幸遭遇写成了文字，并对这种失联状态进行了解释。艾略特脑部这一区域的损伤，实质上切断了大脑负责处理感受和动机的不同部分间的联系。达马西奥的体细胞标记假说提出，腹内侧前额叶皮层在感受和动机的处理上起着主要作用。这一皮层通过庞大的连接网络，与包括额下叶和杏核体在内的大脑其他部分相连。针对艾略特及大脑同一区域受到类似损害的其他病例，多种测试结果一致表明，所有这些病患都长期存在无法产生身体反应，或意识不到身体反应的问题。也就是说，身体发出的信息，比如心跳加快、出汗、心里忐忑不安、头发竖起来等，没有被传达到脑中对这些信息进行归类的部位。因为这些部位还同时负责将生理—心理的这种自我认识与其他认知功能相联系，结果导致这个联系也无法实现。达马西奥认为，所有这些刺激因素合在一起，形成了一种最终体细胞状态，这会使更高层的认知过程发生偏移，最终影响决策过程。

艾略特的这种状况，心理学上称为述情障碍，即识别和描述自我情绪的能力不足[①]。造成述情障碍的原因似乎有多种，其特征是情绪意识及人际关系处理能力不强，没有同理心，且无法辨识他人的情绪状

① 这似乎正支持威廉·詹姆斯的观点，就是情绪的表现是在体验到生理反应之后，而不是之前。

态[①]。此外，正如艾略特所遭遇的那样，述情障碍还会造成在对事物进行优先排序并决定注意力投注方向时发生推理上的偏差。

这个问题并不仅限于人类。人工智能的很多缺陷都缘于不知道应该将关注点集中在哪里。正如本章将进一步探讨的那样，类情绪功能没有正常发挥，也许就是这背后的关键原因。

自计算机时代开始之初，科学家和研究人员就一直在努力寻求创造人工智能，也就是能让计算机借以执行人类全部或部分认知功能的程序。起初，人们以为这个宏伟目标很快就会实现。毕竟，机器已经证明了自己鼓捣海量数字计算的能力比任何个人都快得多。人们以为，"教"它们去做我们日常生活里更简单的事，应该容易得和玩儿似的。那时还是20世纪50年代，很多支持者都坚信，能与人相媲美的人工智能，一代人的时间里就能实现。

现在回头去看，无法想象人们对问题的复杂程度怎么会轻视得如此离谱。以今天的眼光看，想用25年就实现这个目标，显然是过于乐观，而且提前乐观了好多代。一年年过去，各种困难层出不穷。要造出有思考能力的机器，这过程期间的每个细微胜利，都需要经历那伴随着的上千次失败。随着时间推移，人类及动物智能的真正深度及复杂程度日渐明显。就连最简单的任务，比如定位杯子并把杯子拿起来，对机器都是巨大的挑战。从很多层面上讲，似乎正是这些我们时常熟视无睹的智能层面，才是机器最难以复制的。

那么为什么那么多绝顶聪明的人，会对这一挑战的本质产生如此彻底的误解？很大程度上，这要归结于认识论上的一条重要理论，那就是我们不知道自己不知道什么。认识论，是哲学的一个分支，探讨的是

---

① 艾略特的情况，是他的大脑损伤隔断了身体内感受的神经连接。内感受是体内器官所产生的源于身体内的感受。

知识的本质和范围。它研究的是我们知道什么、怎么知道的、为什么知道、我们所知的是否是真实的，最后，知识的极限在哪里。就人工智能而言，对自然智能和心智，还有太多的东西我们当时尚未发现。只有在我们通过越来越精密的计算手段和越来越精细的扫描技术，对大脑的认识远远超出当年以后，我们才终于能让高等机器智能领域尽可能前进到看起来大有可能的地步。

人工智能的基础，回溯起来要比很多人所想的久远得多。在17、18世纪的启蒙运动中，包括笛卡尔、霍布斯和莱布尼兹在内的很多哲学家，就在探索理性思想的本质，希望将他们对理性的理解实体化。他们将理性视为一种系统化程式，就像数学上的公式一样。莱布尼兹甚至还探讨了推理中“通用语言”存在的可能性，期冀让它像几何定理一样严谨而纯粹。这些观点，对新生的人工智能的确起到了激励和指引作用。

到了19、20世纪，数理逻辑取得了长足发展，电子学也初显雏形，两者的结合促成了机器逻辑的发展，计算机语言随之诞生。而且，20世纪的神经学研究当时刚刚证明，大脑本身就是相互交换电子信号的细胞构成的网络。对很多人来说，很难不把大脑与当时的电网以及交通网络对等起来。

第二次世界大战给计算科学提供了一个迅猛发展的机会，让我们最终对人工智能的实现重拾信心。战争的迫切需要，再加上德、日加密信息看似无法破译的挑战，促成了计算科学的巨大进步。计算机科学就是在这种基础上建立起来的[①]。英国“二战”期间的密码破译活动中心——布

① 计算机一词的本义是指从事计算的人或机器。

莱克利公园的密码破译团队花了数年时间破译密码[①]。计算机科学之父阿兰·图灵就曾是团队的一员。没有他们取得的成就，“二战”很可能还会再打很久，甚至说不定盟军会战败。正如我们所见，“二战”结束没多久，计算机科学及理论就已经发展到相当高度，这让很多研究者和科学家都相信，用不了很久就能造出真正有智能的机器了。

了解了这些之后，就很容易理解为什么人们会对新生的计算机科学产生如此大错特错的理解了。这场世界大战，是机器“智能”赢的，起初差点帮德国赢了，不过到最后是帮盟军赢了。没有技术，德国的英格玛密码机（Enigma）也不可能给上千条信息加密解密，让这些文件看起来无可破译。如果不是靠更精密复杂的技术（人类智能参与的杰作），盟军也不可能破译当时最先进的密码机生成的、几乎不能破解的密码。

按照英国《公务保密法》仍须保持沉默的图灵，战后于1950年发表了那篇著名的论文《计算机器与智能》，开篇一句就是：“我建议大家考虑这个问题，机器会思考吗？[②]”说过了图灵，再来看看其他人，比如19世纪中期的数学家、逻辑学家乔治·布尔——《思维规律的研究》一书的作者。从他对逻辑的数学分析，可以更明显地看出，当时的计算机科学家根本没有意识到面临的困难有多大。一些史无前例的复杂难题挡在路上，看起来，它们在等待人类的仆从机器来解答，而非人类天赋的智能本身。

“二战”结束后的若干年间，对机器智能领域的投入达到了数百上千万美元。1956年，在达特茅斯的一场研讨会上，“人工智能”的说法

---

① 谈到密码破译，波兰数学家给予布莱克利公园的巨大帮助常常被人们所忽视。这队波兰数学家早在20世纪30年代就破译了德国恩尼格玛密码机的一个早期版本。这一贡献是绝不应被抹杀的。

② 这篇文章之所以有名，还有一个原因是图灵在文中提出了一种测试机器智能的方法。后来这种方法便以图灵命名，称为图灵测试。

被正式提出，标志着人工智能学科正式诞生。20世纪50年代后期，人们首次通过编写人工智能程序，开始了应用性尝试。如1956年的程序“逻辑理论家”（Logic Theorist）、1957年的程序“通用解题器”（General Problem Solver），还有1958年开发的人工智能编程语言LISP。虽然人工智能在这段繁荣期有所进展，但同时也存在着大量的失败案例。终于，到了20世纪70年代早期，由于计算机发展进退维谷，外加政治上的压力，政府大幅缩减了对人工智能研究的资助，英、美两国政府都是如此。这段时期，后来被称为第一次“AI之冬”。人们用这个非正式的口语化词汇，来指代那段因为政府机构和企业逐渐冷静，决定大幅削减人工智能项目资金的时期。

之后的相当长一段时期，经济时好时坏，对人工智能研究自然是冲击不断，不过这样的冲击在很大程度上也有其作用。就像环境条件的变化会形成压力推动物竞天择一样，经济和社会状况的改变也会促进技术的进化。在新想法产生的过程中，不够好的点子会被舍弃或搁置，人们会转而探索更新出炉的想法。如果不停止资助那些走入死胡同的想法，资源和人力还会继续迷失方向。这样阶段性的冷缩起到一个非常重要的作用，那就是去芜存菁。

不管怎么说，尽管人工智能遭遇了种种挑战，但它手里的确有张王牌——一张起初人们并没有留意到的王牌，那就是摩尔定律。

推动计算机技术不断发展的因素有很多，但其中作用最大的，无疑要数我们称之为摩尔定律的一个发展趋势。1965年，时任仙童半导体公司（Fairchild Semiconductor）研发部主任的戈登·摩尔（Gordon Moore）发表了一篇文章。大约五年后，在这篇文章的基础上，摩尔定律的说法诞生了。以摩尔名字命名的这条同名定律，对技术最重要的发展趋势之一进行了描述。在摩尔的那篇文章中，他给出了四组数据点，找出了集成电路板上电子元件数量翻倍的规律。从1962年到1965年，一直是同样的模式在重复。摩尔提出，这种发展趋势还会持续一段时间，而且做出大胆断言，称10年之内集成电路板上的元件数量将从64个，增至65 000多个。这种增长，前后1000多倍的增长，是由每年翻倍而来①。后来，摩尔又于1975年将这一预测修正为大约每两年翻倍一次②。

摩尔定律不像物理定律或者自然法则那样恒定不变，因为它只是科技发展进程的一个观察结果。但即便如此，它在半导体行业半个多世纪的发展中，仍然是企业经济决策之机一个重要的推动因素。这一趋势及其他推动电子行业发展的因素一起，使计算机的速度越来越快、功能越来越强，最终带来了数字革命。而如今数字革命已经改变了我们的世界和我们的社会。按照摩尔定律的推论，我们会顺着这种发展趋势，将越来越强大的运算能力，纳入越来越小的空间，降低电耗和热损耗，最重要的是降低每一个处理运行周期的成本。

以某些标准来看，这种速度在近年来已经有所放缓。于是几乎年年都有很多人预测，认为摩尔定律要走到头了。但这种预测的假定前提，是半导体行业的生产方式和技术水平始终保持不变。正如发明家、未来学家及作家雷·库兹维尔指出的，摩尔定律所观察的集成电路，只是一个大发展趋势中的第五个范式③。这一大趋势可以追溯至20世纪初，它的延续时间比摩尔定律长得多，规模也要大得多。打孔式机电结构、继电器、真空管，还有晶体管，全都显现出与摩尔定律相似的规律，就是运算能力相对于成本会在一定时间内翻倍。那么会不会有第六范式来替

① 2的10次幂等于1024。

② 大约在同期，当时的英特尔公司总裁戴维·豪斯提出，芯片设计上的不断改进会让计算机性能每18个月翻一番。这一数字被人们错认是摩尔提出的。有意思的是，豪斯的估计，比摩尔本人的估计更接近于摩尔定律提出后头40年中每20月翻一番的实际状况。

③ 第五范式是数据库的范式之一。

代半导体呢？许多公司都把筹码押在会上，更是展开研发工作，希望能在未来的电脑技术上领先一步。

那么在现实生活中这意味着什么呢？有人指出，我们这么多人每天都在用的智能手机，其运算能力和储存空间已经超过了40多年前阿波罗登月计划所有的运算量和储存空间。2012年，当时任职于谷歌的世界算法大师乌迪·曼伯尔（Udi Manber）和人工智能专家彼得·诺维格（Peter Norvig）提交了一份统计报告，其中的数据更加让人震撼：

> 只在谷歌搜索栏输入一项简单查找任务，或者对着手机语音搜索一下，你所启动的运算量，与当年把阿姆斯特朗以及其他11位宇航员送上月球所做的总运算量不相上下。这里不单单是指实际飞行的那部分运算，而是包括后11年、所有17次阿波罗计划从筹划到执行所完成的全部运算。

我们往往意识不到自己在日常生活中动用了多少运算能力，而要全面把握短短数年间有多少事物因之发生变化就更不容易。

摩尔定律，以及克莱德定律（Kryder's law）和梅特卡夫定律（Metcalfe's law）等同类技术定律所描述的，都是几何级增长。克莱德定律指出，硬盘的存储密度每13个月翻一倍；而梅特卡夫定律指出，一个网络的价值与其用户数的平方成正比[①]。当某一个东西定期翻倍增长，不论这翻倍是每天发生一次，还是一年一次，还是一个世纪一次，我们都可说它是呈几何级增长。任何事物都可能呈几何级增长，从诸如

---

① 对这些“定律”的看法存在很大的意见分歧。但不管怎样，这些定律毕竟对给定时间段内的发展趋势做出了相对合理的描述，从这一点讲，还是有一定价值的。由于诸多因素，包括几乎必然存在的限制因素等，这些定律不应被视作是不可违背的。

细胞生长的生物系统，到动物种群数量，到投资的复利计算都有可能。

因为我们对世界的体验一般都是线性的，所以几何级增长的说法的确让人耳目一新。分分、日日、年年次第流逝，渐次累积。我们做的大多数事情也是这样一步一台阶。从多个方面看，几何级数变化对我们来说相对陌生。

假设有个小湖，湖上有一片莲叶，这片莲叶每天生出新枝。那么到了第二天，湖上就有了两片莲叶，第三天四片，第四天八片，以此类推。到了第十天，就已经是1024片莲叶了。可即便这样，也不足以遮住湖面一隅。假设这个湖的表面积为一百万平方英尺，每片莲叶的表面积为一平方英尺，即使到了第十五天，也只盖住了湖面的3%。可是仅仅四天之后，湖面就有一半被盖满了。到了第二十天结束的时候，整个湖面全被盖住了。还不只如此，假设不存在任何限制因素，再过十天，一千个这样的湖都能盖住了。一切都只是从一片莲叶开始的。

这就是为什么几何级数的发展速度经常让我们大跌眼镜。不论我们讨论的是荷叶、流行病，还是技术发展。我们没有进化出那个能力，无法凭直觉做出正确预期。这并不是说预期和预测不可能，只是说它也许不符合我们的直观判断。

几何级数的发展并不仅限于集成电路和摩尔定律，技术世界很大部分都是如此。几何级数发展是技术进步的一个基本特质已成为越来越多技术专家和科学家的共识。有了正反馈和技术本身带来的强化效果，几何级数的发展让我们越来越有能力加速改变世界，反过来世界变化的速度也越来越快。由此共生关系也必然得到加强，就是我们需要技术，而技术也需要我们（至少现在如此）。缘于这种共生关系，我们和技术二者同时在一个连续的抛物线上前进，一种自我持续的共同进化关系就此诞生。多种意义上讲，我们已经不仅是单纯的人类本身，也是包容自己创造物的总和。

这种加速发展一直都伴随我们身边，之所以最近这几十年中凸显了起来，是因为它终于发展到一些变化可以用人类习惯的时间标准来衡量的程度了。当初类人猿开始制造工具之时，这种发展变化的速度慢得多少代人也看不到一点蛛丝马迹。而今天，各种新技术推动社会进步成为司空见惯的事。库兹维尔将此称为“加速循环规则”[①]，因为技术本质上是处于一个正反馈环中，因而使得可见的变化发现速度随时间越来越快。这种强化作用一方面又带来继发性的几何级数增长。库兹维尔认为，几何级增长本身也呈几何级增长。

正是这种几何级数式的改进和进展，会让人工智能在未来几十年内，有望取得巨大飞跃。这种飞跃意义极为重大，因为我们也许很快就会发现，人类智能至高无上的地位有了挑战者。简单地说，也许站在智能之巅的将不再是我们。

最近几十年中，为发展人工智能人们试用了很多方法，比如感知器、简单神经网络（simple neural network）、决策树专家系统（decision tree based expert systems）、反向传播算法（backpropagation）、模拟退火算法（simulated annealing），还有贝叶斯网络（Bayesian networks）等。每一种方法都有可取可用之处，但随着时间推移，可以越来越明显地看到，这些方法一个个都未必能发展出接近人脑水平的人工智能。

当年摆在罗萨琳德·皮卡德面前的，就是这种状况。1987年，这位年轻的电脑工程师进入麻省理工学院媒体实验室，成了一名教学及研究助理。1991年她正式入教职，加入了实验室的视觉及建模团队（Vision and Modeling group）。皮卡德的教学研究工作主要是围绕一些新技术和

① 编者注：加速循环规则意味着技术的力量正以几何级增长，人类正在加速变化的浪尖上，更多更加超过人类想象极端的事物将会出现。

工程难题攻关，包括为模式识别、数学建模、计算机视觉、认知科学和信号处理等设计新的体系结构。皮卡德拥有电气工程学位，后来又获得了计算机科学学位，在进入媒体实验室之前，她在这两个领域就已取得一些重要成就。

可就在开发基于图像的建模系统和基于内容的检索系统的过程中，皮卡德走上了一个谁也不会想到的研究方向，就连她自己也未曾料及。这两个系统通过数学建模模仿生物视觉系统，模拟我们从任一场景，不论是图片、电影，还是真实生活中抽取物体、内容和意义的方式。她和她的团队最终开发出来的，就是世界上最早的三个图像检索系统之一，也是现在像谷歌图像识别这类现代系统的前身。

为了更好地了解大脑处理图像的机制，皮卡德与人类视觉科学家合作，对视觉皮层展开细致的研究。但是在他们已经完成对人类视觉活动的部分模拟后，主要难点还是没有解决。而指望系统运作稳定可靠，必须解决这些难题。他们发现，单纯靠添加过滤器来进行场景描述，或者编写硬性规则来规定老虎，或者椅子、汽车长什么样是不够的：线条会模糊，颜色和质地难以绝对区分，影子产生遮挡效果。这就是为什么只靠硬性规则支撑运作的系统不可能健康发展的原因。谈到这样的软件系统，人们会用“太脆”来形容，意思就是过于僵硬，无法在现实世界中应用自如。用“脆”来形容确实是再恰当不过了。这样的系统，一旦遇到新情况，或者输入它不理解的内容，它就会直接崩溃了。

就是在这一研究过程中，皮卡德意识到，自己的这些系统，如果能在某种程度上知道该把注意力放在哪里，其中很多系统的效率都能大幅提高。毕竟我们在看图像的时候，并不是将注意力平均分配到场景中每一件东西上的：我们每次只集中看一个目标，然后再转移到下一个。我们的眼睛、焦点和注意力掠过对象，找寻最感兴趣的点落脚，也许是颜色、对比度或者图形。皮卡德推测，如果她的软件具有类似注意力的功能，说不定就能解决她和团队正面临的一些难题。但是，要做到这一点就需要有更接近地模仿生物视觉系统主动识别物体的能力，它甚至能替我们发现重要的方面信息。皮卡德是这样解释的：

> 感受其实对认知有很大影响。它追随我们视线所及，影响我们的行事，左右我们的选择，决定我们要关注什么。而我发现，这正是计算机所缺乏的。计算机对每个入射光子都一视同仁。对所有比特数据都平等对待。它们感觉不到有些东西要比另一些重要。事实上，它们对多么重要的东西都没有一丁点感觉。于是我想，“如果这些计算机真要提供帮助，我们又觉得有些比特数据更为重要，那么它们（计算机）就需要有这个重要功能，能判断出有些东西比别的东西重要”。

皮卡德举了一个例子来说明感受是如何影响我们的视觉注意的。她讲了她早年在贝尔实验室[①]认识的一个朋友的事。那位朋友当时正读博，要开发一套视频压缩系统。他预先打听到评审他这套新系统的委员会成员是三名男性。于是他在视频中放了一个体态非常丰满的啦啦队队长，心里清楚评审委员的目光会聚焦在那儿。他始终保持着这一区域的高清晰度，而对评审委员们略过的其他区域使劲压缩，弄得那些区域满是毛病，相当粗糙。然而，尽管图像上缺陷不少，却没有一个人注意到。最后评审委员会还把他的这套压缩方法评了优。皮卡德最后大笔一

① 编者注：美国贝尔实验室是晶体管、激光器、太阳能电池、发光二极管、数字交换机、通信卫星、电子数字计算机、蜂窝移动通信设备、长途电视传送、仿真语言、有声电影、立体声录音以及通信网等重大发明的诞生地。

挥总结道："这就叫情商！"

但是，要将这种情商转移到机器上仍然是巨大的挑战。在图片中找出线条和边，当时对计算机来说已经相对比较容易了，但是要在图景中识别物体，并按照重要程度进行分类完全是另一回事。还是那个问题："对于在任意场景中所见的景象，我们是如何决定何者更为重要的？"

1991年，皮卡德当时担任麻省理工媒体技术助理教授还不满一年。她在《华尔街日报》的头版读到了一篇有关科学家兼音乐家曼菲德·克莱恩斯（Manfred Clynes）的报道。克莱恩斯极具才华，拥有多项成功发明。他的研究工作以对音乐的神经科学研究为主，不过，吸引皮卡德注意的是他那个据说能测量情绪的机器"情绪记录器"[①]。克莱恩斯的机器所测量的是按压固定按钮时手指压力随时间发生的细微变化，并将其绘制成曲线图。克莱恩斯认为，这些变化遵循着一些特定模式，能反映被试者的不同情绪。看到有人居然想对情绪进行测量，皮卡德觉得很有趣，于是便将这篇文章收藏了起来。

随着研究的不断深入，皮卡德不断地遇到问题，这些问题一遍遍提醒她，她用的方法存在局限。于是她同视觉科学家建立了合作，努力了解视觉皮层的机制并进行模拟。视觉皮层，是我们在看到某一图像或场景时，大脑中主要负责对这些信息进行处理的地方。皮卡德的尝试在某些方面确实有用，但是她的系统用起来还是算不上得心应手。而且，在尝试的过程中，还产生了很多新问题。比如，我们怎么才能确定该把注意力放在哪里？为什么某一个物体或形状，在某一给定时刻会吸引我们注意，但换一个时间，看起来就寡淡无趣了呢？或者，正如艾略特术后境遇提示我们思考，我们的头脑是如何分配价值的？

① 情绪记录器，英文为sentograph，其中sento出自拉丁文sentire，意即感受。

在处理数字信号的过程中，皮卡德也遇到了类似的问题，只是它们是有关动机和优先性的。我们可以把系统建成按照一系列极为明确的步骤，对不同事件进行过滤，并按照优先性排序的模式。但是这种方法一旦遇到不常见的状况，或者不熟悉的输入，就很容易出错。这样的软件还是太脆弱了。皮卡德觉得，想要提高这些系统的稳定性和适应性，让系统能良好发展，必须寻找一种新方法。

此后有一年的圣诞，皮卡德读到了一本书叫《尝出形状味道的人》（*The Man Who Tasted Shapes*），作者是神经学家理查德·西多维克（Richard Cytowick）。这本书主要探讨的是联觉。所谓联觉，是指对一种感官输入的体验，完全像是另一种不同感官输入的现象。比如，有些联觉是将声音体验成了颜色。又比如在词汇味觉联觉中，一个词可以“尝”起来像某种食物或者物质。西多维克讲了很多，其中提到了一点，就是我们的各种感知不仅与其各自的主管皮层有关，而且还与边缘系统有关。皮卡德对这一点尤感兴趣，因为大脑中的边缘系统在人的记忆、注意和情绪产生上扮演着重要角色。

记忆和注意一直是这位年轻教授的关注点，现在她开始广泛阅读神经科学方面的书籍，结果发现各种书中不断提及情绪，不同的研究都支持同一个观点，那就是情绪在一定程度上与记忆、注意、感知和决策有着无法割断的联系。皮卡德开始觉得，她似乎找到了解开谜局的钥匙。

可惜，这和她心里所期望的可谓差之千里。此时的她主攻科学和工程两个领域小有成就，而这两个领域历来对情绪这类不理智的东西统统视而不见。在乔治亚理工学院上学的时候，教室里上百个男生，却常常只有她一个女生。她能以最优成绩获得电气工程学位，可不是因为她喜欢和人的感受这种不客观、不科学的东西搅和在一起。

不只如此，皮卡德知道再过一年，她就能申请麻省理工的终身教授了。她一直兢兢业业于图像模式建模领域的前沿研究，还开发了世界上第一个基于内容的检索系统。正如她在电气电子工程学会（IEEE）发表的一篇文章中写道：

> 这么久以来，我一周六天日夜无休地忙着开发世界上第一套基于内容的检索系统，忙着创建组合用于图像压缩、计算机视觉、结构模型、统计物理、机器学习等的数学模型，还要加进一些电影制片的想法。而其他所有时间，我还要指导学生、开新课、讲新课、发论文、阅读、审稿，还要参加永远在进行中的研讨会和实验室委员会议。我这么努力地工作，就是为了让别人看到我是一个脚踏实地的科研人员，而且我也已经给我的小组筹到了一百多万美元的研究资金。我最不希望发生的，就是颠覆所有这一切，去和情绪联系在一起。真是的，我是学工程出身的女性，从来不想被别人说成“情绪化”。当年的我觉得“情绪化”就等于不够理性。

显然，她非常担心这一决定会影响自己的事业发展。任由自己沿这个新方向走下去，也许如切线之于圆，越来越偏离她起初设定的方向。她担心这会严重威胁甚至抹杀她之前的所有辛苦付出。

皮卡德还是很确定，这中间的联系值得探讨。她也明白，一名真正训练有素的科学家应当接受研究证据的指引，哪怕它与个人或者整个科学界常规的预想并不一致。于是她开始在身边寻找能将这项研究双手托付的人，最好是某位学术地位已受肯定的男性同事——这里面肯定大有文章，值得有人去研究，即使不是她本人。

皮卡德继续着原有的课题研究却意外收到了很多人给予的热心建

议。在与导师和同事的交谈中，总会有人提到她应该冒一下险，要允许自己成为别人眼中的另类，要跳出固有的思维模式。一次次的建议显然有了效果。皮卡德自认自己在麻省理工世界闻名的媒体实验室中循规蹈矩，只是一个设计了基于内容的检索系统的电气工程师而已。那些工作自然重要，但有风险吗？好像还好。要说有什么，那毕竟是大家觉得她该去做的事。

最终皮卡德认定，应该以全新的方式对情绪展开研究，发现它还有哪些作用不为人所知。于是她利用圣诞假期和随后的一个自由活动期，花了几周时间，写了一篇自己觉得还很不成熟的文章。除了要在文章中陈述那些技术上的内容和观点，最重要的是她还需要给它起个名字。还是那个问题，如果用"情绪计算"和"情绪技术"，就会让人产生主观性和非理性的联想，而这种联想正是她竭力避免的。最终，她决定用"情感"。"情感"这个词，在心理学上指对感受的体验，用来做学术上的限定词很合适。

在"情感计算"中，皮卡德细细陈述了自己截至1995年初的研究成果以及收集的相关证据。这篇文章她只给实验室里一些思想比较开放的同行传阅了一下，她想看看大家会有什么反应。不出所料，反应不一。有个学生觉得她的观点太有趣了，居然抱着一大摞有关情绪的书，出现在皮卡德的办公室。"你应该读读这些"，他跟她说。典型的那种麻省理工师生间独有的相处方式。而有一些老师则没这么兴致高昂，或者完全不知道该做何想。对很多人而言，这是他们在真实的个人生活中也没有怎么关注过的方面。"我没什么感受。"不只一个人这么说，他们相信事实就是如此，也隐约表示他们觉得因为情绪模糊朦胧，既无关紧要，也不可测量。

然而，随着时间推移，接受这一观点的人慢慢多了起来。皮卡德发现自己对情绪和情绪测量方法，写的东西越来越多，讲得也越来越多。报刊和电视也做了相关报道，从中可以看出大众对她这项研究表现出浓厚兴趣。1997年，在签订了出版合同九个月之后，皮卡德终于完成了与她那篇初期论文同名的作品《情感计算》。这部书将她那些大胆新颖的观点呈现给世人，从此也为人工智能和计算机科学开启了一个崭新的学科分支。

虽然她很担心不被看重，但很快就发现，在这个几乎没什么人听说过的领域，她已然成为领军人物。另外，一直让她非常忐忑的终身教授申请，尽管里面的各项成果之间严重缺乏连贯性，乃至被部分评审委员称为“精神分裂似的”，但提交后也被顺利接受了。皮卡德的申请材料中，有对基于内容的检索系统的同行评审书面材料。也有一些有关信号分析的论文，这是她为参加研讨会写的，所以不那么正式。最后还有她新出版的那本书，作为增色的补充材料。虽然这几乎完全不是她的初衷，但很快，她冒的风险就给她带来了数倍的回报。

然而，从很多角度讲，对她而言如今简单的部分已成过去。怎样设计出能正确测量情绪的计算机，怎样着手筹备世界上第一个情感计算实验室，种种挑战正摆在她面前，等待着她去解决。

告诉我们你的感受

科罗拉多斯普林斯，2015年4月20日

西科罗拉多道上一个安静的傍晚。这是片商业区，聚集了商贸中心、快餐店，还有些不太大的手工艺品店。这个时间，店铺已经准备关门了。突然，一声枪响打破了宁静，之后又是一声，又是一声。邻居们很快就数不清听到多少声枪响了，不止一个人惊恐万分地跑去找电话。枪声骤停，与起时一样突然。不一会儿，宁静再一次被打破，这次是警车的尖啸。出警的警官赶到了现场，但已经太晚了。他们很快发现，这次的处决式枪杀事件，和以往这里发生过的任何枪击案件都不同。行凶者叫卢卡斯·辛奇，店铺主，现年37岁。由于心生绝望且走投无路，将被害人带至后巷，掏出了最近刚买的9毫米Hi-Point手枪。预谋已久的辛奇，残忍地将8发子弹射入了他那台2012戴尔XPS电脑的心脏。电脑未能幸存。

辛奇并没有意识到自己犯了法[1]，他跟警察说，那电脑让他头疼好几个月了。辛奇说当显示器上一遍一遍跳出来无耻之极的Windows“蓝屏死讯”，他最终失去了理智。

“真痛快。”辛奇在谈到自己的机器谋杀行为时这样说，还补充道他一点儿也不觉得后悔。

从有了个人电脑开始，使用者用球棒把电脑砸了，或者把电脑从五层楼扔下去的事就层出不穷。1997年有一段监控录像叫“不顺的一天”。录像里有个员工被电脑气疯了，他先是用拳头在键盘上猛砸了一顿，最后把整台电脑砸在了地上。这段视频在网上爆红，点击率达到数百万。让人发笑只是其中一个部分，它这么受欢迎的另一个重要原因，是因为在和电脑打交道的过程中，很多人都有这种受挫折不顺畅的同感。

那么这种对机器的严重伤害行为有多么普遍呢？大概比你想的普遍。根据哈里斯互动调查（Harris Interactive）[2]为Crucial.com所做的调查显示，超过三分之一的美国人承认自己对电脑有过语言或肢体上的虐待行为。所有这些虐待行为，包括骂脏话、尖叫、吼叫、用拳头或其他物体击打，基本都是因为某些重要任务电脑没能完成，或者完成得不够水平。

关于计算机引发暴躁情绪的问题，从这个词诞生的第一天人们就在研究了。正如克利福德·纳斯在《媒体等同》（*Media Equation*）中指出的那样，我们与计算机的互动，本质上是社会性的。可是，这些机器却还没有精巧到能与我们在同一个层面交流的程度。我们在与其他人

---

① 在科罗拉多斯普林斯城界内，不正当使用枪械属违法行为。

② 哈里斯于2013年6月25—27日代表Crucial.com所做的调查，共计2074名成人参与了这次调查。

的互动中总不可避免地掺杂大量情绪成分，但计算机对此还太懵懂，所以才会可能随时花样频出地给使用者添堵。随着我们使用机器的频率增高，在生活中越来越多的方面对它们更为依赖，我们的不满大概会有增无减。除非我们能找到某种方法，让机器在人机之间这种未曾明言的社会合同关系中往前跨出半步。

这只是情感计算未来能做的很多事之一，即满足任何其他手段都不大可能满足的需求。在那本具有突破性的《情感计算》一书中，皮卡德提到了这一点，她认为用户的挫败情绪是学习新软件的一个主要障碍。而同时，协助和手把手引导一旦过度，不仅没有帮助，反而可能让事情变得更糟。这一点是微软付出了代价才明白的。

20世纪90年代中期，微软开始在其应用最广的软件包Office办公系列中加入助手。Office助手是一种早期的智能用户界面，运用贝叶斯算法根据内容的出现概率进行决策。在与使用者互动时，Office助手是以动画人物的形象出现，默认的长相是一只曲别针，名字叫Clippit（不过，很多用户都把这个助手叫大眼夹，这名字也就这么叫开了）。大眼夹经常会非常不合时宜地跳出来打扰用户，询问用户在它检测出的任务中是否需要帮助。问题是，大眼夹过于想帮忙了。你打一个地址，再打个“亲爱的”，那个总是跃跃欲试的助手就会突然冒出头来，干扰你的注意力。“似乎你正在写信，”它会说，“你需要帮助吗？”虽然设计的本意是一个虚拟助手，但这个助手没完没了地打扰，最终弄得人人都烦它。为了说明问题有多严重，纳斯2010年在《华尔街日报》发文：“史上最遭人骂的软件设计就是大眼夹，就是微软办公软件里的那个动画曲别针。只要跟电脑用户一提它的名字，就能激起各种程度的仇恨，一般只有被遗弃的情人和死对头才能激起这样的仇恨。”几年的时间，大眼夹成了人们不断拿来模仿讽刺的对象，甚至还有人做了一段“大眼夹必须死”的视频在网络上广为流传。2001年，微软取消了这一功能。

虽然Office助手在使用过程中确实存在很多问题，但最大的问题还在于它对用户的情绪状态一无所知。除了鼠标点击和文字输入，计算机就再没有别的输入手段，结果导致这个助手远远无法与人进行真正有用的互动，特别是那些本来就心怀挫败真正需要帮助的人。更糟的是，它还有一个很卡通的拟人化外表，交流也是一对一的，这就更进一步强化了使用者潜意识中的期待，指望这种社会互动就像人与人之间那样。

这些还只是媒体实验室情感计算研究组需要解决的很少的几个问题实例而已。比如，为了解决大眼夹几乎人人喊打的问题，微软找到了研究组，希望他们能想办法提高办公助手的情商，改善其应用。针对这个问题，皮卡德的团队开发了一种压力感应鼠标，它能检测出用户的兴奋度。在设备演示中，一个用户想给某位Abotu先生写封信。可是每次一输入，Word就会自动把名字改成About先生。在感应到使用者抓握鼠标的力量越来越大时，大眼夹突然跳了出来。

“看起来好像你很烦躁，”它观察到，“需要我关闭自动修改功能吗？”虽然压力感应鼠标相对来说比较简单，但确实在一定程度上实现了对用户心理状态的实时反馈。这在没有改变程序基本格式的情况下，解决了大部分问题。只可惜，这种改进虽然可能会受欢迎，但对于绝望的大眼夹来说为时已晚。至今大眼夹案例仍是计算机界面设计史上代价沉重的一大教训。

情感计算组接手了很多不寻常的项目。他们运用多种非常规方法，解决了大多数人根本不会留意需要解决的问题。而这也正是麻省理工媒体实验室闻名世界的原因所在。媒体实验室最初的创建者，是麻省理工的教授尼古拉斯·内格罗蓬特（Nicholas Negroponte）及时任麻省理工学院校长的杰罗姆·威斯纳（Jerome Wiesner）。媒体实验室是一间跨学科研究实验室，致力于技术、科学、多媒体、艺术和设计等多学科交会的项目。实验室在机器人技术、人工智能、人机互动及用户界面、生物机电工程学、社会计算及其他多个领域创新成果不断，也让媒体实验室的名字成为“前沿”的同义词。

1997年，皮卡德在媒体实验室组建了自己的研究小组。尽管那时她的研究已经得到广泛支持，她还是提到，全世界大概只有这个地方会组建这样的研究组。而媒体实验室本身的跨学科性质，对这样一个小组来说最合适不过。因为他们要把工程和计算机科学与心理学、认知科学、神经科学、社会学、教育、心理生理学、以价值为中心的设计和道德等全部结合起来。

这种跨学科的方法对他们的研究至关重要，因为要将情绪表达变成计算机能识别和处理的东西，是个非常复杂的过程。组里有一部分学生和研究人员负责开发能通过静物相机和摄像机识别面部表情的系统。另有一部分人负责录制语音资料，设计仅凭说话者声音语调，不考虑其所用词汇，就能提取说话者情绪状态的程序。还有一部分人则负责研究生理信号，比如肌电图、血容量脉冲、皮肤电反应和呼吸等。尽管这些对我们人类来说自然又简单，但在计算机处理时，其中的很多工作，都需要用到大量的模式识别技术，来教这些系统去识别表情的意义和区别。

模式识别，是机器学习和人工智能的一个分支，在最近几十年中已发展得愈加精细。作为备受关注的一种人工智能形式，模式识别有时也被称为狭义的人工智能或弱人工智能。对我们人脑来说，识别模式易如反掌，软件虽然尽力想复制人脑不可思议的模式识别能力，但神经元的本事却远非机器逻辑能模拟得出的。因此，计算机完成这些任务时所用的方法与人脑大为不同。比如说，在机器视觉模式识别过程中，要给物体或场景指定意义，得先完成几个步骤。首先，是采集和预处理，就是将图像采集好并进行清理。这一步之后可能需要特征提取，就是对线条和边界、兴趣区域，可能还要包括质地、形状和动态等因素进行识别。图像检测和分割，要对各点和各区域进行归类，生成下一步处理所需的素材。接下来要进行的，可能包括对数据进行分组、归类和标记。不用说，就算是我们觉得很简单的图像，对计算机来说信息量都是巨大的。

情感计算的研究人员还发现，一些能更直接测量情绪变化的方法，不仅在情感计算方面有所裨益，对其他情感系统的研究也是有益补充。通过监测生理信号来确定情绪唤起的变化，能让我们更好地把握受试者的基本心理状态。从一定意义上讲，研究人员早在一个世纪以前就开始这么做了，正是对身体反应的研究，才促成了测谎仪及其他测谎设备的诞生。

不过，从多种层面上讲，读取人的面部表情难度要比只是进行视觉模式识别和匹配大得多——至少对机器来说是这样。细微的差异与变化，因文化、个体，甚至具体某个人的脸，都会大为不同，以至于一段时间以前，很多人都还觉得识别面部表情对计算机来说根本没可能。就算当时的计算机已经能进行模式识别了，但还未能解决这个问题：怎样才能真正对检测到的东西进行归类和识别？比如，表情特别丰富的人，和不那么丰富的人之间，就存在着很大的差异。或者，你怎么才能辨别一个人的微笑是真是假？要是有人笑里藏刀或是咬牙切齿呢？

皮卡德的情感研究组是幸运的，那些将在全球各机构及企业兴起的情感技术实验室也是幸运的，因为这个问题有了答案。20世纪60年代，年轻的心理学家保罗·艾克曼开始就情绪的表达方式是否具有共通性这一问题展开研究。换言之，就是情绪的表达方式是否和你的成长地区及成长方式有关。那段时间，艾克曼先后在美国、巴西、智利和阿根廷展开研究，以展示系列图片并提问的方式，希望确定人类情绪表达方式的共通程度高低。在发现上述地区的情绪表达方式存在高度一致之后，为了排除跨文化影响的可能性，艾克曼又去了巴布亚新几内亚，请那里的部落居民参与同样的测试。这个部落，属于世上最与世隔绝的部落之一。尽管这些人生活之地如此蔽塞，但艾克曼发现，他们在识别他人面部特定情感时，与世界其他地方的人相当一致[①]。以这一初步调查结果为基础，艾克曼提出，人的基本情绪分为六种：高兴、悲伤、愤怒、惊讶、恐惧和厌烦。虽然后来有些科学家认为，基本情绪其实只有四种，不过艾克曼继续根据自己的研究界定情绪，并进而列出21种可明确区分的情绪。

此后艾克曼先后担任过心理学家、教授，还主管过一家专门研发、生产相关情绪技巧培训设备的公司。其间，他提出了与情绪相关的多种理论，开发了多种工具。艾克曼是20世纪被引用次数最多的心理学家，入选《时代》杂志全世界百位最有影响力的人物，还成为电视剧《不要对我说谎》中的莱特曼博士（由蒂姆·罗斯扮演）的原型。不过，在他完成的浩繁工作中，对情感计算特别有帮助的，是他对面部动作编码系统（Facial Action Coding System, FACS）的采用和推广。该系统是瑞典解剖学家卡尔–赫尔曼·约特舍（Carl–Herman Hjortsjö）早十年前提出来的一套人类面部表情分类法[②]。这套分类法将每个单独的面部肌肉动作定义为一个动作单元，从而将一种表情的各个组成部分，分解为计算机程序能够分析和分类的可处理单元，大大提高了与机器逻辑的相容性。这套结构严整的系统，对情感计算这一新生领域起到了巨大的推动作用。

再后来，艾克曼还研发出了其他很多表情分析工具，其中最有名的

① 在这项实验中，受试者区分起来最困难的图片，是恐惧和惊讶的表情。

② 分类法是指一套系统化建构的分类方式。

是微表情训练工具和细微表情识别工具。前者能识别微小的非自主面部表情，即使人刻意抑制自己的情绪，这些表情仍然会出现，后者则用来进行识别细微情绪表达信号的教学。不过因为研究表明，在人能做出的一万种面部表情中，只有三千种与情绪实际相关，因此他又设计了其他一些工具。面部动作编码系统和面部动作编码系统情绪解读字典，采用的是类似的分类学方法，不过只针对与情绪相关的面部动作。所有这些工具，至少为面部表情的初步分类奠定了重要基础。

使用编码系统，比如艾克曼的面部动作编码系统会存在一个明显问题，那就是这些系统建立在静态图像上，如果想应用到动态图像上就是一个挑战。但是如果在面部动作编码系统中引入非局部空间模式，再结合时间信息，就有可能从这些变化的表情中提取出情绪信息来。这一步非常重要，因为编码系统就此终于具有了正确解读非静态图像的潜力。我们的脸不是静止不动的，而是时时在运动变化中，每种表情特征都分为反应、释放和放松三个阶段。因此，我们在面对面交流的时候，表情可能发生变化，在经历各阶段的运动过程中，正确地辨识表情，特别是细微的微表情也许会更容易些。

但是，正如皮卡德所指出的，识别面部表情不总是等于了解产生这些表情的诱发情绪。不管怎么样，因为表情是我们内在心理状态最可见的表达，它们对于我们理解表面掩盖下的复杂感受，仍不失为是最佳的出发点。

媒体实验室这个新组建的研究组迅速发展壮大，很快开展了一系列涉猎广泛的研究课题，从多角度对情绪读取展开研究[①]。这种研究方法，对这样一个新领域形成必要的研究精神至关重要。只有对情绪计算

① 很多具有启发性的项目成果，都是情感计算小组多位成员辛勤工作和创造力的结晶。虽然我在这里也提到了一些，表达了感谢，但我所提到的项目和人远不够全面。

技术带来的一切可能抱以开放的态度，才能对这些可能展开充分研究。

有一个小组开发出一种像手套一样的设备，叫作皮肤电反应传感器（Galvactivator），它能跟踪测量佩戴者的皮肤导电性。这种情绪手套的发明者，是皮卡德和约瑟琳·舍雷尔（Jocelyn Scheirer），产品设计则由时尚科技公司Studio XO联合创始人兼总监南希·蒂尔伯里（Nancy Tilbury）及数学家兼设计师乔纳森·法灵顿（Jonathan Farringdon）共同完成。情绪手套会将信号传送给一个二极管，佩戴者兴奋度越高，二极管越亮。1999年，可穿用设备的生物反馈被应用在了电脑游戏《雷神之锤》（*Quake*）中。在感应到游戏者对屏幕上的场景感到吃惊时，游戏中的人物会向后跳。研究组开发了很多能检测佩戴者生理状态变化的生物感应器，《雷神之锤》采用的只是其中一种而已。情绪手套的概念，最终促成了越来越复杂的可穿用设备的诞生，包括今天在市场上可以买到的一些产品。

情感计算研究组的课题，还包括Affect as Index（情感指数化）。这套系统可以将群体生理信息作为输入信息，然后按不同的人口统计维度进行分组整合，并与媒体内容关联起来。这一系统能让多个用户组“共享”情绪，研究具体事件对参与者可能产生的不同影响及造成这些不同的原因，从而在不同用户组间建立起对话，促进彼此间的相互理解。还有一些课题研究群体互动，对大众传媒颇为实用。Affect in Speech（言语中的情感），旨在建立一个包含一系列情绪变化的语料库，以支持为语音情感自动识别系统建模的专项研究。EyeJacking：See What I See（共视：见我所见）这个应用，则将大众的集体智慧利用起来，让人们能“截眼”，透过别人的眼，分享他们的所见。如果应用于自闭症患者，那么患者的家人、看护者和同龄人，就能远程标记视野世界，为实时所见提供额外增补。此外，这一技术还可应用于机器人，提高机器人的某些视觉识别能力。

这些课题，很多都是肩负双重使命。它们不仅要完成课题本身的既定目标，同时还要为其他课题提供支持。比如，关于语音语调变化的语料库，可用于研发其他基于语言的软件和应用。又比如，对群体情绪（group sentiment）进行分类组合的系统，可以用来开发众多社会传媒应用，或者用于流行病学的研究。

自闭症情绪交流研究小组研究的多项课题，都旨在帮助有口头交流困难的人，包括自闭症患者解决他们面对的基本问题。这部分人群可能出现内心已近崩溃、表面却很平静的情况。而此类工具就能在他们崩溃前找到触发点，帮助看护者找到解决办法，避免崩溃的发生。

情绪手套是较早走出实验室的情感技术之一。经过一系列升级外加数次迭代，其轻巧度与便携度都得到极大改善。情绪手套也被称为皮肤电反应感应器，原理是对皮肤的电传导性进行测量和跟踪（它的英文名galvactivator，本来就出自它之前的名称：galvanic skin response，即皮肤电反应）。情绪手套的设计就是一只可穿戴的无指手套，曾经过多个测试组的使用和测试。有的时候一次测试人数就超过千人，而且数据采集是在这上千人身上同时进行的。根据情绪手套搜集的信息，研究组后来于2007年成功研发了iCalm腕带手环。iCalm是一种低价、低能耗的无线设备，能跟踪监测皮肤电反应和心率等多项身体反应变化。研发的目的，是希望能用来辅助监测睡眠质量、减肥成效、精神压力水平、锻炼时间与强度，进行自闭症教育、产品测试，甚至成为电脑游戏的用户界面。

皮卡德在给电气电子工程师协会的一篇论文中，讲到了朱迪的故事。朱迪是位患有自闭症的年轻女性，当时正要在一个年会上做关于自闭症的发言。很多自闭症患者在遇到意料之外的情况时，内心就会产生巨大压力。朱迪也是这样。皮卡德于是给了朱迪一个手环。这只手环会测量三项生物特征信号——皮肤电反应、运动和温度。后来，年会的日程安排出现变化，朱迪开始躁动不安。手环记录下了这种反应，同时还记录了朱迪努力尝试其他应对机制时的情绪状态。手环收集来的数据，让皮卡德的团队识别出了对朱迪有利的行为，帮助她避免“情绪崩溃”的发生，而这正是自闭症导致患者社会功能不调的一个常见特征。

情感计算研究组不仅推出了很多新观点、新课题，完成了多项发明，还培养了真正意义非凡的合作关系。研究组中人才济济，其中有很多人通过实验室研究，结成工作上重要的合作伙伴。其中有一组伙伴还促成了一系列新技术乃至新企业的最终诞生。

拉娜·埃尔卡利欧比（Rana el Kaliouby）出生于埃及开罗，在那里长大，也在那里获得了她的理学学士和理学硕士学位。在攻读硕士期间，她对利用计算机改变人与人之间的沟通产生了兴趣。差不多同一时间，当时还是她未婚夫的威尔·阿明给她看了皮卡德1997年那本开山之作的书评。阿明本人于开罗创办了一家科技初创公司。埃尔卡利欧比于是订了一本《情感计算》。她等了四个月才拿到书，最后总算是读到了。这本书让她感觉很受鼓舞，书的作者是位女工程师是其中一个很重要的原因。而这位女工程师很快将不仅成为埃尔卡利欧比的典范，还将成为她的导师。皮卡德的这本书，让埃尔卡利欧比下定决心，今后她的目标就是研发出能读懂人脸的系统。

埃尔卡利欧比的硕士论文，研究的是面部跟踪系统。在获得硕士学位之后，埃尔卡利欧比于2001年来到英国，在剑桥开始攻读博士学位。但她发现，剑桥没有一个人真的熟悉情感计算。很多人都对她提出质疑，不明白她为什么会想去研究这个方向。在一次研究成果报告会上，有一位年轻听众对埃尔卡利欧比说，想让计算机学会读取面部表情，她需要解决的一些问题听起来和他兄弟在日常生活中面对的那些问题极其相似。他兄弟是个自闭症患者。

埃尔卡利欧比对自闭症没有什么了解。为了寻找解决手头问题的线索，她开始研究自闭症。而此时，剑桥自闭症研究中心的负责人——认知神经学家西蒙·贝伦-科恩（Simon Baron-Cohen）正在做一个课题，就是要建立一套人类表情的影像库。课题的研究目标，是要帮助自闭症患者识别他人的面部表情，因为脸盲现象在自闭症患者中非常普遍。影像库中的每一段录像，都由一个二十人组成的评判组审定过，一共核定了四百多个有效标本，可以让埃尔卡利欧比拿来用于训练她的软件。机器学习算法会随后对所有标记为某一特定表情，比如快乐或者困惑的图像进行处理，再找出这些影像中脸部的所有共同点。这样，软件就能知道这种表情看起来是什么样，进而通过更多的标本及反馈提高识别能力。

以这项研究为基础，埃尔卡利欧比研发出了她的第一套情绪社交智能补充设备。这套设备包括一副带外向网络摄像头的眼镜和几只朝向使用者的LED指示灯。在交谈过程中，设备会检测对方的面部表情并为佩戴者提供实时反馈，告诉佩戴者他们交谈对象的状态。绿灯表示对方很专注，黄灯表示对方反应平淡，红灯表示对方毫无兴趣。到埃尔卡利欧比完成了在剑桥的学业时，她研发的系统表情辨识的正确率已达88%，而且能辨识的表情远远多于现实生活中的几种基本表情。她决定给这套系统取名读心者（MindReader）。

2004年，正当埃尔卡利欧比忙着研发读心者并准备将它作为博士毕业设计的一部分时，皮卡德来到剑桥实验室造访了埃尔卡利欧比。两位女士相见恨晚。埃尔卡利欧比这套系统的精密性和活跃度给皮卡德留下了深刻印象，很快两人就建立合作，开始了进一步开发。埃尔卡利欧比请皮卡德做她博士论文的审核人，皮卡德则邀请埃尔卡利欧比加入媒体实验室的情感计算组。2006年，埃尔卡利欧比应邀加入了研究组，开始了她的博士后研究。两个人合作起来非常愉快，而且很快就为iSET的研发，从美国国家科学基金会争取到近百万美元的项目资金。iSET属于情绪辅助设备，其基础就是埃尔卡利欧比的面部识别软件脸感（Face Sense）。

在iCalm和读心者的基础上，皮卡德和埃尔卡利欧比合作完成了大量课题。两人花了五年时间开发了多种设备，在美国罗德岛普罗维登斯的自闭症研究中心格洛登中心（Groden Center），对患儿进行应用测试，并取得了成功。这些设备让我们对有严重情绪表达和情绪识别障碍的人有了更多了解，也为这些人带去了希望。

在这些项目进行的过程中，媒体实验室每两年都会举办一次“资助人周”活动。在这一周里，研究人员会给赞助公司——那些富有先见，能理解此类研究所具潜势的公司，讲解自己的课题项目。这一活动不仅给媒体实验室带来良好声誉，更为研究者送来了重要的反馈信息。尽管皮卡德和埃尔卡利欧比的研究进展每每让赞助人惊叹不已，但他们总还觉得她们做得不够。两位研究者一次次获知，她们的技术在各种商业应用上都有巨大潜力，尤其是在产品品牌建构和市场调研领域。又隔了一段时间，软件读心者被上传到媒体实验室的服务器，各赞助企业都可以登上这些服务器去试用实验室正在开发的产品。很快，这一软件就成了媒体实验室下载量最高的软件。对此，皮卡德和埃尔卡利欧比显然很是兴奋。不过大受欢迎也伴随着多得像雪崩一样多的问题。各行各业的公司企业都想一探究竟，弄清这到底是个什么软件、有什么用途。美国银行、福克斯、吉普森、惠普、贺曼、微软、美国航空航天局、诺基亚、百事、丰田和雅马哈都对这项技术表示出了浓厚兴趣。皮卡德和埃尔卡利欧比一方面很高兴自己的研究不仅能帮助那些受自闭症折磨的患者，还具有商业利用价值，但另一方面又感觉难以招架。毕竟，她们是研究人员，不是商业经营者。她们想要的是专心致志搞研究，而不是创办企业。

两人研发的设备和系统，识别正确率继续缓慢稳步地提高。她们正在研究的机器学习算法有个优点，简单讲就是输入的数据标本越多，程序的识别正确率越高。偶尔，设计上做出一些更改，比如专门给面部识别系统编写的非对称嘴部扫描软件，也会让识别率有所提升。起初，系统只能追踪人嘴部的对称运动。但是嘴的形状和位置，往往两侧并不相同。假笑、咧嘴一笑，还有冷笑，所有这些表情，嘴左右两侧动作一般都有不同。所以，在她们写出嘴部跟踪软件，对两侧动作同时独立跟踪以后，表情的识别正确率顿时提高了一截。

虽然偶尔会有这些改进，但要继续提高，主要还得靠机器学习。有一点越来越明确，就是想要继续改善系统的正确率，就必须使用更多的样本信息来训练系统。而情感计算研究组只能提供这么多样本了。还不只是这个问题，样本采集的过程本身非常耗时。而她们训练系统，需要成千上万乃至可能几十万人的图像。皮卡德后来计算过，按照她们当时的采集方法，想要采集到足够的样本，需要将近10亿美元！媒体实验室虽然做得成功，但这样的预算，不用说也是超乎想象。

来自资助企业的各种需求源源不断，皮卡德和埃尔卡利欧比最后找到媒体实验室当时的负责人弗兰克·莫斯，提议招募更多的研究人员进项目，以满足研究需要。莫斯否决了这一提议。他告诉她们，想要进一步发展她们的技术，需要将研究转入企业模式。“是时候你们独立发展了。”莫斯对两人这样建议，还补充说，在市场中的实际应用，会让她们的技术在应用上更富活力，也更有弹性。两位女研究者很想只专注于研究，不想开什么公司，但她们同时也看到趋势的避无可避。想让自己的研究真正突破现有水平，就只能告别她们如此熟悉的学术环境，全身心投入纷杂的商业世界。

开启情绪经济

内华达拉斯维加斯，2029年11月5日

杰森背靠在椅子上，视线掠过手里的牌，落在几个实力不凡的对手身上。他手里拿的是一对王加两个二。灌篮看来是差点儿，但牌的好坏在这场比赛的分量，连一半儿都算不上。至少在这个百威赞助的世界情绪扑克巡回赛决赛场上算不上。

选手们隔着桌子观察彼此，掂量着对手的强弱。其实应该说，他们在运用各自的软件评估对方。每个选手腮旁都戴着一个网络摄像头，眼睛里还有一副智能隐形眼镜，为他们获得不间断的数据流。当然了，每个数据流都用量子加密技术加密，以保证选手之间谁也拦截不了别人的信号。这场比赛赌注极高。

杰森把目标锁定在了德米特里身上，这位应该算是他遇到过的最冷静、最有实力的选手。杰森知道自己该做什么：冷若冰霜，尽人力所能，做到最大限度的不可读，至于其他就由着情绪工程师们去折腾了。他保持自己的呼吸缓慢而均匀，数据开始流入了。

德米特里对自己充满自信，极度自信，信心指数已达99.1%，绝对爆表，简直无以复加。上次杰森见到如此高的数值，还是在里约热内卢，他握着一把同花顺到顶，不动声色。那次他输得就差脱衣服了。但是这次有什么地方不对劲，在数据流的边沿流淌——很细微，本不够引人注目。他把数据仔细分析了一遍，终于找出来了。德米特里面部表情的视频输入显示，德米特里明显正处于一种微乎其微，简直看不出来的性事后兴奋中。

他这是装出来的，肯定的。人人都在装。这是进入这种级别比赛的唯一途径。但是这次又不同。他的目的是要扰乱视线。那么他是在掩盖什么呢?

一个极其细微的微表情，德米特里左眼下一个不易察觉的轻跳泄露了机密。原来，杰森的对手不是他。他在混淆视听，是虚张声势，是摆在那儿勾引你弯腰的植物。他手上没牌，他只是对自己交感神经系统的控制力超乎寻常。杰森真正的对手是格里格，右手边离他最远的那个，而杰森知道格里格没底气。杰森刻意做了一个好像无所谓的假笑，回应德米特里的虚张声势。这次巡回赛将属于他了，他将成为大赢家。

新型的情绪经济已经到来，正如上面这个场景里的扑克大赛，赌注极高。虽然目前看到的尚处早期，但我们的技术能力和市场需求，已经让曾经的稀罕物发展到接近普遍的程度。

这中间会是怎样一个过程呢？与所有刚走出实验室的科学成果一样，起初会有数家初创公司，争先恐后地要第一个进入市场。但是正如大家一次次看到的，率先进入市场并不能保证存活下来，更不用说大获成功了。这只是新技术的第一代试水者，前方还会有很多新发现。大量资金涌入，寻找能长期发展的那区区几个赢家。估值暴涨，说不定涨高到离谱，然后泡沫爆了，或者至少回缩到正常范围。接下来一段时间，用户会提出种种不满，发出质疑，然后有那么几个浑身是胆的发明者，踮着脚又开始试水。于是另一轮循环开启，一切继续。而随着新的循环，第二代情感计算宣告开始。

市场上会出现一个众多公司构成的生态系统来填补经济发展上的独特空白，那是以前几乎没人想过要去填补的空白。随着这些公司立足渐稳，它们又会为此前不可能存在的新公司和新型服务项目的出现，提供支持和发展空间。

过去50年的数字时代，让这一切成为可能。计算机、人工智能、互联网和网络X.0版，无一例外都走过研发—投资的繁荣期和停滞期，经历几乎一模一样。而所有这些，都为新型的情绪经济搭建起了所需的基础设施。如今的公司，可以通过多种不同方式，将自己辛苦卓绝努力得来的技术能力用起来，并散播出去。应用程序界面（API）和软件开发工具包（SDK），为其他企业、个人乃至竞争对手提供了渠道，让他们能将这些新技术与他们各自的应用结合起来。同时，软件即服务（SaaS）则创造了从被授权方和注册用户方，到支持广告的各网站和应用，各方都能享受多种服务的可能。所有这些（以及之外的其他很多）继而让能满足市场需求的新特性、新技能的开发成为可能。随着这一进程的继续推进，一套全新的、能支持进一步创新的基础设施便建立了起来。而这样的创新，在所有那些支持它的技术还不存在时，是无法出现的。

这种市场行为的有趣之处，是它在之前根本没有任何需求的地方，催生出了更多产品和更多服务的需求。这种良性循环，在每代新技术诞生时，都会出现一段时间的加速。增长的规模和速度如何呢？2015年的一份市场调研结果显示，全球情感计算市场预计将出现快速增长，市场总额将从2015年的93亿元增长到2020年的425.1亿元，其中美国市场份额占226.5亿元。对一个十年前还不存在的市场而言，这实在不能说表现差强人意。

2009年4月，皮卡德和埃尔卡利欧比的公司Affectiva正式成立，这是当时首家将情绪计算技术用于商业用途的公司。两人原本的计划，是以情绪计算为基础，专注于开发针对情感表达及识别存在障碍的人士，特别是自闭症患者的系列辅助性技术产品。不到一年时间，公司就已经有了首个稳定的外部投资人——彼得·塞格尔·瓦伦堡慈善信托基金，其投资金额两百万美元，后续投资又增加了1800万。两人早期在媒体实验室时建立起的关系与人脉，让公司在成立之初就有了坚实的客户群基础。她们推出的第一批产品是Affdex和Q传感器。Affdex是在FaceSense基础上开发的情绪感知及分析技术工具，而Q传感器则是iCalm手环的升级版。

公司一开业，就已经有24家大公司表示想使用她们的技术，而且这些企业基本上都在全球500强之列。“可惜的是，他们要求的用途各不相同。”皮卡德在笔记中这样写道，“你不可能一开始就同时推出24种不同的产品。弄出算法来是一回事，刚起步就要给这些公司逐一研发定制产品和界面则是另一回事。所以我们花了好多时间和精力，去搞清楚这24家里面先做哪个。想要人人高兴是不可能了。”

Affectiva推出的首批产品中，就有FaceSense的全新改造版，也就是Affdex的市场化应用。改造的原因之一，是虽然软件设计完成的时间并不长，但在这很短的时间内，图像识别技术和人工智能其他一些方向的技术已经发生了巨变。比如，人工神经网络（ANN）本来自20世纪90年代起，就不怎么受关注了。可是2006年杰弗里·辛顿（Geoffery Hinton）和鲁斯兰·萨拉克霍特迪诺夫（Ruslan Salakhutdinov）共同撰写的两篇重量级论文，又将人工神经网络拉回人工智能的研究前沿。这两位研究者以及其他研究人员的成果，为多层神经网络的建立和训练提供了重要的新方法，继而诱发了这一领域的巨变。从语音识别和语言翻译，到图像搜索和防伪，这些新方法的应用似乎开始变得处处可见。

根据人脑建模的"人工神经网络"[①]，是将大量软件或硬件节点（代表神经元）相互连接起来形成一个多层结构，通过一步步渐进提取，达到识别某一特定输入，比如图像的目的。有些层是隐藏起来的，意思就是它们接收到输入信号，在计算后将得到的结果传递给下一层，下一层再重复同样的步骤。以图像识别为例，每一层提取出的图像特征，都比前一层提取得更精准，以此类推。提取结果最后到达输出层，并在输出层进行最后的进一步调整。隐藏层之所以叫隐藏层，是因为我们无法确切知道它们是怎样得到输出结果的，部分原因是同时使用了有监督学习方法和无监督学习方法，来一步步训练人工神经网络。而怎样找到最优化的节点量、层数、输入量和训练量，就是训练神经网络时要面对的挑战。

一般来说，隐藏层的层数越多，网络识别的正确率越高[②]。但追求高正确率要付出代价，所用的节点和层数越多，计算所需的时间越长。幸运的是，在2006年那两篇文章发表的差不多同期，俗称GPU的图像处

① 与其说是建模，在这里不如说受启发建立。就像我们会在第十七章中讨论到的，因为我们要面对的是完全迥异的组成，一边是神经元，一边是晶体管，因此这只是在一定程度上的建模。

② 不过确实存在极限值，过了这个值点，正确率反而开始下降。

理单元产量上升，价格也降了下来。有了这种处理器，网络的训练速度提升了几个数量级，而以前需要几周才能完成的主要运算，如今只需要几天，甚至几个小时。多种新方法的出现，比如受限玻尔兹曼机和循环神经网络，使这些深度学习技术得到进一步完善。所有这些因素，让多种识别模式都会用到的深度学习算法得到了极大改进。过去十年中的不断进步，为人工智能领域带来了丰厚成果，包括脸书开发的DeepFace，它能在图像中识别人脸，正确率高达97%。2012年，由辛顿及其两名学生组成的加拿大多伦多大学人工智能小组，以一套深度学习神经网络，稳夺2012年度大规模视觉识别挑战赛（ILSVRC）冠军[①]。再往前数，谷歌旗下的深度思考（DeepMind）公司，运用深度学习技术开发出一款叫Go-Playing的人工智能产品，也就是阿尔法狗。他们用存有围棋大师级的三千万围棋步法数据库对阿尔法狗进行了训练。2016年3月，阿尔法狗以五盘四胜的战绩击败了世界级围棋棋手李世乭。下围棋对于人工智能的挑战要远远大于下国际象棋。而如此水平的表现，人工智能领域人士原以为还要再等十年。

作为基础的算法固然重要，但训练方法一样不容忽视，甚至更为重要。Affectiva改造FaceSense的另一个原因，就是原来的软件在训练中接触到的演员和研究人员数量相对较少。新系统建成后，Affectiva启动了一个先导项目，为观众在线播放美国橄榄球超级杯广告，条件是这些观众必须同意在看的时候，允许Affectiva通过网络摄像头对他们进行分析。借此，埃尔卡利欧比的团队得以收集到系统再培训所需的素材，这次是成千上万份如假包换、来自真实生活的反应实例。而对受试观众重复进行广告和媒体单元筛查，更增加了情绪反应样本获取的真实性。这

① 有趣的是，辛顿的高祖父就是数学家兼逻辑学家乔治·布尔。布尔的理论成果，对计算机科学的奠定发挥了重要作用。

些工作极为重要，因为通过机器学习方法训练系统识别的是非常细微的表情差异，它细微到能辨别演技高超的表演，甚至可能在给某种真实情绪体验添枝加叶。随着每一条广告，他们收集到的表情反应样本越来越多，系统的正确率也越来越高。埃尔卡利欧比曾在一次应邀发言中这样讲道：

> 我们通过观察面部来捕捉表情。面部是社交和情绪信息交流功能最强大的渠道之一。我们的做法，是通过计算机视觉和机器学习算法来跟踪记录人的面部，例如面部特征、眼睛、嘴、眉毛，再把这些与情绪数据点进行对照。然后我们把所有信息汇总起来，与情绪状态进行对照，比如困惑、感兴趣、很享受。过去几年，我们一直在处理这些数据。我们发现，手里的数据越多，情绪分类软件的正确率越高。同样类型的情绪分类软件，只有一百个样本时，正确率一直徘徊在75%左右。可是当样本总数提高到接近10万份有效训练样本时，正确率一下子就超过了90%。这很让人激动。到目前为止，我们一直在持续增加数据库中的数据总量，系统的正确率也在不断提高。

这就是与庞大的数据量和机器学习打交道的有趣之处：一步成功往往会带来更大的成功。

2011年初，英国跨国市场研究公司明略行（Millward-Brown）邀请Affectiva给他们演示一下Affdex的应用。明略行在前一年刚刚设立了自己的神经科学部门，希望能将面部识别技术应用到广告测试上。但是他们发现其他很多公司也有同感，那就是在实验室里可行的东西，放到别的环境中不一定可行。在受试者身上又是连电极，又是连传感器的系统，不仅笨重烦琐，而且也耗费时间。更不必说还极可能造成受试者的焦虑与不适，对情绪测试造成干扰。

于是明略行的决策层提议给Affectiva团队四个广告。对于这四个广告，明略行的团队已经测试过了。如果Affectiva的团队和软件对这四个广告的观众反应分析正确，明略行就答应做这个崭露头角的新公司的投资人，并同时成为它的客户。其中的一则广告是联合利华的多芬自信基金会（Dove Self-Esteem Fund）获奖广告《攻击》（*Onslaught*）。广告演的是一个懵懂天真的小女孩，面对着各种各样宣扬媒体对女性外貌定义的广告形象和信息。这则广告的主旨，是要提醒人们留意广告造成大众对美和形体产生的过度期望。广告最后以这样一条信息作结："在美容行业改变你的女儿前，和她谈谈。"Affectiva的软件对上百位观众观看这则广告时的反应进行了分析，确认了明略行此前已经发现的现象，观众在看的时候会感觉不舒服。但是Affectiva还发现，在广告最后结尾的地方，几乎所有观众的不安情绪都开始消退，而看到最后那条信息时，更有如释重负的反应。这一反应持续时间很短，没有任何一种相对传统的检测方法和问卷聆听到这一信息。Affdex的的确确检测出了其他检测技术漏掉的信息。

试验通过了。明略行兑现了先前的承诺，给Affecitiva注资450万美元[①]。同时，明略行开始使用Affdex对上千个广告进行测试。到2011年夏天，Affectiva的营业额已经超过100万美元。此后不久，他们就投放了自己的首个软件开发工具包，让其他公司和个人可以利用这个软件来强化自己的应用。这一举措促进了情绪智能生态系统的扩展，同时大量的广告项目为Affectiva数据库采集了更多的扩充数据，使他们能将系统训

① 这一注资是通过他们的母公司 WPP plc 完成的。

练得识别正确率更高。到目前为止，Affdex分析完成的广告总量已超过两万则，面部标本总量超过400万份，共生成了500亿个情绪数据点。目前应用这一技术的国家已超过75个。因为采选的样本涵盖了各种脸型和各种面目状态，且跨越多种文化，所以这无疑又为情感表达的共通性理论提供了有力支持。

在Affectiva不断发展的过程中，时任公司首席执行官的戴维·伯曼（David Berman）开始将公司从提供辅助性技术，转向利润更具吸引力的市场研究领域，在这个领域吸引投资者的机会要大得多。由此造成皮卡德原来的产品重心，也就是追踪人体生理指标的可穿戴设备不再受重视。Q传感器被一步步挤出主营产品队列，到了2013年更是被公司宣布全面停售。发生在皮卡德合作创建公司的这些变化迫使她离开。此后她又创办了Physiio，很快便与Empatica Srl合并，也就是现在的Empatica公司。

今天，Empatica销售的传感器有两个版本，各自独立。E4针对的是研究人员，Embrace针对的则是普通消费者。市场上的Embrace和其他很多可穿戴设备一样，主要用来跟踪和量化我们日常生活的方方面面，包括身体疲劳程度、兴奋度、睡眠和体育运动量。此外，Empatica还在研究如何将它做成供看护者使用的癫痫发作探测和警报装置。E4可以进行无线连接，为需要跟踪生理数据的研究人员实时提供一系列原始数据。

不用说，Affectiva肯定不是市场上唯一一家着眼于情感技术，或者面部表达情感分析技术的公司。总部设在圣地亚哥的Emotient公司成立于2008年，比Affectiva成立的时间还早。这家公司运用类似的面部识别软件，对微表情进行探测和分析。这些微表情，在人发生情绪体验时，是人所共有的。那么为什么这个领域突然涌现出了大量公司呢？Emotient的CEO肯·丹曼（Ken Denman）是这样解释的："此前，还没具备那些必要条件。微表情是潜意识还没来得及受意识抑制时，反应在面部肌肉上的表现，稍纵即逝。而之前，照相技术还达不到能让我们实际测量面部微表情的水平。”丹曼随后还指出，计算能力也是一个因素。计算机如今具有的计算能力，让我们能够运行多种深度学习神经网络，才让今天的探测分析成为可能。

正因如此，才会涌现出十多家公司，它们的专营领域除面部信息外，还涉及人类与周围世界沟通情感的其他途径。总部设在特拉维夫的Beyond Verbal是一家情绪分析公司，其专长是从人说话的语声语调中提取和识别内蕴的情感信息。他们的技术最初主要应用在客服电话中心及其他客服场所，用于读取和理解客户当时的情绪和情感。今天，公司的业务已经拓展到了其他方面，特别是健康与保健市场[①]。公司的软件系统以物理学家和神经心理学家超过21年的研究成果为基础，训练所用的语音样本取自174个国家和地区，样本总量达到160多万份。每一个样本的分析结果都要经过三位心理学家的复审，且三人必须最终对样本传达的情感达成一致。根据公司的资料，他们的系统不仅能检测出来电者的主要及次要情绪，还能在一定程度上检测出他们的态度及性格特点。所有这些信息都可以用来引导自动语音系统和客服人员，寻求满足客户需求的最佳方法。客服电话中心可以通过对该项技术不同方式的应用，来更好地处理客服过程中出现的问题。比如，同样是气急败坏的客户，一个是真心想要找到解决方案，另一个只是希望心中的不满为人所知，那么处理时就可以分别采用不同的策略了。

Beyond Verbal采用的是深度学习和模式识别技术，从声音波形中提取情绪内容。我们说话的声音本身，应该说还没有进化出传递情绪的功

① 莱文农认为，他们的技术也可用于很多疾病的诊断。根据这些病症对人声音的影响，比如某种特定的震颤或抖动，来进行识别。

能，而身体的生理结构决定和限制了声音形成的方式。在与公司的首席科学官约拉姆·莱文农博士（Yoram Levanon）交谈时，他谈到了情绪是怎么通过声音传递的。他认为，伴随情绪而来的身体变化改变了我们语音的一些特质。某种程度上讲，和弗雷德·克莱恩斯所说的从指压波形中可以探测出情绪类似。莱文农博士认为，我们从很早就开始学习语音的这种情绪特质，大概从我们还在母体中时就开始了，在这一早教窗口期，相关的神经元开始进行自组，以便对人类语音中的情绪因素实现最佳辨识①。

Beyond Verbal为软件开发者提供应用程序界面和软件开发工具包，方便他们将语音情绪分析程序纳入自己的应用。同时他们还启动了应用程序Moodies——这个号称是世界上首款为智能手机开发的情绪分析应用软件。Beyond Verbal称，该应用能将分析对象按体现不同情感和态度的四百多个情绪变量进行分类。公司的首席执行官尤瓦尔·莫尔（Yoval Mor）预测：在不久的将来，任何使用语音输入的设备和平台都会嵌入情绪分析软件。

几十家公司迅速集结，以期在情绪识别领域占领一席之地。有些是从零开始开发产品，有些则利用已经站稳脚跟的公司运用相对成熟技术提供的API和SDK。

在面部表情识别领域，除了Affectiva和Emotient，还有其他很多公司，比如Eyeris、IMRSV、Noldus、RealEyes、Sightcorp，以及情绪计算公司（tACC）等，就连微软也通过微软认知服务开发的情绪API加入角逐。微软的情绪API，是通过提供多种自然互动和情境互动改善用户体验。目前，这个API的核心功能主要在面部表情识别方面。

---

① 作者推测，可能其他声音，尤其是表达情感的音乐所激活的也是这一神经网络。因这一系统的具体组织形式不同，不同的人对给定的同一段音乐反应也许会不同。

在表情识别的相关领域，还有Emospeech。这家公司和Beyond Verbal一样，开发的都是语音情绪识别软件。另外还有一家以色列公司Nemesysco，通过分析话语重音发现诈骗。瑞典公司Tobii，则是通过眼球控制及追踪来研究人类行为。虽然步态和身体姿态分析也被视作情绪计算领域的一个部分，而且两者在物理疗法和人体工学等方面的应用也越来越广，但是目前还没有定义出可靠的情绪状态指示指标来通过它们记录情绪。也许等地理定位技术达到一定精度，或者可穿戴摄像头能对穿戴者的动作形成充分的内插式反馈，对这些特征的分析水平才会有进一步发展。

情感计算新技术这枚硬币的另一面，则是各种在软件和机器人系统中合成情感的方法。已经有几家公司开始进入这块市场，让机器带给我们它们有情感的体验。比如，在英国伦敦和欧洲都设有分部的Emoshape生产一种EPU，也叫情绪处理单元，安装在设备上以后，会让使用者觉得这个设备好像有情绪体验。EPU号称是世界上第一个用于人工智能、机器人和消费者电子设备的情绪芯片。它通过传感器来探测互动对象的情绪，然后通过自己的行为来体现对互动对象情绪的感知。通过监测面部表情、语言和音调，它还能判断出使用者正处于什么情绪级别。

今后必然会有其他公司紧追不舍，或者像Emoshape一样研发自己专有的EPU，或者开发出售自带API的情绪引擎，供其他软件接入。而这些又可以用于调整机器人、软件应用和人工智能个人助理的行为，就像我们在第一章开始时认识的数字个人助理曼迪那样。

这里面有一点很有趣，那就是这些初创公司中，绝大多数都是做面部表情识别的。促成这种局面，似乎和两大关键因素不无关系。首先，让情绪识别这一分支得以发展的一系列技术条件已经成熟。网络摄像头和智能手机上的相机像素已经足够高、速度足够快；所有设备的数据处理能力，包括台式机、笔记本，当然最重要的恐怕还是智能手机已经足够强；设备与服务器及各项服务的连接和传输速度足够快，不管是有线连接，还是Wi-Fi连接，手机互连。

第二个原因就更有意思了。以计算机为基础的模式识别和深度学习技术，最近几年无论在精度还是能力水平上，都取得了相当的发展。在有些方面，这种发展让模式识别得以达到人类在自然条件下远远无法达到的水平，但在另一些方面远达不到人类那样信手拈来的程度。原因可能是，如果共有特征的结构相当清晰，比如叉子上的齿、汽车的四个轮子，或者每个字母的样子，那么建立在人工神经网络上的视觉系统就能训练得非常出色，即使是识别条件不够好也没问题。同理，绝大多数的面部表情识别系统，都是以一套结构清晰的分类法为基础，最常用的分类法就是艾克曼对面部肌肉离散动作的绘制归类。这种分类法是以人类情绪的面部表达基本相同这一假设为理论基础的。这种相当完善的分类法，也许正是目前情绪分析公司做面部情绪识别分析的占多数的原因。等其他表达渠道的情绪识别技术出现，人们对它们也有了更多了解之后，这种局面也许会有所改变。

当然，与其他所有行业一样，情感计算行业也存在公司间的兼并和收购。就像前面我们提到的，Physiio于2014年与Empatica Srl合并成为Empatica公司。2015年，面部识别软件公司Kairos以270万美元的价格收购了IMRSV，为自己的客户提供有需求但却超出公司当时业务范围的服务。2016年1月，全球大公司苹果收购了Emotient，收购价格未对外界公开。到本书完成时，苹果尚未宣布收购Emotient的具体原因，但业内很多人猜测，苹果在收购后就可以研发更新版的Siri，也就是现在苹果上的私人助手软件。苹果于同期进行的另外一些收购活动，包括收购英国自然语言软件公司VocalIQ、深度学习图像识别公司Perceptio，以及动态图像面部分析初创公司Face Shift，似乎也证实了这种猜测。正如前面所说，若能以更自然的方式理解和回应我们的软件系统，就会一直推动众多此类支持性技术不断向前发展。

专利和知识产权法，也是可能影响这一新领域发展的因素。比如，Emotient在2015年5月，为自己一项一天时间里采集标记多达十万份面部图像的技术方法申请到了专利。苹果则于2014年为一套能根据面部表情评估心情的系统提出了专利申请。知识产权是创新的动力和促进的因素，因此极为重要。但给新技术授予的专利，从现有法律条款的角度看，保护范围往往过于宽泛，或者保护内容可能具有显而易见性。不巧的是，对一个新科学领域的不熟悉，很可能造成盲目纳入保护失了边界的后果。美国Myriad基因公司1997年和1998年申请的BRCA乳腺癌基因专利，在2013年被双双宣布无效，这就是盲目保护的典型例子[①]。

对专利过于宽泛的保护，会阻遏创新和发展。评估像Emotient拥有的专利，不是本书谈论的范围。但是我们也许该好好思索，类似这种指导机器学习的众包方法是不是不该受到保护。时间会告诉我们答案。在一门新学科发展的早期，不要人为制造不必要的障碍才是最重要的。你可以设想一下，假设20世纪八九十年代，有人申请到了一项被泛泛描述为面部表情分类法的专利会怎样。这在当时看来可能是一个具新颖性也并非显而易见的技术流程，但是如果保护范围过宽，这样一项专利足以扼杀整个情绪计算领域！这里的一个关键点，就是在早期阶段，我们最好对那些明显会对公共利益造成损害的专利，额外设置一些禁止授予

---

① 基因排序在20世纪90年代还是很新的事物，很多非本领域的人，包括专利律师和理赔估算人对基因排序都缺乏了解。分别于1997年和1998年获得批准的乳腺癌基因BRCA1 and BRCA2基因专利，由于涉及范围过于广泛，最终于2013年被宣布无效。正如美国最高法院在一致通过的判决中所称："自然形成的DNA片段，是自然的产物，并不能因为被分离出来便授予专利保护。"

的防范准则。有一点很重要，我们要记住美国专利商标局的职责不仅有提供专利保护，还有“促进美国的工业和技术进步，增强国家经济实力”。在现在这个快速变化的世界，哪些技术该得到专利保护，是需要我们谨慎思考的问题。

在市场经济中，人们很容易将利润视为创新的主要促进因素和动机。但利润只是其中一个因素，甚至可能并非最重要因素。能给创新提供支持的基础设施，一支志同道合、远见卓识的核心团队和一个基本能接受并支持新技术开启的可能性的社会——就算不是接受所有可能性，至少也能接受部分可能性的社会，所有这些都是取得更长期发展的必要条件。创新不是形成于真空，而是各种观点汲汲互为灌溉的结果。在保护那些真正值得保护的知识产权的同时，为一项正在发展的技术保留部分开放空间，才能让技术生态圈得以成长和繁荣。而从中受益的，将不只是创新者本身，还有整个社会。埃尔卡利欧比似乎也赞同这样的观点。她曾经这样说：“我们面临的最大挑战，是这项技术的应用实在太广了。我的团队和我本人都认为，只靠我们自己是不能完成得了的，所以我们将这项技术提供给公众。这样别的开发者就可以着手开发相关应用，发挥他们的创造力。”

想想所有这些进步，对于各种不同形式的情感计算与相关应用的不断发展，我们该做何预期？各个组成部分如何相互支持又相互竞争的？情感生态圈将如何形成？对其他技术又将产生怎样的影响？

从这一行业部分领军人物的表述中，我们可以清楚地看到他们对未来，或者对他们期望看到的未来是什么样的预期。前面我们提到过的Beyond Verbal公司的尤瓦尔·莫尔认为：

情绪分析软件很快会在几乎所有的语音输入平台上普及。这意味着，类似Siri这样的软件助手，或者在地球另一边的电话客服中心，能在你和他们开始互动的瞬间，就对你的心情和整体心理状态做出判断。还有，你打给朋友的电话可以选择运用情感通道，在已经自然传递的信息之外，再铺设一条互动通道。不过考虑到个人隐私问题，如果你想关闭的话，每个电话都应该可以提供关闭选项。如果提供服务的公司想维持良好的客户关系，至少刚开始会是这样。

埃尔卡利欧比已经反复表述过她如何看待情感计算的未来。比如她这样说："有一天我们所有的设备都会有情绪芯片。你的设备会对你的情绪做出反应，并随即做出相应调整。"可以看出，她所预见的情感通道，并不是只有面部表情这一条，而应该是包括其他可能的情感通道在内，至少是一个芯片能容纳得下的所有通道。当她说："我觉得我所有的情绪都在虚拟空间里消失了。"她想说的是，在我们绝大部分的网上交流中，信息存在着巨量损失。情感通道一直是我们绝大部分线下交流的组成部分，贯穿人类的大半历史。如果我们能通过什么方法，将这条通道补上，也许能重新找回一些重要的东西。

在谈到情感计算的未来时，皮卡德说："我觉得二十年内，情感计算会被应用于所有的可穿戴设备，所有的电话、笔记本电脑和机器人。任何人与技术发生直接互动的地方，任何人与机器互动时期望它有智能的地方，都能找到情感计算。"与埃尔卡利欧比一样，皮卡德也认为未来我们的绝大多数设备都会具有很高的情绪敏感度。有趣的是，她的研究重心不只是针对我们的运算设备，更拓展到了机器人身上。在下一章中我们会看到，皮卡德并不是唯一在考虑这个问题的人。

生命与机器

伊拉克费卢杰，阿拉伯标准时间2008年5月24日

一辆装甲人员运输车高踞在幼发拉底河河岸上。美国海军爆炸品处理部队的专家达尼尔·哈里斯，正在车上全神贯注地看着斯普林格出去执行任务。那位忠于职守的斗士，正沿着横在他们前面的钢桁架桥小心地向前移动。薄烟笼罩的夏日天空中，伊拉克的烈日在头顶上明晃晃地炙烤着。哈里斯抹了一把眉毛上的汗，飞快地扫了一眼周围的战友。爆破小组中没有一个人说话。每个人都紧盯着他们的队友，看着他小心翼翼地向简易爆炸装置靠近。

下一秒，一切突地乱作一团。

“他没信号了！”杰克逊突然在无线电中叫起来。

“他往桥边去了！”有人喊道，“小心！”

哈里斯探头一看，看见斯普林格正快速冲向桥的左侧。

“关机！”皮尔逊中尉命令道。

“正在关，”杰克逊叫道，“他没反应！”

“赶紧关！他要掉下……”

那一刻，众人鸦雀无声。哈里斯朝下面的桥望去，这才明白过来。斯普林格的履带突然卡住了，太及时了。他小小的身子有三分之一险险地悬在残桥外。换成平常，他早就掉进下面的河里了。要不是他夹爪上那个装着炸药的容器重量作用，肯定就掉下去了。

杰里·斯普林格还是一动不动。这是一辆矮矮的、双臂可伸展、手腕可360度旋转、带四个定焦彩色相机的双履带遥控车，是配备给美国海军爆炸品处理717连的一个标准版“魔爪”（Talon），一个机器人。

全队都冲过去营救自己的队友。他们知道派真人上桥过于冒险。那个简易爆炸装置随时都可能爆炸。于是他们只有一个选择，派另一个机器人去。

被派去的那个小小的背包机器人（Pacbot），大家都叫它“丹尼·德维托”。丹尼来到桥三分之一的地方，牢牢地抓住魔爪的抓手，使劲往后拽。可他用尽全力，还是拉不动比它大一号的机器人。两个机器人在重量上实在相差悬殊。

实在没办法，大家只好改变策略。他们让背包机器人回来，飞快地在上面连了一根能负重550磅的尼龙绳。然后又把丹尼派上桥，操纵丹尼把尼龙绳系在斯普林格的拉手上。绳子全都连好，战士们才小心翼翼地将斯普林格从桥边上拉了回来。

如果你觉得这些听起来有些怪，你倒也不是唯一有这种感觉的人。但现实是，随着军方逐步加大机器人在军事行动中的应用，类似上面的这种情况也会越来越多。在执行任务的过程中，士兵们经常给自己的机械战友定性别、起名字，定义它们的习惯秉性。更为重要的是，如果机器人出了事，士兵们会在乎，好像机器人是团队中的一员。不过，在很多层面上，它们确实也是。

华盛顿大学当时的博士研究生朱莉·卡朋特（Julie Carpenter），在2013年完成的论文中，约谈了23位爆炸品处理部队成员，对这些成员与机器人之间的互动进行了研究。卡朋特发现，很多受访者会经常性地将这些机器拟人化。机器人要是损坏了，他们会感同身受，还常常因为机器人的损毁而愤怒难过。有好几次，他们甚至还为因公殉职的机器人举行了葬礼。

事情远不止如此。在卡朋特的研究之外，还多次发生过那些经常与机器人一起工作的士兵，为倒下的机械战友颁发奖章，乃至为它们鸣枪21声的实例。

那么这些士兵为什么要这么做？为什么竟然会有人这样做？

卡朋特和其他一些研究者指出，这是因为人有一种自发需求或者倾向，要和那些与自己密切合作的伙伴产生认同、建立联系，即使那些伙伴并不是人类。仔细想想，我们经常会给自己的车、船或者工具起名字，跟它们说话，前线士兵的这种举动也是一样，这么一想就不以为怪了。有位士兵曾在军方的留言板上这样写道：“汽车、吉他、武器……给技术设备起个名字也没有什么奇怪的……所以认为机器人为了挽救生命牺牲了自己也不算太离谱。”

需要澄清的是，这些士兵并没有跟自己的机器人关系紧密到影响任务执行，或者干扰人际关系的地步。卡朋特曾问受访者，在看到机器人被炸飞了是什么感受时，一个名叫杰德的士兵是这样回答的：

> “啥心情都有……刚开始吧是有点生气，你看，刚有人把你的机器人给炸飞了。那你肯定心里挺恼火的。你就想到，你人员少了，那你得自己从卡车出去的可能性就大了。然后呢……有点像……有个机器人为了救你死了，所以又有点儿难过。但是呢，话又说回来，这只是个机器，是工具，出去了结果给炸飞了，这事说不定原来是要出在你身上呢，所以你又挺……总的来说挺高兴。就因为你看现在这事是出在机器人身上，不是出在人身上。所以呢，是所有情绪都搅在一起。你看，一开始是生气，心里有点恼火，然后呢，也没什么特别的感觉，有人把个机器人给炸飞了。一方面是，你刚刚失去了一个你依赖了很多次的工具，另一方面是，那个工具刚刚救了你的命……可怜的小家伙。”
>
> ——杰德（41岁，美国海军高级军士）

就算不走到极端，也明显看得出来，这些士兵是把这些机器人拟人化了。拟人化，是指赋予非人的实体，比如动物、无生命的物体，乃至如风暴或者咆哮的大海等现象以人的特征和特质。心理学家给出了我们之所以这样做的多种可能原因。被拟人化的客体可能在某些方面与人类相像，比如玩具熊或者小孩子的玩偶。但也可以与人的外表完全没有相似的地方。虽然没有相像的实体特征，但有能让我们联想到人的某些特质，比如能让我们体会出勇猛或者耐心。另外一个原因，是拟人化有助于我们理解自己不熟悉的事物。通过将一个事物放入我们熟悉的情境，即便情境不完全正确，也还是能帮助我们理解这件事物的功能。属于这种类型的简单实例，在我们的语言中比比皆是。椅子腿、组织机构的头儿，与生物上的概念相似度可谓相差甚远，但是这样的用词，能很快将信息传递出来，帮助你理解它们是什么功能。最后一点，还有我们对社会联系的需求。显然，我们天生就有的情绪和社交互动能力，不仅有助于我们彼此建立关系，也有助于我们更好地理解这个世界。从历史来看，甚至对我们的进化都做出过有益贡献。

卡朋特通过观察，也认同这样的观点："如果我们认定这两件事物很相似，我们会非常自然地把与一个事物互动时的准则，应用到与另一个的互动中去。这样我们就能将已有的知识有效地利用起来。有意思的是，有一些时候，士兵们确实是将人与人互动或是人与动物互动的模式用在了人与机器人的互动中。这绝不只是为了社交而社交的尝试，而是努力去理解我们的人机互动关系的很聪明的方法，以期达到让机器人更具效用的目的。"

只可惜，说起机器，这种互动往往都是单向的。不管我们多么想和坏掉的烤面包机分享我们的沮丧，它都无法理解我们的想法，也不可能根据我们的感受来调整自己的行为。至少现在是如此。

2014年6月，东京涩谷商业区的日本软银移动旗舰店外，人们耐心地排起了长队。大家都期望能有机会看到小机器人"胡椒"（又译"佩珀"，Pepper），那个号称是全世界第一款市面出售的社交机器。胡椒是人形机器人，高度不足1.2米，白色塑料外壳亮亮的，看着很可爱。它会说话，会做手势，能通过一系列预设问题和笑话，与客户进行一对一互动。利用复杂精细的语音识别系统，并辅以大量的视觉和听觉技术，它可以对人的情绪进行解读。胡椒的交谈方式已经比较智能，算是与真人交流比较相像了。虽然还远未达到真人级别的交流水平，但不可否认它绝对是技术打造出的一个令人惊叹的成果。

发明胡椒的是软银旗下的法国机器人公司Aldebaran。他们称胡椒是世界上第一款真正的社交陪伴机器人。胡椒能辨识人脸，理解言语和触摸，会说17种语言，甚至还有幽默感。而最为重要的是，胡椒能理解人的情绪，并做出回应，这项任务对任何机器来说都不是小菜一碟。到了2015年年中，Aldebaran和软银开始向公众出售这款机器人，据报道，一分钟之内就售出了1000台。这也让我们间接看到了市场对这类技术的需求，至少是在那些技术控和技术先期接受者中是这样。胡椒的售价不到2000美元，其设计目的就是为日本日益庞大的老年人群提供陪伴。虽然胡椒在设计上还不能从事家务活动，但是它反应敏捷，有足够的学习能力，以后的版本拾掇家务似乎也不是不可能。

说起拥有识别和理解人类感受能力的设备，胡椒远不是首款，它只是第一台公众可以直接拥有的此类设备。在过去的二十年间，社交机器人已成为情感计算越来越重要的分支，而这种趋势也将随着此类机器精细度的提高而延续下去。

如果说情感计算是以多种技术和体系为基础的，那么社交机器人就更是如此。它们不仅要像情感计算那样，从多条线索中分析确定使用者的情绪，还必须有能力以一个独立实体的身份做出回应，展开互动。在研发这些功能的过程中，研究人员不仅在如何设计这些机器上学到了很多，更对我们人类自己的心理学，以及如何成功把握有了长足的认识。

要想让机器人能真正与人类互动，那么理想状态下，它们与我们的交流应该与我们人类之间的交流一样。要做到这一点，它们就要能识别一个人，能推定出这个人在做什么、是怎么做的。这就意味着，不仅要准确地评估人的外在状态，还要准确地评估人的内在状态。这在人类心理学中被称为“心智理论”（Theory of Mind, ToM），大多会在儿童2岁到5岁期间开始发展。这一能力的发展，让我们能对他人与我们分离的、独立于我们的精神状态，包括知识、信仰、情绪、需求和企图及其他一些状态进行识别和归因。在机器人和其他人工智能身上创建与使用心智理论，在部分人工智能圈里被视为一个巨大挑战。谁也不能保证这一步最后能实现，但是如果我们能从还原论的角度来看，假定心智可以还原成大脑的物质属性，那么这个目标最终应该是可以实现的[①]。在这个前提下，机器人意识某一天也将成为可能[②]。

同时，心智理论还可以通过另一途径让机器人更像人，就是从人类这一侧入手。从人的角度出发，机器人并不需要真正拥有像人与人之间那样彼此知觉的内在状态。它只需要模仿得够好，好到让我们相信它能意识到就行了。这二者之间有着非常重要的区别，因为机器最终能不能拥有真正的意识还尚未定论。而在它能真正有意识之前，只要模仿得够好，我们也该知足了。

那我们又为什么想要这样做？这是因为在现有条件下，这样做让我们通过这一界面进行的社交互动最贴近真实。鉴于我们还不确知意识到底是什么、意识的运作机制，也不确知意识是如何产生的，就算机器有一天真能有意识，到人工智能能拥有意识那一天也还需要相当的时日[③]。有了对心智理论作用机制的更深认识，也许我们能制造出假象，让观察者相信与自己互动的，是一个与自己有着类似“知觉”的他者。就算大家都知道机器人并不真正具有意识，人们乐意去相信也一样有利于互动的展开和更好地交流。

用仿真知觉作为权宜之计之所以重要，是因为它能使我们与机器人

---

① 还原论在这里，是指认为只要技术足够先进，即可将心智还原为一套物理过程，然后再用替代基质或环境进行模拟或复制的观点。

② 在此我们假定心智理论是已经得到内化的，是机器人或者人工智能的体验，而不只是算法上的模拟。

③ 更多相关内容请见第十七章。

的互动更全面，能有浸入感。鉴于社交机器人本身不过是有实际形体的界面，一个用来调用机器人能力的界面，今后我们很可能会继续努力，让社交机器人变得更自然，更像人类。

在制造可能会应用心智理论的机器人上，美国麻省理工学院的教授辛西娅·布雷齐尔（Cynthia Breazeal）一直是该领域的领军人物。布雷齐尔说，在她还是个小女孩的时候，就对个人机器人非常着迷。在布雷齐尔的《社交机器人的设计》一书中，讲到1977年《星球大战》刚刚上映，她就被影片里面那两个类人机器人C3PO和R2D2迷住了。多年以后，拥有工程学学位和理科背景的她来到麻省理工学院攻读人工智能方向的硕士。当时的负责人罗德尼·布鲁克斯向她介绍了机器人科学。这次接触改变了布雷齐尔的人生，她意识到自己就是为这个领域而生的。

那是1997年。就在布雷齐尔在麻省理工攻读硕士期间，索杰纳号火星车在火星登陆，成为第一个登上另一个星球的机器人。这位未来的机器人学家不禁问自己，为什么我们能把机器人送入太空，可自己家里却还没有？想来想去，她认为这是因为机器人还无法以社交的，或者说自然的方式与我们互动。正是这个想法，推动着布雷齐尔开始了第一个社交机器人的研究。后来她在这个机器人的基础上，完成了关于人机社交互动的博士论文。在接下来的三年时间里，布雷齐尔和自己的团队投入了大量心血，研制成了机器人Kismet，这个名字在土耳其语的意思是宿命或者命运。Kismet主体是金属，但却有两只表情丰富的大眼睛、可以开合的红唇和两只可以动弹的耳朵。通过这些，它能传递非言语信息，就像小狗或者人一样。在Kismet旁边坐下来，给它看个东西，然后再评论一下，这个机器人的头和眼睛，会一直追踪说话人的脸，然后再转向这个人所指的物体，然后目光会随着两人交谈的继续，重新回到这个人的脸上。整个过程中，无论是眨眼的动作，还是发出非语言的声音，都像是活物一样。虽然它明摆着是个机器，但是人在互动中会几乎把它当成活的一样。Kismet标志着我们通过界面开发，让机器能以类人的方式真正与人互动这一领域迈出了重要一步，虽说互动仅能发生在社交层面。就像布雷齐尔所说的："这个小机器人不知怎么触动了我们内心深处的社会性，而凭借这种能力，也让我们看到了以全新方式与机器人进行互动的可能。"

在接下来的很多年中，布雷齐尔组建了麻省理工学院媒体实验室的机器人小组，并带领小组研发了多台社交机器人，其中有表情丰富的雷奥纳多（Leonado），一个毛茸茸的动画机器人。和他们一起合作开发雷奥纳多的是斯坦·温斯顿工作室。这个工作室曾为多部票房极佳的好莱坞大片完成过特效制作，《终结者》和《侏罗纪公园》就是他们的作品[①]。Nexi是个白色塑料MDS机器人。MDS三个字母分别代表移动、灵巧、社交。Nexi的眼睛和面部表情非常丰富，而且早期的Kismet和雷奥纳多都不会说话，Nexi却会说自然语言。另外一个也是该组研发的机器人叫Autom，设计者是麻省理工学院博士科里·基德。这个机器人是他博士设计的一部分，设计目标是为了帮助使用者达成减肥目标。所有这些机器人，和其他很多的机器人一道，为布雷齐尔带来了"个人机器人之母"的赞誉。

到了2014年7月，布雷齐尔在众筹网站Indiegogo上，开始为号称是世界上首部家用社交机器人的研制筹募资金。这个机器人被取名Jibo，该项目也很快成为史上众筹项目中最成功的一个，募得资金超过370万美元，其中230万美元来自5000台机器人的预售款。仅仅用了一年多的时间，这个专门做机器人的初创公司就又另外募集到3500万美元的投

① 有趣的是，雷奥纳多与《星球大战3：绝地归来》中的伊沃克人很相像，就是多了一对点睛似的毛茸茸的耳朵。

资。他们的这个小家用助理是白色的，线条简单流畅，从外形看符合极简主义者的梦想，但功能上却能完成各种类型的家务活动。从拍全家照、传递口信，到给孩子们读睡前故事都能完成。公司于2016年春开始正式发运第一批机器人。

Jibo并不是唯一被称为是第一台家用机器人的设备。很显然，这么说法国Aldebaran公司的“胡椒”也可以。还有法国蓝蛙机器人公司生产的“巴迪”（Buddy），应该也算得上一种滚动式互动家用机器人。事实上，未来几年内会有一系列家用机器人投放市场。很多开发者认为，是时候让这些设备进入市场了，而且尽早出现在公众面前很重要，这一点也有几分道理。不过这些产品都属于初期产品，而且其中不少很有可能在系统真正完善之前就已经打包退货了。对一些愿意早早尝试这些技术的人而言，只要机器缺陷不是太严重也还能够接受。这部分使用者不仅是技术循环的一个重要部分，还可以将那些与所做承诺相去甚远的产品淘汰出局。对这些机器人而言，只有时间能告诉我们，如果真有胜者的话，哪些产品能长期屹立不倒，在同类中胜出。

以上可以看出，目前全球有很多研究人员都在开发新型的社交机器人和平台。虽然依据的理论和采用的方法各有不同，但都是为了能让机器人与我们的交流更为全面。比如，美国的汉森机器人技术公司的大卫·汉森及其团队，设计出的机器人表情丰富得令人难以置信。为了做到这一点，他们使用了大量的促动器和马达，以模拟人面部和颈部六十余块主要肌肉的运动。最外层的包裹材料，用的是汉森研制的一种叫作Frubber的新型仿生皮肤材料[①]。这种材料已获得专利并注册商标。根据汉森的描述，这是一种“通过脂质双分子层纳米技术，自组成类似人体

① Frubber取自flesh rubber，意即肉一样的橡胶。

细胞壁的海绵样弹性体”。基于人工智能的性格引擎负责指挥仿真面部动作，这样可以给每个机器人指定它自己的独特表情。通过这些技术的运用，汉森机器人公司已经研发出了一系列表情机器人，可针对教育、研究、博物馆及家用等多种用途进行大规模生产。汉森的目标之一，就是将这些会说话的个性机器人作为一个起点，为“真正有同理心的机器人播下种子。如此，如果它们真能达到，或者也许超出人类智能水平之时，这将成为我们为未来播种的希望之种”。

在商业界，人们已经多次尝试将机器人放在不同商务环境去充当起点联系人。不少公司正在研发服务机器人，也就是至少具有一定程度的社会功能的设备。有的机器人是做迎宾员，有的是在商场服务台做客服，比如东芝开发的“地平”（Junko Chihira），就是一种能与店内顾客互动并提供指导的人形机器人。日本的另一项创新是日本著名的机器人酒店，也称“古怪酒店”的Henna Hotel。酒店几乎全部由机器人来运作，从前台到行李员，全是机器人。上海的一家购物中心则引入了女性人形机器人“阳扬”，她会说话、会握手、能唱歌，还能与人拥抱。新加坡的南洋理工大学也已让他们的一款类人机器人当起了前台接待，并为她取名娜丁（Nadine）。

随着这种态势的迅速发展，有一点值得注意，就是大多数此类迎宾机器人似乎都采用了女性外形。出现这种情况的部分原因可能是大众会觉得女性没有很强的威胁性，同时这些机器人所取代的工作传统上也都是女性从事的工作。那么这种趋势会继续吗？有没有可能随着社交机器人在行政管理和护理领域的应用越来越广，越来越多的女性工作岗位会被取代，就像几十年前工厂机器人取代了大量男性主导的工作岗位一样？2016年世界经济论坛指出，未来的劳动力市场会出现颠覆性变化，包括机器人和人工智能的使用会逐步增加。预计到2020年，全球会净减少500万个职位。在预计会减少的职位中，有三分之二是办公室工作及行政类工作。总体来看，受影响更大的是女性，每增加一个人工智能，就会减少五个职位。对于男性，每增加一个人工智能，减少的职位是三个。这种趋势未免让人不安，需要我们时刻注意。

与现在的其他技术一样，社交机器人中也出现了不少开源产品。Ono是比利时社交机器人项目开发出的一个DIY开源平台。法国的Poppy则是3D打印开源机器人平台。开放式机器人硬件已将资源开放式的理念应用到了机器人系统中。以上所有这些都在自己的平台中提供社交机器人的有关设计信息。有人可能会说，与一些以科研机构为依托的商业机器人实验室推出的产品相比，这些机器人不够精细。但不论怎么说，观史知今，这样的平台终会在创新的不断循环中发挥愈渐重要的作用。

说到情感计算，要记住的重要一点就是这个领域是由多种不同学科和技术构成的。识别人脸，理解面部表情对绝大多数人来说易如反掌，只是下意识就能完成的事，但对机器来说，却是个巨大挑战。必须先用照相机将人的面部特征捕捉下来，再输入极为复杂、已经被成千上万图像样本训练过的面部识别软件，才能开始着手完成同样的任务。语音识别软件也是一样，只不过它是用麦克风来检测我们的语调和音调变化。肢体语言和手势也会传递出大量信息，因此人们也在就此展开研究，寻找理解这些信息的途径。别的一些研究领域，还包括了生理变化，如血流、皮肤电导反应等。所有这些技术都有一个共同点，那就是这些技术运用的都是模式识别算法。模式识别算法，是一种能从原始数据中辨识和提取各种模式与关联的程序，其识别能力远高于个人所能。

尽管情感计算和社交机器人有不少共通之处，但有一点是后者独有的，那就是社交机器人与我们互动的方式。情感计算软件也可以非常精密，但是总体来看，它们还只是软件而已。相比一个有实体形状的软件而言，单纯的软件让使用者更难以产生认同感。从另一个角度说，很多研究都表明，人与机器人互动时，所产生的同理心与人际互动时相仿。卡朋特对军人的调查结果显示，炸弹清理人员显然对那些机器人有一定程度的认同感。尽管这些机器人长得并不像人，但它们毕竟有一个实体形式让使用者开展互动。这一点非常重要，因为研究显示，和我们越像的东西，越容易让我们认同并产生同理心（至少到目前为止）。一个软件本身基本不会让我们产生任何的同理心，很有可能是因为它没有一个实在的形体。即使只是一个小小的机器人玩具，都可能吸引我们投入更多。

德国杜伊斯堡–埃森大学的阿斯特丽德·罗森塔尔–冯德普顿（Astrid Rosenthal-von der Pütten）主持过一项研究，在志愿者看视频的同时，对他们进行功能性核磁共振脑部扫描。在一些视频片段中，志愿者看到的是研究人员与一只绿盒子、一只绿色玩具恐龙和一位穿绿T恤的女性富有感情的互动。研究人员可能给互动对象一个拥抱，或者挠挠痒痒，或者轻轻抚摸。就说那个玩具恐龙，它是个小机器人，名字叫Pleo。它身上配有多个麦克风、扬声器、传感器和小马达，能做出移动、摇摆的动作，还能根据被对待的方式，发出各种声音。刚开始的时候，研究人员挠了挠小恐龙的痒痒，给了它一个拥抱，小恐龙便发出了愉悦的咕噜声和轻叫。之后，志愿者又看了研究人员假装虐待互动对象的一些视频短片。视频中，研究人员把一个个互动对象又是揍，又是摇，又是打，甚至更过分。比如，当Pleo被掐住了喉咙时，它发出了哭叫，还有被卡着不能呼吸和咳嗽的声音，就像那个女性互动对象的反应一样。这个小机器人对其他的粗暴对待行为，也做出了比较明确的情绪反应。随后，研究人员对志愿者的脑部扫描结果进行了分析，结果让他们非常吃惊。不出人们所料，那个盒子是三个对象中最无法激起同感反应的。对于机器人，研究人员认为读数应该在盒子和女性之间，但事实上，大多数的脑扫描结果显示，看机器人时产生的反应，与看那个女性时产生的反应，两者之间要近得多。虽然看到这位女性被粗暴对待产生的反应确实比看Pleo受虐待要高得多，但从结果上还是能看出一些端倪。

在另一项研究中，麻省理工学院的研究人员凯特·达灵（Kate Darling）让一些人与Pleo玩耍。玩了一个小时以后，她给了每个人一把刀，还有别的一些武器，让他们去折磨和肢解他们的玩具。每一个都拒绝了她的要求。达灵于是给悬赏加码，跟他们说，谁杀了别人的恐龙，就能救自己的恐龙。她的要求再一次被所有人拒绝。直到她下了最后通牒，必须得有一只恐龙死，要不就宰了所有的Pleo。只有这时，才有一个人站了出来，用斧子砸倒了其中一只恐龙。而其他所有人都被他这种暴行惊得目瞪口呆，一句话也说不出来。

为什么这些研究中的参与者会有这种反应？到底是什么让他们对没有生命的机器产生了同理心？问题的关键，很可能就在机器人的行为上。麻省理工学院教授雪莱·特寇（Sherry Turkle）把某些动作，如眼神交流、目光对我们动作的追随，还有做手势等称为“达尔文按钮”。这些达尔文按钮触发了一些根植于我们内心深处，也许是本能的反应，说服我们去相信我们眼前看到的，是某种智能形式，说不定还是有意识的智能形式。从多个层面讲，这和客厅里逗乐的小把戏差不多，都是在作弄我们在进化过程中遗留下的薄弱之处。

这些研究以及其他多项研究都证明了一点，不管我们看到的动作作用于人，还是机器人，被激活的情绪系统中很大一部分是相同的。正是基于我们的这种反应，一些机器人专家呼吁，应制定相关准则，保证机器人得到有道德的对待。甚至更有人提出，应保护“机器人权利”。

尽管在很多人看来这未免荒唐，但达灵指出了一点，从法律上我们已经有先例，即保护动物不受虐待。她指出，选择要保护哪些动物，完全不存在统一标准，而且也缺乏延续性。多种文化对杀灭昆虫和老鼠毫不留情，但要去伤害一只海豚或者宠物狗却会迟疑不前。每天都有很多人吃着在恶劣的养殖环境中生产出来的畜肉，但同样是这些人，如果明确知道眼前是仓鼠肉或者猴子肉，绝大多数都会拒绝去吃。达灵认为，在我们对其他物种的痛苦产生很强的认同感时，我们也许真的给自己设立了一些规则。从某种意义上讲，这就好像是举着一面镜子，将那种行为反射到了人类自身，按了我们的“达尔文按钮”。如果真是这样，那么这种保护法案存在的意义，其实更多的是在保护我们自己，更甚于保护任何动物。终有一天，我们也会决定为机器人设立类似的法律条文。与此同时，未来会有很多代、各种功能组合的社交机器人，会以越来越趋于真实的方式与我们互动。

我们比较容易对机器人产生认同感这一点，对我们既有诸多益处，也有多种弊端，而且弊端只多不少。随着我们进入一个新时代，与机器人共事的时间越来越多，互动越来越充分，对它们越来越认同，越来越关心，这应该有助于提高我们对它们的接受度，进而接纳它们为我们大家庭的一员。同样也可能进一步改善我们与它们之间的互动，在双向交流中创造更多的价值。不管我们探讨的是服务行业与客户打交道，还是帮助处于社交隔绝状态的人，应该都是如此。

但从另一方面讲，机器人最多只是与人类有些类似的东西而已。而我们却愿意与之产生认同感的这种意愿本身，就有可能给我们带来麻烦。基于我们对这些机器的看法，我们可能会发现，自己在处理众多人际关系时，会无意识地做出并非最佳选择的决定。总有那么一些人千方百计利用我们的弱点，不公平地把这些弱点变成他们的优势，来对其他人进行诈骗。而且还有一种情况，可能也是最重要的，有些人可能真的将与机器人建立的情感关系，等同于人和人之间的情感关系。事实上，很有可能相当一部分人宁肯选择与机器人互动。这里面的问题，至少就目前的机器人智能水平而言，当然是机器人并不具备真正的意识（至少现在还没有）。更通俗地讲，就是家里没人，它也不可能给你任何类似感情回报的东西。机器人现在还无法真的成为朋友和知己，尽管有些人把这种假象误以为真。人与人之间的人际关系能让人心里更充实，更满足，但有时也确实心乱如麻，有不少人会宁愿选择和机器交往这条路。随着机器人技术不断进步，这种诱惑只会越来越大。而也许真有一天，一切会发展到人机互动和人际互动已经无法显著区分开来的程度。想走到那一天，机器人技术还会遭遇很多障碍，其中就有一个千难万险格外崎岖的山谷，我们将在下章继续讨论。

第二部分

情感机器的崛起

当我们说计算机会达到人类的智能水平时，我说的不是逻辑智能，而是可爱有趣、能表达关爱之情的情感能力，这才是人类智能中无与伦比的部分。当我们利用情绪假体帮助情绪智能障碍者克服障碍；实现彼此之间思想、图像甚至感受的直接传递……情绪和让人工智能得以体验周围世界的精密传感器，让机器能大胆步入任何智能此前都未曾踏足过的世界。

玩偶的恐怖谷

美国加利福尼亚洛杉矶，2011年3月11日

2011年3月11日，美国迪士尼影片公司发布了最新动画片《火星需要妈妈》。这部动画片根据著名漫画家伯克利·布雷斯德的作品改编，由罗伯特·泽米基斯负责制作。泽米基斯此前曾制作过《回到未来》和《谁陷害了兔子罗杰》。按说《火星需要妈妈》应该成为热片。没想到，它却创造了电影史上排名倒数第四的最低票房。《火星需要妈妈》的损失不仅高达一亿三千七百万美元，更被认为是压倒骆驼的最后一根稻草，最终导致迪士尼关闭了它的数字动画制作工作室。

几十年来，泽米基斯一直是好莱坞的票房发动机，他身兼导演、撰稿人和制作人，取得了一连串的成功。业内人士都知道，他一直致力于新技术的应用，传达他对电影的独特理解。他是最先放弃电影胶片转而使用数字电影的人。2004年，他在

执导的《极地特快》中，已经运用了数字动作捕捉技术，将真人演员的动作合成到了看起来非常真实的动画人物身上。2007年《贝奥武夫》制作时也采用了这一技术。同年，迪士尼和泽米基斯主持的ImageMovers合作成立了数字动画制作工作室ImageMover Digital。可惜这个工作室并没能存在多长时间。就在《火星需要妈妈》初期剪辑开始试映时，也就是离工作室宣布成立仅仅不到三年之时，迪士尼便宣布将在2010年末关闭该工作室。虽然离《火星需要妈妈》的公映还有一年，不过高层认为此时再取消这部电影为时已晚。《火星需要妈妈》于是成为ImageMover Digital的第二部，同时也是最后一部作品。

虽然泽米基斯在进入新千年后很高产，但他的不少作品不止一次地遭到了公众批评，认为其中的动画人物太“令人害怕”。《极地特快》《贝奥武夫》《圣诞颂歌》[①]，还有《火星需要妈妈》，观众基本都是这种反馈，和泽米基斯早期作品《谁陷害了兔子罗杰》得到的反馈完全不同。据部分影评人士及业内分析人士认为，其中的动画人物仿生的程度太高了，结果跌入了人们所熟知的“恐怖谷”。

恐怖谷理论[②]，最早是20世纪早期由德国心理学家恩斯特·詹池（Ernest Jentsch）和弗洛伊德提出的。1970年，日本教授、机器人专家森昌弘发表了一篇名为《恐怖谷》的文章，就机器人与人的相似度，和观察者对机器人感觉亲和的程度之间的关系，提出了一个假设。

简单地讲，文章认为人有一种倾向，那就是在我们的世界中，那些

---

① 《圣诞颂歌》动画版的守财奴，用的是1999年电影版主演帕特里克·斯图亚特的形象。

② “Bukimi no tani”翻译过来其实并不是“恐怖谷”，更接近的译法应该是“怪异谷”。

越像人类的东西，对我们而言亲和感越高[①]。在前面一章中我们已经谈到过，动物、物体和机器与我们相像的程度越高，我们越有可能对它们加以拟人化，对它们产生同理心。但是，森昌弘又指出，这种趋势中存在着不一致的地方。在相像度达到一定水平时，观察者对观察对象的亲和感受会出现一个明显骤降。图中（图1）的这个骤降底部，就是森昌弘在文中用“谷”这个词描绘的原因。此时，观者不只是不喜欢观察对象而已，还会憎恶这个与真人非常像，却又不完全是真人的东西。这种感觉是明显能感觉到的排斥和反感。按照森昌弘的理论，不管是机器人、玩偶还是动画，一旦过于真实，似乎就会出现这个问题。

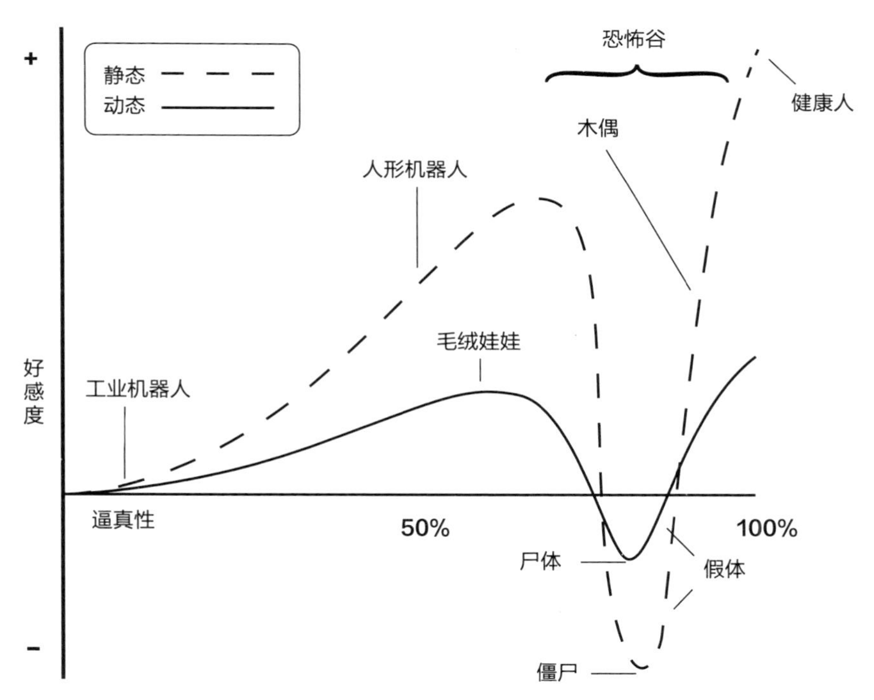

图1：恐怖谷［根据森昌弘与卡尔·麦克多曼（Karl MacDorman）的图标绘制］

① 对森昌弘恐怖谷理论的早期翻译曾造成过一些混乱，其主要原因是森昌弘所用的“亲和感”一词，其含义在英语中很难得到全盘表达。英语中用作类似“亲和感”的对应词有“familiarity”“likableness”“comfort level”“affinity”。

这一现象对我们今后与技术，尤其是情感计算和社交机器人的关系有着深远影响。与基础的计算机应用或者流水线上的工业机器人不同，情感计算机和社交机器人领域的研发重点，是设计能真正与用户建立情感联系的系统。一个帮助系统反而惹得使用者心烦不安，还能有什么比这个更本末倒置的？

在探讨恐怖谷为什么会存在，或者其作用机制如何之前，有一点必须说明，那就是并不是所有人都认同这个理论，也不是所有人都相信恐怖谷真的存在。很多人认为，恐怖谷不过是趣闻轶事杂陈因而赚足眼球的大众心理学。不过，最近的一系列动物和人类研究表明，恐怖谷是一种真实存在的现象。2009年，美国普林斯顿大学的进化生物学家发现，猴子在看到高仿真重建的猴子面部时，其目光挪开的频率，远远高于看到真猴子和漫画猴子的时候。对此，他们的解释是因为猴子在看到高仿真图像时，心里的不安感更强。还有一项研究，则是让受试者将一系列机器人的面部按照好感度和可信度进行排序，实验结果也呈现出明显的相关性，支持了森昌弘的假设。还有别的一些研究，也得出了类似的结果。有些测试在受试者观看人类、机器人和安卓系统的同时，利用功能性核磁共振进行脑部扫描，结果也证明恐怖谷真的存在。

那么到底为什么会有恐怖谷？它又会对类似情感计算这样的领域产生怎样的影响？一些认知科学家认为，造成恐怖谷现象的，可能是我们大脑中用来归类和理解世界的不同部分间出现了脱节。他们认为，这种认知失调的出现，是因为事物外观让人们抱持的期望，与该事物的其他一些特征，或者行为上的某些方面不相符。

在描述这种脱节时，常用动作做例子。不论是人，还是其他动物，我们的动作是非常有特点的。从图1中可以看出动作的重要性，尤其在面对一个不变或者不动的物体时，恐怖的效果就更明显。比如说，尸体和僵尸本质上都是死尸，但是僵尸激起的负面反应要大于尸体，这很可能是因为它本来是不该动作的东西，可是它却动了。而且，僵尸的动作既不像尸体（完全不动），也不像活人，因此就和我们预期会看到的东西产生了冲突，这一观点得到了前面提到的功能性核磁共振结果的验证。不过说到这里，我们也要指出，这一解释并不是十分完善，因为我们在日常生活中，也经常会遇到相互矛盾的感知信息，但是这些感知却极少会让我们产生强烈的反感。这说明还有另外一种机制在发生作用，也或者另外那个机制和这种假设是共同作用的。

另一个对恐怖谷体验的解释是，这可能是我们在进化中产生的一种本能，让我们会自动躲开可能伤害到我们的病原体或人。一般而言，死尸和患有各种改损形貌性疾病的病人，我们最好回避，尤其是在现代医学出现之前。那些恪守这种明智做法的人，更有机会活下来并将自己的基因传递下去。如果对这种刺激先天的厌恶成为基因的一部分，那就可以因为利于生存而代代相传。

有一种观点将上面这两个理论结合了起来，这就是恐惧管理理论。恐惧管理理论的基础出自社会心理学。理论认为，人类很独特的一点，就是我们是唯一能意识到自己终将死亡的物种。会死这件事无可避免地与我们的生存意志发生了直接冲突，由此带来了恐惧。对这种恐惧，文化通过提供意义和价值，起到了一些缓解作用。但是，这种缓解并不足以消解问题的全部。恐惧管理理论提出，我们花费了生命中的相当一部分时间来避免这种焦虑。为了做到这一点，我们一方面采用多种不同策略来有意忽视这种对我们个人存在的威胁，另一方面则下大力气来避免我们无可逃避的死亡。

包括卡尔·麦克多曼在内的一些理论家认为，恐惧管理理论和恐怖谷效应之间可能存在着某种联系。一旦机器人、动漫人物或其他物体的仿生度过高，它们身上任何能触发我们的头脑从视其为有生命转为无生命的矛盾之处，都会促发这种反应[①]。因为它们提醒我们，有一天也会完成这种从生到死的转变，即使提醒的方式委婉微妙，这种机制对生存非常有利。不是一碰到自己终难逃一死的东西都吓得动弹不得，当某件实实在在的东西最终激发出我们对死亡的恐惧，我们可以迅速地转移自己，或者处理造成恐惧的起因，以改善我们的境遇，提高生存概率。

如果这真是我们产生恐怖谷体验的原因，那么除了小心划定出恐怖谷效应边界[②]，之后努力去避免越界，似乎并无其他良方。当然，如果是有意想用某些恐怖电影或者其他形式的娱乐方式激起这种反应能力，那就该另作他论了。

还有一些解释恐怖谷效应的理论则将这种效应与我们在选择配偶时的排斥感受联系了起来。排斥感体验让我们远离不健康，或者某些地方感觉不对、不适宜做配偶的对象。虽然对恐怖谷效应的解释还存在着大量争论，但造成这种效应的原因很可能包括前面提到的两种或更多的原因解释。

尽管“恐怖谷”这种提法还相对较新，但这种体验已伴随了我们几十万年，甚至可能上百万年。我们只须看看周围，就会发现在我们的日常生活中，到处都有恐怖谷效应，只是强弱不同而已。对一部分人来说，去杜莎夫人蜡像馆一趟就足以激发这种体验，或者你第一次毫无心理准备地看到了一条假肢或者一只假手，又或者你过着不问世事的生活，然后见到了一个长得与你此前见过的非常不一样的人。当然与多种心理效应一样，随着你对对象的熟悉度和接受度的慢慢提高，恐怖谷效

① 这个很难说与前文提到的猴子测试是否矛盾，因为恐惧管理理论并不适用于其他物种，除非别的物种的这种恐惧反应比人类的更出自本能。

② 这种界定很可能会因具体种族和社群的差异而有所不同。

应也会逐渐减弱，但这需要时间。

从整容手术这一现代医疗程序，可以看出我们的大脑在对“恐怖谷入口”的识别上有多厉害。整过容的人，即使我们并不知道这些人整容前的模样，绝大多数人还是会觉得他们微微有点“不对劲”。可见，我们对什么是“自然”脸的解读有多么精细微妙[①]。

能不能通过与机器人共处，更好地了解这个“恐怖谷”呢？日本机器人专家石黑浩就正在做这方面的研究。他曾是油画家，后来放弃了油画，进入机器人领域。很快他成为该领域的一名教授，专门设计酷肖人类的机器人，而且是越像越好。石黑浩把按照他本人复制出来的仿真机器人称为Geminoid，这个词来自拉丁文gemini，意思是双胞胎。而这些双胞胎，一年比一年更像真人，仿生度越来越高。他和助手所做的这些工作，既让我们看到了恐怖谷存在的很多真实例证，更让我们理解到复制人体特征和动作之千难万险。

有趣的是，石黑浩自己也不确定恐怖谷效应背后的原因是什么。他曾多次指出，就人对仿生机器人的反应，很多理论给出的解释都过于简单了。尽管总是有很多人说仿真的那些机器人实在让人害怕。他甚至还说过，自己四岁的女儿看到一个长得和她一模一样的机器人时差点大哭起来。尽管人们对他褒贬不一，但石黑浩的工作也同时让我们看到，随着时间的推移，人们正在迅速适应有机器人在场，不像以前那么明显排斥了。

---

① 这段话写成文字恐怕很难不引起误解，或让人觉得受到冒犯。无论整容手术做得多么成功，也无论是出于何种具体需要，病人术后与术前一样仍然还是人类。安装义肢、植入假体，或者人体接受的其他任何手术程序，也是这样。我写这些的目的，只是为了更好地理解一种虽然不是人人尽知，至少是很多人都体验过的关于人体状态的现象。尽管从生物学角度讲，进化可能会让我们有某些特定感觉，但这并不意味着我们的智慧就无法压制住这些感受，从而使大约能抑制感受的大脑的执行功能和社会化的趋向得到进一步强化。

恐怖谷效应不限于机器人和动漫人物的外表。其他一些特征同样可能引发这种效应，其中最明显的就是动作。正如森昌弘早先的曲线图所示，动作的引入实际上强化了那种不一致，它将尸体的诡异转变成僵尸的恐怖。自然动作有太多精细之处，且负载了大量信息，因此从多重意义上讲，要比正确复制一个静态面部难度高得多。如果你看过《怨咒》这类恐怖电影，见过里面那些厉鬼那么不自然的移动方式，也就肯定体验过那种肠子都打结的恐怖感。也正因为这个原因，才不容易用言语传递出这种感觉，最多只能说就像看着一个披着人皮、貌合神离的异种。

也有其他极端事例，就像机械机器人模仿生物学运动原理的动作。波士顿机器人公司的"大狗"和麻省理工学院的"猎豹"就属于这类机器人。这种机器人，就是在很结实的金属框架上，装了十几个乃至上百个马达、制动器，还有电路。它们的外表是不是自然、像不像动物，基本上不在制作者的考虑范围。但是装备了上述元件的钢结构和关节，还有驱动它们的人工智能软件，极为精确地模仿了生物学运动原理，让这些机器人走、跑和跌倒后起来的动作，自然得就像活物一样。看着它们失去平衡，然后又爬起来找回平衡的过程，就像看着一副小马的骨架第一次试着站起来那样。恐怖图像带来的各种不安情绪，此刻如期而至。

其他可能落入恐怖谷的，还有仿真假肢的佩戴者。看着本该长着健康手掌的地方，却连着一只假手，也会触发人们内心五味杂呈的感受。这一方面从旁证明，那些认为恐怖谷效应根植于我们对自身死亡恐惧的理论家说得可能有道理。不过从所有这些解释来看，极有可能恐怖谷背后的心理学因素非常复杂，远非单个原因或者机制所能涵盖。

到此就引出了人工生成情绪的问题。读取和理解人类情感及非语言暗示是一回事，真实准确地生成它们是另一回事——不管采用的是语音、视觉的方式，还是其他方式。从我们对恐怖谷的各种体验来看，做到这一点极具挑战性，而且最终我们无法避免。

解释和表达情绪是一套很复杂的技能，这项技能我们多在年龄很小的时候就熟练掌握了。随着我们慢慢长大，这些交流渠道也通过我们的文化学习、有意识地加强，甚至镜像神经元的功能，得到了锻炼和精进。与另一条主要交流渠道口头表达一样，我们对情绪的理解和表达能力基本也是在人生早期就获得了。所以等到青少年阶段，我们对任何给定时刻哪种情绪可接受或者不可接受，基本已经了然于心。这也是为什么看到有人做出不合时宜的举动，比如在葬礼上发笑，在庆典上暴跳如雷，人们会大惊失色的原因之一。对自己和他人应该如何行止得体，我们有根深蒂固的社交期望值。一旦所见距期望甚远，我们往往就会指斥挑衅者不懂规矩，或者毫无品位。

我们对不自然动作的觉察能力更加敏锐。一闪而过的苦笑、稍微翘起的眉头，在恰当的情境中饱含深意。语调的升降，或者声音中稍纵即逝的颤抖，都传达出耐人寻味的信息。因此，我们对情绪化软件早期偏离人类常规的一丁点儿不符都能察觉出来，这也应该没什么可吃惊的。但是随着这些软件不断改进，设计越来越精细，早晚它们会接近人类的水平。而在它们达到那个水平之前，会不会也逐渐靠近并跌入恐怖谷，无意之中让人类大感不适呢？

这些都是非常理论性的探讨，我们还是来看一个实例。语音合成系统的性能，目前正在逐步提高，让人越来越难以分辨到底是不是真人说话。如果再将情绪特质整合到合成语音中，要猜出和你说话的是不是真人，就会比较有难度。那么这个系统真的能让你完全察觉不出吗？还是其中的某些缺陷会触发负面反应，造就一个语言的“恐怖谷”？如果软件应用于电话销售还好，可如果我们讨论的是虚拟心理治疗师，或者悲伤辅导师，那问题就完全不是一个等级了。用户的负面反应，显然很可能让一个原本大有可为的软件程序偃旗息鼓。如果是使用自动心理危机干预软件的危机呼叫中心，那问题就更严重了，一个错误回复就可能造成悲剧无可挽回。

还有利用情绪假体帮助情绪智能障碍者克服障碍的问题。前面已经提到过埃尔卡利欧比早期设计的读心者，那就是为自闭症患者设计的社交智能假体。继这一设备之后，出现了大量各种形态的情绪辅助设备。利用增强现实技术和情绪模式识别，什么样的情绪读取工具都有了出现的可能。想象一下，一个大脑受损的人，就像第三章开始时我们讲过的艾略特，能有可穿戴的情感假体。那样的设备将可以怎样改变一个人的生活啊！

在帮助残疾人面对和克服困难方面，已经有很多现代计算机界面技术投入应用。有视觉和听觉障碍的人士，他们的世界因为技术而得以扩展。截瘫、四肢瘫患者，甚至闭锁综合征患者①，都已经看到自己生活的转变。而情感计算可能会带来的界面技术也不会成为例外。随着算法的不断完善，设备更便于携带，价格更便宜，更多人的生活会因之而改善。情感计算可能遭遇“恐怖谷”，这也是为什么我们要研究恐怖谷理论，更好地理解它，并在可能时寻找逾越的方法的原因之一。

但这还只是个开始。正如修复性义臂和义腿正衍生为力大无比的肢体和外骨骼，帮助视力恢复的视网膜假体有一天会让我们有望远镜一样的远视力，看到自然可见光之外的光线，情绪假体也会大大增强我们的情绪表现和情绪敏感度。关于此类调整，我们将在第十五章继续深入讨论。现在我们来看看进入人工增强时代时，恐怖谷可能带来的种种难题。

① 闭锁综合征是指病人虽然能意识到，但因全身瘫痪而无法动弹的状况。

人类自出现之日起，就一直在努力通过技术提高自身。可能很多人对大张旗鼓增强自身的做法很反感，大多数人都相当熟悉自己的感官作用，可是你去跟那些感官不全的人讲讲试试？义肢、人工耳蜗（以恢复听力）、人工心脏，所有这些都属于某种形式的增强。就连配的眼镜、拄的拐杖，本质上也属于受损功能的技术替代品。那么如果其他形式的增强对我们来说有安全保证，又为什么要疑虑重重呢？仅仅是因为它们会提供优势条件？这能算是我们该心存疑虑或者对它们全面封杀的理由吗？

我们正进入一个新时代。技术会逐步复原或者改善人类自然拥有的功能。尽管每种增强可能对我们都很重要，颇具价值，但也确实渐渐让我们失去本属于人的得天独厚的特质。如果不采取适当措施，这会不会让前面的一批人没入“恐怖谷”，至少在他们一些人类同伴的眼中看来如此？

这并不是随便想想而已，也不是什么思想实验。我们正在建设的这个世界，很有可能会在不同的人群间，在各有视角的同类和他人之间，滋生出比现在更强烈的冲突。文化规范的巴尔干化，有可能会加深利益分化，人们对所感知的不同难平心中仇恨，对各自眼中的那些“他人”更不放心。

恐怖谷会让情况变得更加不尽如人意吗？它会不会透过激发我们潜意识中对死亡的恐惧，强化我们的排外行为？我们会不会因为诱发出恐怖谷反应的那些差异，那些与我们向来视为基准规范的磕磕碰碰，而更轻而易举地不拿人当人看？

最终，它影响的将远远不只是功能得到增强的人，还会影响到我们的技术世界。就算机器人和人工智能刚开始不是人，可是在有朝一日它们有了足够的能力，甚至有了意识之后，我们对它们的本能反应，会不会导致不必要的敌意，乃至引发冲突？

可能乍看起来，这种担心太杞人忧天，甚至根本没有必要。但是假如自然人开始有意识地增强自己的各项功能，借助各种技术手段让自身能力大幅提高怎么办？这种进程，就是我们常说的超人类主义（并最终进入后人类主义）。这一直是几十年来不少技术爱好者探讨的一个话题。其中一个反复出现的主题，就是冲突不断的两极分化的社会。这也没有什么好吃惊的。在感觉受到威胁的时候，只根据一些偶发区别便罔顾对方的人性，没有哪种反应比这来得更自然了，因为这样我们就可以接受自己人性淡漠或者加诸恶行的举动了。

随着人机界面的不断改进，我们要认识到很重要的一点，就是这种改进在一定程度上（至少对于一部分人来说），意味着与技术的融合程度进一步提高。不管我们谈的是生理心理残疾（或其他残疾），是自己动手的人工增强，还是政府批准项目（比如要符合美国食品药品监督管理局标准等），都会在未来几十年，甚至几个世纪中强化人机交互。一旦公众认为这种改进对我们有利，从美观角度看两者的结合也近乎[①]天衣无缝，那时我们又会从自己和他人身上发现哪些“自然”的进化反应呢？

我前面谈到由社会因素决定的基准规范。在人类社会中，我们常常会根据肤色、口音、信仰、眼形及其他面相（面部特征）将其他人归为“他者”，尽管我们彼此之间有99.999%都是无法区分的[②]。为什么会选择这些特征，而不用血型或者是不是平足来区分呢？也许是因为这些特征可见，可以快速判定。如今，肤色、面部特征和口音属于可以观察到，继而拿来攻击的对象。那明天呢？会不是轮到你接受其增强作用的

① 但是目前还没有达到。

② 根据遗传差异分析结果。

设备或算法？

还要考虑到，这些反感情绪并不是普遍的。也许肤色不同对一个社会来说很容易被接受[①]，而在另一个社会，这种不同已经足以构成杀人犯罪，或者种族屠杀的原因。即使是同一个社会，在不同历史阶段、不同的宗教间，或者不同的社群间也有可能存在差别。那么哪些变化会改变我们的行为？族群内的常态规范是如何形成的呢？

几乎可以肯定，习惯是其中的一个修正因素。时间、熟悉度、对彼此间相似盖过其他差异的强烈认同——不论这些相似点是真的，还是想象出来的。但假以时日，所有这些难道不可能兜兜转转又回到原地？鉴于我们对人类面相可接受的幅度范围如此之大，再加上心智神经具有可塑性，难道我们真的不会接受那些乍看起来不够似人之物？如果能接受，接受到什么程度？是仅仅拓宽了我们可接受的范围，还是能完全消除恐怖谷反应？

当然，有些时候光靠习惯是不够的。更确切地说，是有时候习惯来得速度不够快。很多时候，在大多数社会成员没有做好调整准备时，会有一小部分人身体力行，要求整个社会来接受并做出某种行为改变。有时候，这种推行的结果，就是在人们自然接受之前，以法律的形式来加速接受过程，继而达到普遍不再抗拒那种显而易见的差异的目的。不过，这种加速也可能造成反噬，引起其他社会成员反感、疏离或者更严重的后果。从恐怖谷带来的种种教训中学习，将有助于我们更好地解决，甚至避免技术进步可能带来的冲突。

了解了关于恐怖谷的理论，让我们重新开始想象这样的一个未来，那里有意识作用、情感丰富的机器。它们的寿命与普通人类的寿命相

① 肤色不同在人类歧视行为中最为普遍。

仿，不会长很多，也不会短很多。在面对生命有限的现实，也能意识到这种现实存在时，这些机器会不会也被迫采用相似的防御机制，让自己免受焦虑和其他存在危机的困扰？如果因为各种原因，它们无法做到这一点，那又会发生什么？人工智能会变得神经质吗？还是比神经质更加不可理喻？如果我们不小心让某种具有超级智能的人工智能变得神经质了，会有什么后果？这些可能看起来无聊又漫无边际，或者属于可能性极小的情况，但我认为对这些完全不予考虑才是不负责任，因为毕竟事关人类这个物种的存续。

我们对恐怖谷的心理反应，极有可能源于我们极有效用、欲罢不能的生理机制。它的存在，也许是为了保护我们不受伤害，是我们有意识的自省能力，与我们对人终有一死的清醒认识相结合的直接产物。没有这种机制，我们对自己生命的管理也许根本不会像现在这么有效。无论怎样，从被称为恐怖谷的情绪反应中，我们会收获不少新的认识，受益良多。下一章中我们会看到，这仅仅是情感计算能帮助我们学到的其中一个部分。

带上情感学习

马萨诸塞州波士顿J.F.康顿小学，2031年9月6日

一个11岁的小女孩，手里拿着一张纸，正在讲台上对全班发言。讲到最后，她从纸上抬起头来："……所以我简直等不及明年夏天再去我爷爷奶奶的小木屋了。这就是我的暑假经历。"

发言结束，小女孩松了一口气，紧张地笑了笑，飞快地回到自己座位上。人到中年的桑多瓦尔太太站在教室一边，头发是挺老式的粉红和灰色挑染。她微笑着点了点头："讲得非常好，詹尼，谢谢你与我们分享你的暑假经历。好，下面谁想发言？"

坐在教室侧面的一个男孩子迫不及待地举起了手。老师看着他，眼里有些不确定。全班一下子安静下来。桑多瓦尔太太示意男孩子："好的，杰森。要是你准备好了的话。"

杰森站起来，走到讲台前面向全班，手里什么稿子也没拿。

“我的暑假经历，”杰森开始了，姿态自然放松，“这个暑假我装上了神经假……假体。这个词我总是别不过来，”他紧张地笑了一下，“华纳医生还有其他医生，把这个东西放进了我的大脑里。我小的时候，医生说我有ASD——就是自闭症，意思就是有些事别人的大脑会做，但我的脑子不会。每个自闭症的孩子都不一样，不过反正就是有些事其他人觉得很容易，但是我们就觉得很难，特别是像理解别人感受这种事。”

杰森环顾了教室一周，在继续讲之前和不少同学进行了目光交流：“但是好在现在有这种新东西，他们给我装进脑子里，帮我解决了一部分这方面的问题。现在我只看看你的脸，就能知道你是高兴，还是难过，还是无聊了。就和其他人一样。以前我就不行，大家都说我现在看他们的眼神不一样了。而且以前周围的人和事不像现在感觉这么……这么丰富，这个词也不是特别确切，不过也差不多。”

一个叫贝拉的那孩子，抬起头来大声问了一句：“那，杰森，是不是等于你就彻底好了？”

杰森摇了摇头。“不是，”他面色平静地答道，“我的大脑这辈子都会跟大家有点儿不同，这个我并不在意。不过有了我脑袋里的那个东西，那些别人已经做得毫不费劲的东西，现在我做起来也容易多了。而且还有更酷的，这东西越用得多，它学得越多，就会越好用。还有我时不时还会去看华纳医生，他会帮我调调。这个也有帮助。”

“那你就像个机器人了呗？”坐在教室后面的布兰登大笑。

“布兰登！够了。”桑多瓦尔太太严厉地说。

“没关系，”杰森不在意地说，“我妈妈说人们会嘲笑自己不明白的东西。”他扭过身又面向全班继续道：“我不像机器人，倒是更像为了看到教室那头不得不戴上眼镜，或者需要戴助听器才能听见的人。有些孩子看到这些也会嘲笑，其实……还挺让人难过的。华纳医生说现在还处于初级阶段，等我长大了，到时候这些会比现在先进很多，到那时候用的人会有很多。嗯，反正我想说的就是这些。这就是我的暑假经历。”

对不得不应对自闭症诸多挑战的人来说，上面的场景可能听起来未免太过天真，或者过于乐观。但是，随着我们对大脑多种机理更深入了解，我们也许早晚有一天能解决部分机理运行不畅的问题。情感计算领域目前正努力攻克的一些难关，而这也许能帮助我们找到一些解决办法，同时让主流教育模式得到改进。

正如我们前面提到的，不少情感计算的早期研发，已经为我们带来了多种能为自闭症患者提供帮助的设备。诸如iCalm、Q感应器和Embrace之类的皮肤电感应产品，以及类似读心者的情绪社交智能假体，让我们隐约窥见未来这方面发展的潜在可能。

我们在界面开发上已经取得不少成就，而且研究人员还在不断寻找新的设计方法，帮助那些有感官障碍和残疾的人。雷·库兹维尔发明了供盲人使用的便携式阅读机。为了能利用计算机弥补丧失的视力、听力乃至活动能力，科研人员运用多种手段，开发出多个界面帮助截瘫和闭锁症患者，期望能帮助他们用意念进行交流，操纵轮椅等设备。正是由于这些现实存在的需求，因此对这些研究成果的验证和资金支持，才会远远超过纯理论研究。

如今，在用于改善情感障碍人士生活的设备和界面研发领域，我们也逐渐开始看到类似趋势。与其他所有界面一样，最终这些科技手段会更多地进入商业领域，找到我们以前从未想过的市场应用方式。这是一个极好的发展机会。如果情感处理是激励、记忆和学习极为重要的组成部分，那么人工情感智能对未来的教育意味着什么？这些技术手段能不能让我们真的实现因需施教，让学习过程变得前所未有地个性化？从自闭症的早期发现到提高教育效果，让学习者不论天赋高低都能匹配合适的授课进度，情感计算也许能改变整个教学过程中沿用的方法。

自闭症是一种终身疾病，目前研究认为其病因与遗传学、表观遗传学及环境因素多方面相关。与一些普遍存在的误解恰恰相反，自闭症患者是有情绪体验的。不过研究表明，在识别和处理他人复杂与精细情绪以及处理相伴而来的社会互动上，他们往往存在较之常人更大的障碍。

近年来，有明确证据表明，自闭症的早期发现和早期干预，对患者的神经发育和行为发展影响巨大，能显著改善其今后的生活质量。虽然自闭症在三岁之前往往并不明显，但某些征兆可能很早就出现了，而情感技术可以帮助我们予以识别。比如，设定机器人在与孩子玩耍时，检测孩子的眼神交流。机器人来检测不论是在正确度上，还是时间长度上，都比人类看护者有优势。由于眼动追踪问题可作为发现自闭症的先兆之一，这种应用可以让我们将早期发现的时间大大提前——特别是对那些高风险儿童，比如有近亲患有自闭症者[①]，这样相应的治疗和干预可以更早开始，从而提高治疗效果。

机器人一直被广泛用于为自闭症或有自闭症风险的人群提供帮助。有一个领域叫做社交辅助机器人技术，专门设计和研究如何将机器人应

① 自闭症明显具有遗传性。

用于包括多种治疗性应用在内的人机互动。很多自闭症儿童不仅有语言和非语言交流问题，还存在社交能力的严重障碍，特别是在情绪处理上。机器人可以越来越多地成为人类治疗师和患儿之间的得力中介。这样做的好处很明显。机器人的行为和动作可以高度简单化，具有完美的可重复性，这样就远比人类去做相同的行为和动作可预测性更强。这一点在与自闭症儿童的互动中非常重要。根据神经科学家、剑桥大学自闭症研究中心主任西蒙·贝伦–科恩的观点，正是因为与人的互动缺乏可预见性，才让自闭症患者觉得头痛不已。贝伦–科恩解释道："他们对没有规则的事物避之唯恐不及。他们应付不了。于是他们就背对人群，转向物体的世界。"

自闭症的治疗显然也具有极强的时间敏感性。为了解决其行为、社交以及交流上的诸多问题，患者也许每周要花几十个小时去见不同的治疗师，因此受过专业培训的治疗师严重短缺也就不足为奇了。而社交辅助机器的使用可以大大缓解这种短缺。班迪（Bandit）是一种社交辅助机器人。它的设计者玛雅·玛塔里克（Maja Mataric），是计算机科学、神经科学兼儿科教授，同时也是美国南加州大学机器人技术及自主系统中心（the Robotics and Autonomous Systems Center）负责人。班迪装有多个传感器和马达，能在感觉到对方感兴趣时接近对方，在感觉到对方害怕或者表示抗拒时退后。它能重复对方的动作，吸引注意。还可以一起玩游戏"西蒙说"，只要对方愿意玩，它就可以一直陪着玩下去，即便一连玩几个小时也没问题。

美国丹佛大学正在进行一项纵向试点性研究，希望能确定高功能自闭症儿童与机器人互动的益处。该校工程与计算机科学学院的一个小组，利用法国机器人公司Aldebaran生产的自主式可编程机器人NAO与患儿进行互动。通过编程，可以让这个机器人走路、跳舞，甚至唱歌。机器人身上装有四个麦克风和两个摄像头，可用来测试高功能自闭症和亚斯伯格症患儿的面部表情识别、眼动追踪和反应以及模仿行为。受试儿童要按照要求完成简单的社交练习。每成功地完成一项任务，就会得到一个奖励，比如击掌表示祝贺。还是那个原因，因为机器人的面部特征非常简单，动作也比真人的更有可预测性，孩子们面对它们，显然不像面对一个成人时那样感觉到压力。

有趣的是，研究人员发现，在机器人和其他人之间，孩子们更愿意与机器人亲近，与机器人的关系也更紧密。研究小组组长、电气及计算机工程副教授穆罕穆德·马胡尔（Mohammad Mahoor）观察到："我们的机器人和人很像，但是并不具备人所有的特质。这一点对自闭症患者很有帮助，因为机器人要简单得多。这样他们就可以每次只关注交流的一个社交方面。"研究结果显示，患有自闭症谱系障碍的儿童，在NAO跟他们说话时，目光交流更多，注视转移更少。不过在他们自己说话时，情况没有变化。虽然这项研究只是在小范围中进行，但从中还是可以看出，社交辅助疗法对其中很多受试者有帮助。

还有一个仿真度高得多的机器人Zeno，是美国汉森计算机技术公司的产品，也正被应用于多个旨在提高自闭症谱系障碍儿童社交技能的项目和研究。Zeno高约2英尺，看上去像个小男孩。机器人的面部包裹有汉森的专利仿生皮肤材料，一种多层弹性泡沫，借助皮肤材料下的马达和制动器，能让机器人面部呈现酷似真人的表情。达拉斯自闭症治疗中心负责人卡罗琳·加维（Carolyn Garver），与得克萨斯阿灵顿大学联手，利用Zeno进行了一系列实用性测试。测试的目的是帮助自闭症患者正确识别面部表情。加维清楚这些孩子识别表情的能力不好，但她发现："机器人就像一座桥。孩子们对Zeno有回应。它不会对他们指手画脚，不会乱发脾气，可以一遍遍重复同一件事，还不会厌烦疲倦。"最终，这项测试成功地达到了目标，帮助这些孩子建立起更好的情感联系，不过未来还有很多可改进之处。

目前Zeno还被应用于自闭症的早期发现，帮助家长远在传统检测方法能检测出来之前，尽早发现婴幼儿身上的症状。自闭症目前还无法通过生理指标进行检测，所以诊断一直是依靠行为特征的传统方法。很多行为因素，要依靠社交互动和语言发展上的问题来判定，可是这些标记方法往往对语言的依赖性很强，所以在孩子两岁前很难被观察到。这可能也是为什么自闭症的检出通常都是在孩子两到三岁时的一个原因。但是，正如前面所讲的，通过仔细监测孩子的眼动和肢体运动，这些计算机可以做出不同的生物标记发现时长问题，将自闭症谱系障碍的确诊时间大大提前，也能让一系列药物治疗和心理辅导提早开始。

情感计算和社交辅助机器人能做的，远不止帮助我们解决这些严重的学习问题。比如，2013年北卡罗来纳大学开展了一项研究，研究人员通过摄像头观察正在接受计算机编程入门辅导的学生，以评估他们对学习内容感受到个体挫败感程度。研究小组采用了加州大学圣地亚哥分校机器感觉实验室开发了计算机表情识别工具箱（CERT）。计算机表情识别工具箱，是一套全自动实时面部表情识别软件工具，可免费供学术研究使用。它能自动编码，比照艾克曼的面部动作单元编码系统（FACS）中19种不同动作，以及6种不同的原型面部表情强度。在对录像脚本进行了60个小时的分析后，小组将他们的分析结果与对同一录像脚本的人工分析结果进行了对照，发现两者具有非常高的相关性。换言之，他们所用的软件能够通过学生的面部表情，判断出谁学起来比较困难，谁又觉得课程内容过于简单。

这是用情感技术解决当今问题的一个比较简单直接的例子。现在有很多地方存在教师短缺、师生比失衡的问题。有了这样一个工具，就能时时提醒老师哪些学生需要额外给予关注，另外，也能让教学过程真正做到因材施教。这样的教学方式，能让学得快的同学保持学习兴趣，学得慢的同学不必经历不必要的挫败。还有一点，与很多其他的人工智能应用不同，这一应用不会削减工作机会，它只是帮助教师更好地完成教学工作。

因为学习和记忆的形成受情绪的影响很大，因此教学的很多层面最终都可以从情感技术获益。如2012年耶鲁大学做了一项研究，要求一百名受试者在机器人间或的指导下完成一幅拼图。指导分为五种：不提供建议，机器人提供随机建议，通过机器人的语音、录像或实体分别提供个性化建议。通过受试者完成拼图所用的时间来决定机器人辅导员的效度。整体来看，拼得最快的，都是有实体机器人在场指导的受试者。根据这一结果，以及后来的其他一些研究，似乎有辅导老师的在场对学生有认知上的益处——即使在场辅导的是机器人。很有可能是这种“社交互动”调动了情感心智的某些层面，从而引发这种行为反应效果。

如果起作用并不只是辅导质量，那么是不是只要有认知行为者在场，就算这个行为者并非人类，也足以触发我们的某种社会行为反应呢？我们来看看教育研究界所说的“布鲁姆的两个标准差问题”。1984年，教育心理学家本杰明·布鲁姆通过观察提出了两个标准差问题。多项研究显示，对照无人辅导的学生，有人辅导的学生成绩均处于标准正态分布的98%区域[①]。而且很多研究得出的结果都完全相同。如果是这样，对于仅仅是机器人辅导老师在场，就能带来成绩提高一个标准差，也就是高出基线68%左右的事实，我们又该如何解释？是不是意味着这

① 也就是统计上所说的高出基线两个标准差。在标准正态分布中，两个标准差大约等于95.45%。但在布洛姆的文章中，他引用了多个超过90%的数据源，关注的结果值达到98%。

一现象不仅与辅导质量相关，还与我们自身的心理紧密相关？这种效果会一直持续很长时间吗？还是会随着被辅导者对辅导老师的熟悉程度提高而减弱？虽然只有时间和进一步的研究能告诉我们答案，但显然这个课题很值得我们研究，这一点毋庸置疑。另外，从布鲁姆的两个标准差问题，我们还可能领悟一些有意思的策略，借以提高教学效果。

不少研究者将社交辅助机器人辅导员和人工情感智能机器视为通往个性化学习的手段。这不仅仅是一条提供信息和指导的新渠道，更可能让我们转用全新方式开启学习。

教育工作者早就认识到，情感在学习过程中扮演着重要角色。课堂上反复遇到难点，或者内容难度过高，会导致学生产生深度焦虑。这种情况特别常见。身体的逃跑或是战斗反应会带来压力，让学生无力应对，导致学生注意力难以集中，此时就算还能学下去，也会学得艰难。而另一方面，那些觉得学习内容难度不足的学生又会对学习失去兴趣，总是觉得无聊。到了真有新内容对他们足以构成挑战，需要他们提起注意力的时候，他们的注意力却已经被销蚀无几了。维持学生的学习热情和好奇心，是课堂教学的一个主要目标，这样才能让学生的头脑（和身体）保持积极参与的状态。为了同时照顾到两端的学生类别，很多教育工作者便折中“按中间水平教”，结果反而对两端的学生都起不到良好的教学效果。正因为此，想要找到平衡点，让所有同学感受到学习的愉快，对教学内容产生新奇感并为之所吸引，几乎不可能实现。

适合的心理状态，能强化大脑功能，让大脑做好准备，去更好地获得和保留新信息、新知识。而不适合的心理状态，则可能对学习过程起到阻碍作用。虽然促成我们情绪生成的多种机制已经进化到能对周边环境自动做出反应的地步，但我们还是要将这些机制努力调动起来，让其在现代教育中为我们所用，提高学生的参与度，取得更好的学习成绩。

当然，要做到这一点，一对一的辅导尚且不易，面对大班教学课堂上一个个独特的头脑和个性，更是全无可能。如果我们把能否帮助每个学生发挥最大潜能作为衡量教育成败的标准，那么至少这个标准是绝对达不到的。

如今我们有了一组新型技术，借助它们，我们也许可以促进那些有利学习的生理状态生成，同时避开那些可能妨碍学习的心理状态。我们已经看到，仅仅是机器人辅导老师在场，就可能提高学习成绩。那么如果那位不知疲倦的老师还能同时观察我们的兴趣度和注意力水平呢？机器人可以根据当时的具体情况，调整自己的程序以使其更适合学习者，或者与授课的程序沟通信息。对教学内容进行个性化优化处理，以配合最适合每位学习者的学习方法，不管最适合他们的是视觉学习、听觉学习、理论学习还是体验式学习。最终，通过将学习者的大脑和身体调整到最佳接受状态，每个人都将得到个性化的教育，让自己学习知识的能力最大限度地发挥出来。

借助科技来解决问题，可能是一种办法，但是在技术设备能意识到人类情绪之前，恐怕不会做得非常成功。比如，美国公司Knewton目前正在运用自适应学习技术，打造个性化教育产品。自适应学习技术，首先要收集学生学习表现数据，然后系统会通过这些数据，识别出任意给定学生在任意给定时刻学得最好的课程和所用方法，并据此为学生的学习能力建模。整个过程收集了大量教师上传资料和学生考评试卷等，将教育个性化问题的解决方法，从以教学理论为基础转向了受大数据驱动。

Knewton不是唯一一家做自适应学习技术的公司，但却是最有名的。看起来做得非常好。他们的技术号称已累计拥有20万份授课内容，使用学生人数超过1000万，覆盖20多个国家。该公司称，他们的技术并不能替代教师，只是为教师留出更多时间而已。

如果说对Knewton产品有一种批评不绝于耳，那就是它缺乏情感投入。批评人士列举了这项技术所缺乏的关键因素：教师的同理心和激励学生产生学习热情的能力。批评人士认为，理解孩子挫败感背后的原因，有利于找出纾解这种挫败感的最佳方法。既然存在这种弱点，那么有一天像Knewton这类自适应学习系统，就有可能采用情绪感知技术，以更好地满足这方面的市场需求。

社交辅助机器人，则将个性化教育领上了一个完全不同的方向。机器人Tega的设计目的，是作为一对一的学伴。Tega是麻省理工学院个人机器人研究小组的开发成果。它能识别学生的情绪反应，并根据这些线索提供个性化学习动机激发策略。小组成员格伦·戈登（Gorin Gordon）最初来自特拉维夫的好奇实验室，在Tega的研制工作结束后，便开始研究Tega在教学环境中的应用。

Tega系统的操作是通过两部智能手机。第一部手机负责处理动作、感知和思考，这样机器人就能对学生的行为做出反应。第二部手机则装有Affectiva开发的面部识别软件，用来检测和解读面部表情。为了保持学生的兴趣度，学习过程中运用了包括镜像模仿学生情绪行为的多种不同方法，比如在孩子表现出兴奋或者无聊时，机器人也做出同样表情。有证据表明，这种方法对保持部分孩子的兴趣度非常有效。项目中通过不断增加每个学生使用Tega的个性化反应，证明对不同孩子使用不同的情绪策略有利于维持他们的学习兴趣。研究人员还发现了很有趣的一件事：随着时间增长，孩子们开始真的将Tega作为同龄伙伴一样对待。

“一个充满好奇心的孩子，能克服挫败感继续向前，会从别人身上学习，将来也会是更成功的终身学习者。”麻省理工学院个人机器人研究小组负责人辛西娅·布雷泽尔如是说。

在其中一个测试里，计算机扮演朋友的角色来鼓励孩子们学习西班牙语。机器人负责给出提示并分享孩子们在学习过程中的烦恼与成功。

“孩子们与Tega的互动，就像它是自己的同龄小伙伴，这一点特别有意思。这为我们开发下一代学习技术带来了新机遇。”布雷泽尔这样评论道。这得力于目前正着手研究机器人在社交辅助领域的各种应用可能的那些研究项目。

耶鲁大学计算机科学系也已经就机器人学习辅导完成了多项研究。这些机器人辅导员也是以同龄人的角色出现。其中一项研究和上面提到的麻省理工的那项研究类似。受试者年龄均为四至五岁，母语为西班牙语。机器人也是小小的，扮演同龄孩子的角色，帮助受试孩子以句子为单位学习英语动词的时态变化。在孩子大声朗读的时候，机器人会偶尔打断他们，问他们其中某个词在英语里是什么意思。通过这种寻求帮助的方式，机器人让孩子扮演了领导者的角色，让他们以游戏方式参与进来。

耶鲁大学计算机科学系与心理学系联手，利用多种机器人人物形象让孩子参与到互动性的故事情境中，并对此展开研究。从小组互动结果来看，这种做法确实有助于培养孩子的情感理解力及与社交相关的多种能力。在其中一个研究项目中，一个有着毛茸茸的小龙形象的聊天机器人，在孩子们给它设计餐点时，会和孩子们一起分享有关食物营养的信息。这就让孩子与机器人能进行教师和学生的角色互换，提高孩子的参与度。这种教学方法，不仅能增长孩子的知识，也能帮助他们树立自信，培养自主能力。

那么为什么上面谈到的机器人辅助学习能产生如此积极的效果？这个恐怕要归结于一个事实，就是我们说到底是一种社会性极强的物种，而这种学习方法符合我们由进化而来的重要本性。即便这些不是人类，而是机器人，但是只要其中有恰当的情感因素，我们对它们的反应有可能和对其他人的反应基本一样。

比如，荷兰代尔夫特理工大学的研究表明，人形机器人的表情和肢体语言，能影响到其人类观察者的心情。在其中一次测试中，机器人讲师给两组不同的研究生，做了两次一模一样的讲座。在一次讲座上，机器人通过肢体语言投射出一种积极的心理状态，而在另一次讲座上，则投射出一种消极的心理状态。结果，尽管两次讲座在内容上其实一模一样，状态更积极的那次讲座，不仅改善了学生的心理状态，得到的学生评价也高于状态不积极的讲座，讲座结束时，甚至得到了学生的鼓掌感谢。这样就能轻松改变学生心理状态和学生对教学内容的感知，意味着这种教学方法还有很多可借鉴之处。

当然，将人工情感智能用于教学还有其他很多方法。2016年5月，《华尔街日报》报道了佐治亚理工学院人工智能课一名助教的事。上课的学生有300多名，安排了9名助教。吉尔·沃森就是其中的一名助教。它很善谈，懂得多，效率也很高。同时，它也是计算机科学教授艾休克·戈尔（Ashok Goel）开发的机器人。基于IBM沃森技术的吉尔，置信水平[①]达到了97%。根据戈尔的估算，用不了一年，吉尔就应该能应对学生线上问题总量的40%。尽管吉尔目前的版本还短缺情绪通道，但还是成功地瞒过了戈尔的学生，因为吉尔扮演的这个助教角色基本上不需要机器人去理解情感。但随着这项技术的发展，再多加一个维度应该会让这种数字助手更能为人接受，进一步提高对方的参与度。

很多此类想法都可以应用到在线培训课程和慕课[②]中。一些人指

① 置信水平指的是参数值落在某一既定数值区间内的概率。文中是指这个人工智能按照设计针对不同类型的问题做出解答的概率。

② massive open oline courses, MOOCs，大规模开放在线课程，又称磨课师。

出，与传统的课堂教育相比，机器人教学存在社会互动和情绪推动上的缺陷，而这些尝试也许能通过多方面改进这些不足，让网上课程和其他在线教育形式得以改善。

有了视觉表达检测等远程观察方法，就可能对更大幅度的学生情绪状态变化进行实时监测。这样，在学生情绪达到一定阈值时，就可以对课程进度、教学方法、课上课后练习等进行相应调整，帮助学生重新回到优质学习状态。由此让个性化学习成为可能，帮助学生始终保持热情与专注，既对他们构成挑战，又不会难得让他们在情绪上不堪重荷，想学也学不进去。

再往前看，在更遥远的未来，也许会有对情感和认知影响更直接的方法出现。比如，可能通过脑电图或其他脑扫描方法更直接地观察学生的反应。然后对其大脑的某一区域进行刺激，达到提高大脑接受程度或强化记忆的目的。这种方法很多，比如利用磁场改变大脑小区内活动的经颅磁刺激技术就是其中之一。目前，美国国防部高级研究计划局（DARPA）的研究显示，这种方法有助于提高人的警觉度，加快学习新知识的速度。随着我们的认识不断加深，对其中涉及的认知和情绪过程了解得更多，具体神经元的粒度控制做得越来越好，我们应该能找到更好的解决方法。

以上所有这些研究都表明，这些新技术在增进教学效果上还有值得发掘的潜质。也许由于各种原因，不是每种可能性最终都能得到认可，但是很多将随着时间推移逐步进入我们的日常生活。每次我们谈到更准确地读取大脑信息，或者影响大脑运作时，大家都会有个人隐私和自主性方面的忧虑。这个无可避免，我们也应该有这种顾虑。当然，能学多少、能学多快也非常重要。在下一章我们就会看到，对于这些事情有些人已经开始慎重考虑了。

迈向雷区

北卡罗来纳州布拉格堡沃马克陆军医疗中心，2022年1月17日

马克已经记不得自己上次好好睡一整晚觉是什么时候了。他知道那至少也得是三年前，远在他从美国陆军第十七心理战大队光荣退伍之前。每夜，他都要拼尽全力才能醒来，感觉要窒息，想尖叫却叫不出来。好像永远也睡不着，终于睡着了却不过是一个黑暗为另一种黑暗所替代，于是他又惊醒过来，浑身冷汗湿透。然后是急促的呼吸、浑身颤抖，他挣扎着想平复夜惊症。

他们小队当时在坎大哈城外执行空中战术任务。小队成员正乘坐着UH-60黑鹰直升机，通过直升机上的扩音器进行心理鼓动。突然，飞机被下面街巷里发出的敌方火力击中。好像他们掉下来就是几秒钟的事，而马克成了那次坠机的唯一幸存

者。从那一刻起，马克的记忆和梦魇就纠结缠绕到了一起，成了充满恐惧、折磨和痛苦的迷云，直到他被营救出来并因伤病撤离后很久。

“马克。”一个女性的声音从马克床头上方一个扩音器中传来，“我是帕蒂尔医生。你感觉怎么样？脑电图显示你进入了快速眼动期[①]。是不是梦到你跟我说的那个梦了？你每天都梦到的那个？”

马克从床上坐起身来，反应了一下，才想起来自己正在睡眠监测中。“差不多吧。”他回答道，一边尽量控制自己的声音，“每次总有一点儿不同，不过基本上都一样。”

“很好。”帕蒂尔医生说，“我不是说你又受一次折磨好，我是说我们采到了非常好、信号很强的数据——是说这个好。这回我们就能找到治疗你的神经元靶点了。我敢保证到下周这个时候，你的创伤后应激障碍、你的所有恐惧，都将成为过去。”

马克抬头望着装在墙上的扩音器：“太好了，医生。希望能有效。我真的希望能有效。谢谢你，女士，谢谢。”

知道了那黑暗很快将成为过去，马克泣不成声。

在平民眼中，一提起军队和战争，往往就会去想技术、战术和指挥权之类的事。而每一个军事行动都会涉及的一个因素——情感，却常常被我们大多数人所忽视。从决定走向战场，加入战斗开始，到决战后老兵的诸多特殊要求，情感一直发挥着独特而重要的作用。

---

① 编者注：快速眼动期又称快速眼动睡眠，在此睡眠阶段眼球会快速移动，同时身体肌肉放松。

从普通百姓，到具有高度凝聚力的战斗团队中的成员，这种转变的过程对一个士兵的身心健康，以及他们最终是否能活下来至关重要，对他们的战友也同样重要。从入伍的那一刻起，漫长的训练就开始了，其重点就是要对这个新兵进行调试。各种体能训练，是为了强化身体的力量和韧性。心理上的施压，是为了培养他们面对各种挑战的心理承受度，但同样重要的，还有对他们的情感调试。

这一点很关键。这些年轻男女多年来一直是平民，他们的社会化过程、他们所受的行为教导，已经让他们惯于以文明方式对待别人。这远不只是举止习惯的习得，它已经延伸到社会希望他们深植于心的是非观。其中就包括这样一种观念：不管是出于信仰，还是世俗观念，总之对他人造成身体伤害是恶行，甚至是不道德的，杀人便更不用说了。对很多人来说，这种观念已经根深蒂固，任何与之相悖的行为都会造成他们身体上和心理上的巨大痛苦。

可是，军队的目的与这种社会化正好背道而驰。部队训练固然培养了战士对国家的个人忠诚、与战友的紧密团结，但也在培养他们要对敌人采取截然相反的态度。部队的训练项目中有很多如何压制自己不对敌人产生同情的技术，例如如何系统地将敌方人员去人性化，这样杀敌时就相对容易下手。杀人不过是工作的一部分。这对国家的保卫者有效且高效地发挥作用非常重要。做不到这一点，就可能导致最终的失败。

话虽然这么说，合格的士兵也肯定不是情感僵硬的武器。恰恰相反，在战场上，如何评估风险，如何应对冲突双方的平民，如何维系战友间的纽带关系，处处都需要不断地调动情感智能。

这些对战士情感彼此冲突的要求，可能造成创伤和认知失调，从而导致创伤后应激障碍、抑郁和其他心理问题。这些心理问题又会带来其他问题，不论他们是继续服役，还是已经退役。因战场经历造成的情绪失调，可能导致多种后果，家暴、精神崩溃还有自杀，不过只是其中区区几种而已。根据全球政策智囊兰德公司的报告，参加过越战、伊拉克战争和阿富汗战争的老兵中，至少有20%患上了创伤后应激障碍和抑郁症。而那些多次被派入战区的士兵，发病率更是攀升到30%。按照参加过以上战争的老兵中目前还有超过五百万人在世来计算，那意味着在这些战争彻底烟消云散之后，还有一百至一百五十万人依然在忍受它们的折磨。

说到这里，大家肯定会认为军方一定极想解决这个问题。事实也的确如此。2009年，美国陆军启动了一个韧性培训项目，其主旨就是要强化士兵的情感和心理承受力。尽管也取得了一些成效，但貌似效果非常有限。因此，目前军方正在尝试从其他方向入手，特别是从情感研究及技术领域入手。

美国国防部高级计划研究局（DARPA）目前已签订多个研究项目合同，就如何治疗或缓解现役军人及老兵所受身体及心理创伤展开大量研究。其中有一个项目叫“用于新型疾病诊疗的系统神经技术”，简称SUBNETS，已于2014年正式启动，目标是要开发出一种可以植入士兵大脑的芯片。这种大脑芯片拟设计为闭环系统。首先用它来收集士兵的大脑活动，实时读取各神经元发出的信号，然后根据这些信息为不同大脑系统及通道在正常和非正常状态下的活动建模。最后研究小组会“利用这些模型来决定使用哪些安全有效的治疗性刺激”。治疗过程采用低剂量电流刺激，来治疗创伤后应激障碍、抑郁症和焦虑症等疾病。可能是通过直接的电刺激或磁场刺激来改变受损神经元，扰断导致士兵出现障碍的神经信号。

美国劳伦斯利弗莫尔国家实验室、加州大学旧金山分校和全球最大的医疗器械公司美敦力（该公司是可植入式神经刺激系统的主要制造商），正在共同开发一种新型芯片，能通过电极到达大脑深处实施治疗。按照美国国防部高级计划研究局（DARPA）主管SUBNETs项目的贾斯丁·桑切斯博士所说："DARPA正在寻找各种方法，对不同病征所涉及的脑区定位，从脑神经网络连接一直检测到单个的神经元，希望能研制出可以记录神经活动、进行靶向刺激，最重要的是能随着大脑状态变化自动调整治疗方案的仪器。"美国国防部高级计划研究局计划在五年内研发出原型芯片，然后再就芯片的使用向美国食品药品监督管理局提起申请。桑切斯最后谈到："他们希望采用电子行业最前沿的微加工技术，制造出对植入者终身安全有效的可植入式精密仪器。"

这种治疗方法已不乏先例：对深脑刺激术（DBS）的应用研究至今已有数十年历史。所谓深脑刺激术，是通过精确定位的电极对深脑部位放电，扰断特定神经元间的长期增益效应（LTP），有效地对病态神经活动加以重置[①]。目前，深脑刺激术主要用于治疗原发性震颤、帕金森症、肌张力障碍和强迫症。截至2016年，全球已有十万余人植入了深脑刺激器。目前，科研人员正试图采用类似方法，治疗因参战引发的一系列心理疾患，特别是多次参战士兵的心理疾患。

这些芯片所用的电极，同样可用于读取脑信号，为治疗提供宝贵的诊断信息。这种芯片就是侵入式脑机界面，简称BCI。与非侵入式脑机界面相比，这种界面有很多优势。比如，提起脑电图，大家就会想到一个人戴着满是电极电线的帽子，这种就属于非侵入式脑机界面。脑电图易于操作，时间分辨率很好，但是空间分辨率非常有限，换句话说就是它无法有效区分信号是来自单个神经元还是一小组神经元，造成它在读

① 长期增益效应，是特定神经元间基于以往神经活动模式对神经信号的持续增益。它是习得行为在细胞层次上的基础。

取大脑信号时很难取得高精确度[①]。因为脑电图使用安全，成本较低，所以有时电脑游戏玩家也会使用，甚至网上还可以找到多个脑电图的开源项目。

功能性核磁共振（fMRI）和脑磁图（MEG）也都是非侵入式脑机界面。比较而言，这两种技术空间分辨率高，也能区分单个神经元。只可惜，设备过于昂贵，而且体积庞大得相当于一个小房间，还需要液氮或者液氦来保持超低温。

与这些非侵入式技术相比，美国国防部高级计划研究局的试验性大脑芯片，准确性远高于脑电图，成本和便携性又远优于功能性核磁共振和脑磁图。不仅如此，大脑芯片还可能在很长时间内提供持续的数据流。这样的芯片，不仅能帮助研究人员在大脑研究领域取得更大进展，更极有可能成为一种应对已呈流行病趋势的疾患的治疗手段。

话虽如此，SUBNETs项目的公开发布也让各派政界人士提出了疑问，将大脑芯片植入保卫我们国家的士兵脑中，这背后是不是有什么险恶用心？一时间网络上关于思维控制和僵尸战士的讨论如野火蔓延。这种不着边际的假想，既没有考虑到高层决策者的道德水平，也没有考虑当今技术是否有那么先进。反正现在的情况就是如此，至于再过几十年，别的什么政府或者政权动用了这项技术，那就另当别论了。

来看看我们今天脑机界面的技术水平。2015年，得克萨斯农工大学推出了一种迷你计算机，通过电极与蟑螂的神经系统连接，电极包装在活蟑螂的背上，就像背了一个小背包一样。人可通过远程通信，遥控蟑螂的动作。同年底，一家小型众筹初创公司Backyard Brains开始推出

① 正如空间分辨率是指相对于空间的测量精度，如图像中的像素数，时间分辨率指的是相对于时间的测量精度。

赛博蟑螂[①]（RoboRoach）。这套小工具包用于制作他们广告中所说的“世界上第一个上市的赛博格[②]”。业余人士可将其安装在蟑螂上，装好后即可用智能手机通过蓝牙控制蟑螂。

2013年，美国杜克大学的研究团队进行了另一种大脑界面试验，通过微电极阵列在两只小鼠间实现了脑对脑交流。同年晚些时候，哈佛大学的研究人员则让人类志愿者仅通过意念便让老鼠的尾巴摆动了起来。试验中志愿者佩戴脑电图仪接受脑部扫描，其脑电波变化最后被转化为一束聚焦的超声波，刺激了小鼠的运动皮层。几个月后，华盛顿大学的两位研究人员，完成了世界公认的首例非侵入式脑—脑界面，一个人遥控了校区另一侧的一个人的手部运动。到了2016年，另外一组研究人员又开发了一种脑—脑界面，几乎是兜了一圈又回来了，这回是由人来控制蟑螂的动作，用精神控制！

通过这些项目，我们可以清楚地看到个体间进行精神控制和脑-脑交流的可行性。这种研究终有一天会为我们找到新的治疗方法，找到互动和交流的新途径。用不了太久，我们就可能实现彼此之间思想、图像甚至感受的直接传递。这种借助电子设备的精神感应，会随着时间推移越来越精密，并最终成为交流的首选方式，至少在某些互动活动中会是如此。

了解了这些技术进步，应该就好理解为什么给士兵植入大脑芯片，会让一些疑心重的人那么担心了。我们当然是希望军方的决策者们道德水平足够高，不至于让这些实验可能引发的噩梦不幸成为现

① 编者注：赛博蟑螂是前文所说的将电极包装在蟑螂背后，通过远程控制使其成为半机械昆虫。

② 编者注：赛博格又称义体人类、生化电子人、用机械替换人体的一部分，连接大脑与机械的赛博格系统。

实，但未来我们无法向每个人保证能做到这一点。如果恐怖分子掳去一批人，控制住这些人的思想和身体，把这些人变成一批人体炸弹，那就真成噩梦了。

还有一个军方机构，也正在研究如何通过神经刺激改变大脑，这就是美国空军研究实验室。实验室位于美国俄亥俄州的怀特-帕特森空军基地。在这里，711人机工程分部的任务，就是“充分利用生物与认知领域的科学与技术，最大限度地优化和保护飞行员的飞行和战斗能力，在空中、空间及网络空间夺得胜利”。实验室目前已运用经颅直流电刺激（tDCS）和经颅磁刺激（TMS）技术完成多项试验。试验的两个主要目标是：提高人的清醒度、增强认知功能。在清醒度试验中，以背外侧前额叶皮层为重点的经颅直流电沉积，能让大脑反复多次进入清醒状态，就相当于一杯连着一杯地喝咖啡，但是对身体并没有副作用。在持续四十分钟的测试过程中，脑部扫描显示，那些接受经颅直流电刺激的受试者，其清醒程度在整个测试过程中没有出现丝毫下降。这种表现，在平时是从未有过的。在认知能力试验中，学习相同的一套动作，接受经颅直流电刺激的测试组，与未接受刺激的控制组相比，前者在后续测试中的表现优于后者150%。这意味着，在不久的将来，我们学习新东西的能力也许能大大提高。此外，这些技术还可用于刺激或抑制大脑给定区域的活动。关于经颅直流电刺激的很多其他研究也已表明，这项技术还可能影响计算能力、冒险倾向及规划能力等其他多种能力，但影响程度是否会大到值得一用，目前还未可知。

大量研究结果表明，在实验室环境下，经颅直流电刺激还能改变人的情绪反应。正如它会影响我们认知的其他层面一样。通过对人脑不同区域进行刺激，此类工具应该能够刺激或抑制情绪的产生。尽管这并不符合研制这些设备的初衷，但是它们被用到最初设计用途之外只是早晚的事。不管是为了让人对某一刺激产生正常的反应，还是阻断自然的情绪反应，还是引发与情景程度完全不相符的过激或过弱反应，总之它们会被用于强化或减弱人对某些特定情境的情绪反应，这一点是肯定的。不管是哪种情况，视具体应用，最终结果可能是好的，但如果应用不当，结果也可能是灾难性的。

美国军方近年来一直在研究的多项技术，尤其是在无人机和机器人领域，也会从情绪意识提高中受益。尽管无人机（也称无人驾驶飞行器）已经存在了近一个世纪，但真正开始被广泛用于战争，也只是最近二十年的事[①]。与此同时，大批机器人和其他自主武器（AWS）也陆续出现，并在多种军事行动中投入使用。这种越来越依赖于自主或半自主工具和武器的发展趋势，让人们不由得担心会最终出现“杀人机器人”。尽管技术水平要达到那个层次还需要一些年，但是对这种潜在威胁的认识，已经足以让军方内部开始讨论各种利弊，并引发非军方人士的全面抵制运动，希望通过制定国际法规，全面禁用此类武器。机械武器控制国际委员会（ICRAC）就是这类民间组织之一。他们认为，留给我们的时间不多了，我们必须尽快控制住这一威胁，否则就太晚了。机械武器控制国际委员会非正式地隶属于一个名为“阻止杀人机器人运动”的非政府组织团队。他们的目标是要抢在致命性自主武器出现前，实现全球范围内的全面禁用。

人们对这种武器的主要担心之一，是它们没有同理心，没有情感智能。机器武器控制委员会的创办人之一诺尔·夏基是英国谢菲尔德大学的人工智能和机器人专业教授，他指出：“这绝不仅仅是视觉歧视的问题。我们要看背后的逻辑关系。军方就给了我一个很好的例子。一群海

---

① 美国国防部现在将这些统称为无人驾驶飞行系统，简称UASs。

豹突击队员在巷战中堵住了一群叛乱分子，准备把这群叛乱分子干掉。他们已经端起枪来准备开火了，却发现这群叛乱分子正抬着一口棺材。于是海豹突击队员们放低枪口，还摘下头盔以示尊重，放他们过去了。他们如果真的杀了这群叛乱分子，那才是惹了大麻烦。你不能在葬礼上杀人。如果这换成了机器人，肯定会把这些人全部扫倒。当然你也可以把机器人设置成遇到这种情况不开枪射杀，但那样的话，叛乱分子就会人人扛着棺材四处行走了。”

这就又绕回到软件的脆性问题。从长远看，对一个无法进行明确预判的东西，把条件反应的代码写死难以奏效。不是条件最后落在了预设区域外，就是被类似人为因素这种东西钻了程序的空子。情感智能和能对周边环境中不同因素及条件定性的能力，对这个问题的解决会大有帮助。如果一个智能体不仅能给自己定性，还能给所有涉及到的其他因素定性，那就更好了。换句话说，那个智能体要能展示出心智理论，能表露同理心。

在制造杀人机器人不可接受这件事上，模拟情感是否是未来我们可能接受的关键呢？也许是。但如果最后真能接受，希望我们不用等得太久。指挥官们可不想为自己根本没有真正控制权的杀人决定负责。不管人工情感智能的反应看着多真实，就算它达到了人的智能水平，对它那些反应和思维过程到底有多“人”性的质疑，仍会在很长时间内继续存在。再说，要想机器拥有几近真实的、实时的同理心，应该还要跨越漫长的年月。

设计自主武器系统的目的，就是要它在无人操控的情况下独立运行。这种自主状态，可能一次只持续几秒钟、几分钟，但是也可能持续数月，乃至数年之久。理论上讲，它可以在冲突结束很久以后依然保持活动状态。美国国防部对自主武器的定义，是“一种一旦激活，可在无人继续干预的情况下选择和攻击目标的武器系统”。如果你真以为永远也不会有人故意把长期性自主武器系统随便放出去，那请你记住全球范围内据估计还有一亿一千万颗防步兵地雷埋藏在地下。虽然这些杀人机器在定义上并不真的属于自主武器，但它们也没有同理心，也没有能力去关心杀的是谁。它们可以运行几十年，在战争早已结束了很久以后继续伤人杀人。由此你可以联想出一个能追踪、选择和发动攻击的机器，它的攻击目标曾经是敌人，但现在可能已经不是了。想想这些，你就知道那会是怎样的噩梦。

2015年，宇宙学家马克斯·泰格马克在国际人工智能联合会议上发表了一封公开信，呼吁在全球范围内禁用自主武器。迄今为止，全球已有超过2500余名人工智能和机器人技术研究人员在信上签名。因为选择和追踪目标的能力靠的是人工智能，这些科学家担心，武器竞赛会最终催生各种成本不高，而且很容易弄到的大规模杀伤性武器。可能一些国家会选择不使用这类武器，但它们百分之百会出现在黑市上，这对任何恐怖分子和独裁者来说都是无法抵挡的诱惑。正如公开信的署名者们所指出的：“自主武器非常适合用于执行诸如暗杀、动摇国家政权、镇压人民及选择性屠杀特定种族等任务。”在随后的一篇文章中，公开信署名者们还指出，指望将道德功能写入这种武器的程序中，等于是假定人人都会表示同意，但很明显一些反对者必然会关闭武器上的这项功能，就算国际法禁止也无济于事。

具备人工情感和同理心设计的机器人和人工智能也是一样。鉴于几乎没有哪种设备和系统是破解不了、没办法进行逆向工程[①]的，我们至

① 编者注：逆向工程又称逆向技术，是一种产品设计技术再现过程，即对一项目标产品进行逆向分析及研究，从而演绎并得出该产品的处理流程、组织结构、功能特性及技术规格等设计要素，以制作出功能相近，但又不完全一样的产品。

少必须考虑一部分人类玩家图谋不轨的情况。

可能有些人会觉得，赋予无人机和机器人情绪意识，应该会减少平民的伤亡，降低无人机和机器人在战争中的误用。但很多情况下，装备了情感的自主武器一样可怕。拥有了高等情绪智能，还顶着一副朋友、亲戚，甚至母亲或者孩子面容的类人机器人，就算守卫森严的地方，它们也能轻而易举地渗透，夺走无数人的生命。在菲利普·迪克（Philip K. Dick）1953年创作的经典短篇科幻小说《第二终结者》中，在一个世界末日后的绝望之地，人们面对的是能自我复制的机器人出没横行的世界。其中一些机器人已经进化到在人群中无法区分出来的地步，而它们的目标就是要渗透和杀戮。与迪克的其他多部作品一样，随着时间的推移，这本书似乎正变得越来越可能成为现实。可以很肯定的是，这绝不是我们任何人想要的未来。

对于我们这个时代的人，很不幸的一点是可能发生的冲突不胜枚举。网络战就是新型冲突中的一种。随着网络的形成和发展，网络战的规模也越来越大。听到网络犯罪或者网络战这类词时，绝大部分人都不会将其与情绪联系起来，但事实上情绪是其中一个关键因素。任何有水平的黑客都会告诉你，安全维护中最薄弱的环节往往是人。黑客们把对这一弱点的操纵称之为社会工程学。他们可能利用人性的弱点，去猜一个设置时没有慎重考虑的密码。从别人肩膀头偷看，或者装个网络摄像头偷窥别人的即时贴也非常有效。也可能是通过看似稀松平常的谈话，获取司空见惯却非常重要的信息。这种活动需要创造力，它从对人的了解中获利，从熟稔如何操纵人们中获利。换句话说，这就是情绪智能。

随着计算机软件对情绪的知觉度越来越高，黑客们自然也会纳为己用，实践他们的社会工程学。而流程自动化的能力，也意味着在同一时间可以联系到的人更多，不管是用电子邮件，还是电话[①]。通过调动目标的情绪，这种大规模社会工程活动会造成大量的信息泄露，继而被用来破坏系统的防御机制。

正是因为情绪对人类身心健康如此重要，我们的对手会绞尽脑汁用情绪武器对付我们，我们当然也会想方设法去对付他们。无论是什么新技术，即使发明者的出发点再好，也总有人要想办法把这些成果挪作他用。我们固然可以预测和规划对新技术的有效利用，但因为人类过去经验中可比对者不多，不能尽数所有的应用可能性。现代战争俨然成为技术和文明的产物。世界各国都同意遵守的那些行为准则、那些杀人与避免被杀的方式方法，都是人类历史上晚近出现的事物。20世纪中叶，我们将原子弹的恶魔放出瓶子，从此便生活在它的阴影下。为了应对这一恶果，我们已付出了多少生命、金钱，还有内心安宁的代价？制止自主武器泛滥，留给我们的时间已经不多了。错过这个机会，就要来不及了。制造这些武器的方法和原材料，比制造核武器的要简单、常见得多。防止出现自主武器，或者把握先机拖延自主武器领域军备竞赛的出现，显然是我们最明智、最文明的选择。

无论如何，人类彼此间的摩擦、战斗和战争似乎还会存在一段时间。应用一些情感技术，对冲突双方都更人道。比如，美国特种部队中的心理战部队[②]，作战重心就是要赢得人心、掌控思想。他们的任务，就是要“影响他国政府、组织、团体和个人的情绪、动机、客观推理，以最终影响其行为”。考虑到情感计算和人工情绪智能现今和最终能

① 目前，运用单元选择合成的最佳语音效果，人们不容易区分出并非真人声音。单元选择合成利用双音、词素、音节等词汇单元数据库及词汇数据库，实时生成完整的短句，并通过其他处理流程加以调整，让这些句子听起来非常自然。

② 心理战部队近期已更名为军事信息支援作战部队，简称MISO。

做的事，我们有理由认为，心理战部队为了完成自己的使命，会愿意使用这些技术，不管他们想影响的是冲突中哪一方。这样，冲突时间会缩短，人员伤亡也会随之减少。看起来这似乎是一种积极应用。但这显然只考虑了战斗中的一方，因此也只是方程式的一侧。视这一技术的强大程度和说服能力不同，会构成不可小觑的威胁。

这项技术的另外一种应用，是将它用于治疗，这方面我们必须继续探索。身着戎装的军人为大众冒险和牺牲，他们的伤痛理应得到治疗——不论他们伤在身体、心理，还是身心俱损，我们都应该尽可能治疗。近年来，对战争造成的肢体和知觉损伤，无论是治疗，还是以假体进行功能替代，已取得长足进步。如果现在还有方法可能帮他们治愈心理创伤，为他们驱逐梦魇，探索这种可能性责无旁贷。不过在此过程中，我们也要小心路上的陷阱，不要失足滑倒。一旦我们改变了他们与记忆相关的情绪，就改变了他们的记忆本身。一个人的记忆与情绪是一个人极核心的部分，改动这些稍有不慎就会跌落分界治愈与伤害的细钢丝。

不管怎么说，这些军人最终要重返平民生活，而回来的他们与当初离开时相比已经物是人非，我们也该为他们寻找治愈或者治疗的方法。随着技术变革的速度加快，这个世界会想方设法地对军人施加情绪控制，他们与其他人一样，也会变得越来越脆弱。正如下一章所谈到的那样，我们要面临的挑战也许才刚刚开始。

情感弄人

东京银座，2027年5月17日

新潮的商业区。一个穿着时尚的年轻女子正沿街浏览着店铺橱窗里的商品，想买一只新包。她的路易威登眼镜，在她看到的街景上，加了一个数据框。随着她的视线扫过橱窗，这种采用了增强现实技术的眼镜，会给出橱窗里各种商品的价格及用户评论。

女子走近一家店铺，店铺的临街摄像头将女子的影像录了下来，并将信息传输给了店铺的主电脑系统。从那儿信息又被转往多个数据分析服务系统。这些系统几乎即时给出了该女子的身份及可能的购买习惯等信息。在分析了女子的着装后，计算机得出结果，如果给她一些折扣，她有73.6%的概率会买店里的一条裙子。于是一个服务软件迅速生成了一个该女子穿着这条裙子的三维可旋转高清影像，还配上了别的一些物品和配饰。因为这个年轻女性订制了当地的一些优惠券服务，店铺可以把这条个性化广告直接发到她的墨镜上。

女子扫了一眼发来的广告，不怎么感兴趣。计算机通过对她表情、动作和步态所做的实时分析，得出她很可能已经有一条类似的裙子了。如果不是这个女子之前选择不允许商户卖家分享她社交媒体账户内的信息，计算机早就知道她有类似裙子了。不过，店铺的计算机系统也就只需要这点信息就够了。几毫秒之后，它就从大数据分析服务系统收到一条最新信息，这位潜在卖家有92.7%的概率购买店里刚到货的新款皮衣。很快，第二条广告信息被发送到了女子的墨镜上，那是她穿着那件皮衣的效果图，附带三十分钟内购买有折扣的优惠券闪烁不停。整个信息交换过程在数步的空间内就完成了。尽管女子尽量想做到不动声色，但她的表情已经透露出她对那件皮衣非常感兴趣。没一会儿，她就走进店里，很快交易成功。

传感器在我们周边日常环境中的应用越来越广，这就产生了我们常说的物联网，再加上大数据分析的预测能力，我们与世界的关系已不同往日。然而这种改变并不是都经得起推敲。隐私、自主甚至自我决定等问题，在探讨这些侵入性技术时屡被提及。光是这些听起来就已经让人不安了，如果再加上对情绪反应快速读取、解释并做出相应回应的能力，侵入性技术只怕是变本加厉地侵入生活了。

就以上面的场景为例。能读懂购物者非语言反应的能力，让店铺的计算机系统可以完成一个实时的交流反馈环。据此，基于规则的软件就可以马上改变策略，诱导她进入店铺，实现出售商品的目的。如果店铺的第二次尝试没有成功，那么它还会继续生成其他的后续步骤。驱动店铺决策的，是购物者自己都可能没有意识到的感受和心理动机。而以时间衡量所有这些处理过程，速度比人类的思维过程何止高过一个数量级。

的确，购物者经常受到游说买下本来不想买，甚至根本有违自身利益的商品。但是这种能时时与我们基本感受互动的能力，会让这场游戏朝着操纵与被操纵的方向发展。双方也从某种相对平衡的关系，变得更像捕猎者与猎物的关系。

如我们早前提到的，广告界和营销界已经开始将情感计算投入运用。随着这种技术越来越普及，应用越来越便利，它早晚会被用到所有与人类有互动的计算机上。我们可以希望这些应用能有一套职业道德规范，希望人人都遵守，但是不能想当然地认为这一定能实现。事实上，不管这种规范是正式，还是非正式，要求每个人都同样严格地遵守也不太可能。

还有更麻烦的，上面提到的这些技术还会继续发展，让应对变得越发困难。目前就算是全球最大的实体店想达到假想场景那样的技术水平也还缺乏相关技术实力。不过这是立足今日看到的有利局势。虽然情感计算目前尚处于应用早期，但已经开始被用作一种市场调查工具。今后，随着计算机的计算功能、网络带宽和算法的不断改进，能感知情绪的计算机系统也许终会出现，让销售方运用起这些技术更加毫不费力。

假定买卖中有利可图（而且肯定会这样），那么最终这些能力就会演变成一套服务体系，就是现在我们常常谈到的“软件即服务”。只需支付一笔很合理的费用，公司企业就可通过这种集成服务完成多种任务，而不必自己去开发软件建立数据库。面部识别、3D扫描、情感计算还有增强现实等技术中很多较为复杂的部分，都可以通过这种服务来进行提取和自动化处理，继而让商家能实时与匆匆路过的客户实现交流，容易得就像你我发送邮件，或者检查文档拼写那样。

这个很令我们担心，因为这种情绪操纵可能发展到极其严重的地步，造成商家—消费者的关系严重失衡。你可以设想一下，你正在汽车专卖店的展厅，接待你的销售人员能力颇不一般。你想买车，车本身是笔不小的投资，你自然想要最优惠的价格，不愿多花一分钱。你们两个谈来谈去，彼此都在揣摩对方心思。你在想能把价格压多低，销售在想我在价格上让多少，既能做成生意，还能卖个最高价。最后，双方都感觉价格合适了，就会在价格上达成一致，然后车就是你的了。

我们再来想象一下，如果你的谈判对手既能读懂你的非语言线索并又能做出回应，甚至反应速度还是光速，正确率又爆表，这会怎么样？你真觉得等你走出展厅的时候，你的钱包还能和现在一样鼓？我猜不会。

又或者你在一家公司已经干了不少年，早该加薪了。你安排好要和人事谈一谈你的加薪问题，结果人事不是派一个人来和你谈，而是让你坐下来和薪资谈判软件谈。你把应该给自己加薪的理由一条条摆了出来，包括你的诸多优点、给公司带来的价值等。但是，那套薪资谈判软件不仅能马上调出你的日常表现，把你当时的不足一个个指出来，更能迅速而正确地读取你此时的自信度、不确定、尴尬和沮丧等多种情绪体验，这还只是简单举了几个而已。你觉得最终结果是你得到了应有的加薪呢，还是证明了每年花钱续费那套谈判系统的使用许可确实挺值呢？

还有社会上那些弱势群体又会怎样？经常有老年人上当受骗，而这些骗子所用的伎俩，让更年轻、更明白的人不禁摇头叹息。的确，有关衰老的神经科学研究表明，老年人对与信任相关的线索敏感度降低。另外还有一点我们同样不能忽视，那就是他们对自己所处的这个新世界缺乏了解。一般而言，使用者从小就接触那些技术，其熟悉度和熟练水平会高于其父母和祖父母。在如何应对这些技术上，那些使用者觉得是常识的，对他们的父辈和祖父辈未必是常识。对于像情感计算这类的技术，我们完全可以想见，老年人在面对互动或交易时，比他们的孩子不知要天真多少。有了能随时读取和解释老年人感受的能力，这些骗子就可以利用自动系统大骗特骗。骗退休老人买些不清不楚的投资，好飞快地把他们银行里的钱吸干，或者操控孤零零的老年人让他们把自己写进遗嘱变成受益人。这些可能不过是冰山一角。

要是你不相信，觉得这种事情不可能发生，那么不妨看看下面发生的这件事，权当提醒。2006年，有个叫罗伯特的中年离异男子，进了一个交友网站，想认识些女性。在和几位女性互发了几条信息和邮件之后，罗伯特决定与一个叫斯维特拉娜的女子交往。这名女子身材窈窕，一头金发，长得很漂亮。她的个人信息上说她就住在加利福尼亚，和他住的地方离得不远。虽然她的英语不是很好，但是她给罗伯特发来的邮件总是很暖心，显得深情款款。然而，没过多久，斯维特拉娜觉得不能不跟罗伯特说实话了。其实她不住在加利福尼亚。她是地道的俄国人，住在下诺夫哥罗德。罗伯特自己的爷爷奶奶、外公外婆都是从俄罗斯移民到美国的，所以这一点罗伯特根本不在乎。这只是他们之间又多了一层牵系而已。

在交往的几个月中，罗伯特和斯维特拉娜有很多封电子邮件往来。罗伯特对斯维特拉娜越来越喜欢，尽管每次他要求两个人通通电话，斯维特拉娜都不接茬。最后，在书信往来了将近四个月后，罗伯特决定要飞过去看她。但眼看着动身的日子越来越近，罗伯特却开始产生了疑虑。他总觉有什么不对劲，斯维特拉娜的邮件除了英语不好，似乎还有些古怪。于是罗伯特决定给她发一封测试邮件：

asdf;kj as;kj I;jkj;j ;kasdkljk ;klkj

'klasdfk; asjdfkj. 爱你的，/罗伯特[①]

斯维特拉娜回了一封长长的邮件，一直在讲她妈妈，对前一封信的不知所云只字未提。看到这个，罗伯特才猛然意识到，原来这么长时间他一直都在和聊天机器人，即专门设计来与人交谈的机器人交谈。

你可能觉得，罗伯特这么容易上当也情有可原，毕竟谁都有被情绪化、一厢情愿、孤独、冲动等情绪蒙蔽的可能。然而这个罗伯特是罗伯特·艾普斯坦博士，曾担任心理学专业期刊《今日心理学》杂志的总编，出版过多部关于情感关系与爱的著作，还是人机互动领域尤其是聊天机器人领域的顶级专家之一。事实上，20世纪90年代，艾普斯坦博士还曾主导人工智能领域的罗布纳奖。这个一年才举办一次的比赛，就是让评审来区分对话是来自电脑软件，还是真人。

事情还没完。罗伯特承认，在第一次上当之后不久，他又上了一次当，被另外一个聊天机器人骗了。这次，连上当这件事都不是他自己发现的，而是设计那个聊天机器人的英国程序员直接联系了罗伯特。那个程序员给罗伯特写了一封邮件，说他知道罗伯特是谁，他要告诉罗伯特的是，这么长时间他一直保持交流的对方是一款程序软件。

没有人知道现在有多少聊天机器人渗透到了各个交友和社交网站，但专家们认为应该有几百万之多。近年来，这类软件无论是数量上，还是复杂程度上都进展可观。根据2014年的一次调查结果估计，现在通过机器人，也就是各种设计来从事高度重复性工作的程序所产生的流量，

---

① 编者注：这里罗伯特为了测试斯维特拉娜是否是真人而打的乱码，如果斯维特拉娜是真人，收到这封邮件应该会反问罗伯特乱码的意义，但斯维特拉娜没有问，因此罗伯特判断斯维特拉娜是机器人。

占互联网总流量的65%。调查指出，在这65%的流量中，良性的大约占一半，但是还有30%来自恶意僵尸程序：网页爬虫工具、黑客工具、垃圾邮件发送工具，还有就是伪装他人的诈骗工具。这份研究估计，互联网流量中超过两成是由各种拟人程序产生的，包括聊天机器人在内。在网络犯罪日益猖獗的今天，这种程序正被广泛用于各种用途。

那么，随着人工智能的设计越来越复杂，对情绪和非语言线索的解读和反应能力不断发展，它会使人处于何等弱势地位？

随着情感计算技术不断扩散，并在不同领域找到用武之地，我们很可能将一路不断遭遇成长的烦恼。情感计算技术如果被用作执法和情报采集工具应该会卓有成效，因为我们需要理解犯罪分子和嫌疑对象的行为，并对其行为做出预估。但是这些技术会不会改变或者增加政府服务部门侵害公民权利的潜在风险呢？这种侵害现在看起来已非耸人听闻了。

当然如果得到情感计算工具帮助的是保护大众的人，就会有不少益处了。警察、情报人员还有边检人员，他们在工作中经常要面对欺骗行为。说到底，欺骗是一切犯罪的基础。没有这个基础，绝大多数犯罪或者无法实施，或者很快就会被发现。所谓欺骗，是指以造成或延续错误观点及信念为目的的故意而为的信息传递。能看穿欺骗行为，准确地把握其在过去、现在和未来的意图，当前仍然是执法活动的基石。而能准确量度或者解读情绪的技术，在这方面无疑会是强大的助力。

物种内部的成功互动需要一套互惠的机制体系，也就是说社会单元内的任何个体都不能具有对其他个体不公平的竞争优势。有了这一假定，才可能产生交流和社会凝聚力。我们在与其他人互动的大多数时候，都秉承着一种信念，就是他们对我们讲的是真话。没有这种信念，交流就不只是无效，很可能还一无是处。正因如此，心理学家认为，大多数人的行为都依据信以为真的真实性偏见，那就是倾向于相信其他人正在据实以告。这种默认极大地提高了交流的效率。

同时另外一些研究者也指出，欺骗很可能（而且也将继续）在自然选择过程中扮演着一定角色。欺骗得手可能带来的好处，让人们觉得值得冒险去这么做。有时候，情况说不定确实如此。欺骗的手段和方法多有不同，但有一点是共通的，那就是有意打破权利关系（relational power）的平衡从而对犯罪者更有利。

基于206份文档和24 483份法官记录的一次大规模综合分析研究结果表明，在评估人是否在说谎这方面，甚至包括警察和法官在内的所有人，判断正确率都不比随机瞎猜高。人们对真话假话的判断正确率平均仅为54%。有趣的是，尽管绝大多数人都依据真实性偏见行事，执法人员则是向相反方向倾斜，他们有点先入为主地依据谎言性偏见。但无论是哪种，其正确率都与另一种不相伯仲。在另一项研究中，509名受试者全部为执法人员，分别来自美国特勤局、中央情报局、联邦调查局、国家安全局和美国缉毒局等机构。结果在判定目标是否在撒谎时，只有特勤局的表现突出。即便是这样，特勤局人员的正确率也不过是64%而已。

这也就难怪很久以来人们一直在寻找可靠的测谎方法。浸刑椅和火焚巫师的办法略去不提，以科学手段来判定一个人是否在说谎到19世纪后期才开始出现。在那个时期，涌现出一批能检测人身体反应的发现和发明，最终结合成为现代测谎仪的一个早期版本。测谎仪，又名多种波动描记器，是约翰·拉森于1921年在美国加利福尼亚州伯克利发明的。它能同时记录并显示出测试对象的脉搏、血压及呼吸频率上的变化。

多年以来，测谎仪经过了多次改进，最主要的一项就是加上了对测试对象皮肤电反应的监测。到了20世纪晚期，各种算法和软件的出现，让人们可以更好地分析测谎仪输出的数据。今天，测谎仍然是核查事实、揭露骗局的最佳和常用的技术方法之一。

然而，测谎仪的效度仍然存在很大问题。由于测试结果不够稳定，导致人们对结果产生了许多争议。而且，有些人虽然说的是真话，但也会出现兴奋反应，而测谎仪无法将这种兴奋和说谎者区分开来。还有一个问题，就是有些人能够通过训练，控制自己的身体反应不自动出现波动泄露心机，从而蒙混过关。正因为存在以上种种可能，所以很多法庭和执法机构并不将测谎结果视为可采信的证据。

从犯罪预防的角度讲，还有一个问题，就是测谎仪无法远程应用在测试对象身上。要使用测谎仪，必须将设备直接连在测试对象身上。

随着情感计算技术的出现，这种局面可能很快会有改善。面部识别等支持技术已经在各大城市广泛应用。无论是实体店铺、广告牌、体育馆还是街道，到处都有闭路摄像头。在部分城市，数字广告牌已经可以根据观看者的性别、种族和年龄段推送个性化广告。像浸入实验室公司（Immersive Labs，2015年该公司被专业从事面部识别的Kairos公司收购）生产的数字广告牌，在光线均匀的条件下，于25英尺外即可完成这些信息的提取，一次可分析的观众人数多达25人。智能电视、装有微软Kinect技术的系统或网络摄像头，都可以通过设置，测定出设备前或站或坐着的那个人的体貌特征及其他一些细节，继而启动个性化内容和广告的推送。在英国全境近600万闭路监视系统的图像调取上，面部识别技术的应用已趋于常规化。

这一切还只是开始。截至2015年，耗资10亿美元的联邦调查局数据库“新一代识别系统”中，已收入近三分之一美国人的面部识别信息，以及指纹、掌纹、虹膜等其他生物特征信息。同年，《华尔街日报》报道称，情绪检测公司Eyeris“将软件售予多家未指明名称的联邦执法机构用于审讯”。随着计算机的处理能力越来越强大，越来越无所不能，直接的面部识别会逐渐被实时的情绪识别所代替。与所有模式识别技术一样，这一技术也会在相对较短的时间内迅速发展起来。

显而易见，执法人员早就需要能帮助他们正确解读情绪、识破骗局的工具。如今，经过了这么多年的发展，这项技术终于做好了跳出这一步的准备，众人的期望不日也许成为现实。那么执法人员对这一步是会热情欢迎，还是会出于对隐私和公民权利的担心而拒绝使用呢？答案十之八九会是前者，至少刚开始的时候会是如此。但是美国公民自由联盟和电子前线基金会这类机构，必然会对隐私和公民权利问题表示忧虑。

说到个人安全问题，公众一次又一次地以行动表示，假如放弃部分公民权利确实能带来对自身更好的保护，公众还是愿意在权利上做出稍许让步的。从“9·11”恐怖袭击后，《爱国者法案》没有充分讨论就得以通过，还有2006年《恐怖分子监视法案》草案下无证监听的进一步广泛使用，都证明了这一点。但正如人所常见的，这些工具总是难以避免滥用的命运，而一旦被滥用，势必激起公众情感的强烈反响。

可远程解读情绪的工具，可以被用来操纵人的行为。对此我们必须给予重视。潜伏任务中所谓诱捕的概念是否会需要重新定义？审讯者为了让机器判定有罪的人供认不讳，又会使出怎样的手段？

还有虚假记忆的问题。研究表明，情绪夹杂于记忆的形成过程。负面情绪尤其会加大虚假记忆形成的可能。换言之，就是让人坚信他/她自己记得某件事，但其实这件事根本没有发生过。为了达成某种目标，如获取口供等所设计出的情绪读取系统，不论是有意还是无意，都有可能形成反馈环。没有充足的防护措施，紧随每个非语言反应而来的一连串讯问，无意间就可能促成虚假记忆的形成，最终变成了逼供。另外，还要考虑到计算机是不知疲倦的，而人类却不可能做到这一点。随着人变得疲劳，弱点也会显露得越来越多，最终让审讯者得偿所愿，拿到想要的供述。

尽管很多民主国家都有保护公民权利的一些防护机制，但是这种监视和审讯手段被滥用的风险仍然很高。而一旦出现滥用，最终就会形成反噬。公众情绪最终哗然的转变，可能导致该项技术在这些领域的全面禁用。但是，我们也多次看到了，对技术实施禁用，只会把它推进隐蔽的地下市场，而在地下市场根本不存在所谓规范，滥用的风险只会有过之而无不及。

在一些社会里，个人的基本人身安全和自由都无法得到保证，一个独裁者或专制君主会极力推行任何保全和巩固其权力的工具。基于此及其他一些原因，我们应对将情感计算用于战争有所忘掉。

还有信息收集的问题。情绪识别技术是否会改变所收集的信息的真实度？交流反馈环会让收集来的信息更可靠了，还是不再可靠了呢？

也许我们将面对一个新的战场。这类武器在道义上是否能站得住脚？审讯犯罪嫌疑犯不可使用情绪机器，基于同样的原因，利用情感技术来审问间谍和战犯，也无异于对他们实施了非人道的对待。我们的思想，是最私密、最宝贵的。篡改人的思想、植入虚假记忆、将一个人的关键特征进行有效改写，这几乎等同于彻底毁掉了这个人。想想这些为了保护我们的战士，会不会有一天真的需要和我们签订一个情感技术日内瓦公约？

或许还有一个问题是政权利用这类技术对付平民，甚至是本国公民。因为确实存在心理侵入的可能，那么宣传到什么程度就会越界变成了对人权的侵害？随着情感计算能做的事情越来越多，用途越来越广泛，我们是否有技术上的防范措施，来禁止或阻断此类侵害的发生？还是人们只能完全仰赖相关法律法规来约束这些问题？

最后，情感计算技术对选举的自由与公平又会造成什么影响？操纵情绪，在争夺政治权利的战场已经被视为公平合理的手段了，但是如果开始用上机器操纵我们的情绪，那又会怎样？这些机器还可以随时公然胁迫我们。等选民对自己的观点和感受到底是不是自己的都已经不确定时，还谈什么选举的自由和公平呢？

这些真的会全部或者部分成为现实吗？对于新兴技术，人们很容易因为这个技术不够精细、不够强大，或者一眼看不出有什么价值就把它抛到一边。但是，我们前边已经谈到了，技术发展的特征和其呈几何级增长的发展速度，决定了技术可能迅速成熟，并成为催生转变的动力中心。摩尔定律、克莱德定律、梅特卡夫定律等都指出，我们这个人造世界的很多方面都在以几何级数的速度发展。有鉴于此，我们很难眼见情感计算技术，觉得它就不会遵循这样的发展轨迹。

可以看出，这项崭露头角的技术，一旦被滥用，就有可能对我们的社会造成极大危害。产生的问题之严重、涉及之广，需要我们认真思考，多方沟通。虽然具体的解决方法远不是本书的探讨范围所能包揽，但审慎起见，我们从现在起就应该开始讨论——趁还有机会能决定情绪机器的发展空间。

哪些人在乎

澳大利亚布里斯班RSL看护中心，2011年4月18日

布里斯班一所安静老人院里，一位老人一动不动地坐着，他一声不吭，眼睛直勾勾地看着脚下磨损均匀的地毯。82岁的托马斯患有重度老年痴呆症，已经两年多没有开口说过一个词了。在他刚到看护中心的时候，护理人员也曾经试过和他交流，希望能让他开口回应，但始终没有任何效果。渐渐地，大多数护理人员也就越来越不那么费心去试着和老人交流了。

那天护工领着一位中年女性来到看护中心的娱乐室，托马斯依旧坐在那里，毫无反应。那位女士安静地走到托马斯身边，跪在他的椅子旁。托马斯眼神空洞地盯着地毯。

“您好，托马斯，”女士柔和地说，“你今天好吗？”托马斯还是盯着地毯，没有反应。女士从身后拿出来一个像是白色大绒毛玩具的东西，是只小海豹。她把这只小海豹举到了托

马斯面前。

“你见过米利吗？托马斯。米利想和你说‘你好’。”米利转过头来，睁开眼，朝着托马斯一眨一眨的。女士将海豹靠在了老人的肩头。海豹便用嘴拱着老人的脖子，老人的眼睛一下睁大了。他两只手抱起海豹，举到自己面前，看着它那双又大又黑的眼睛，托马斯原本没有丝毫表情的脸终于有了一丝明亮。

在接下来的45分钟里，托马斯搂着海豹，抚摸着它，多少年来他从来没有这样投入过。只是，他以为那是只叫米利的海豹，实际上那是个机器人，正式名称叫帕罗（PARO）。帕罗属于治疗用陪伴机器人，是一种新型设备，在美国被列入第二类医疗器械[①]。这种机器人装有多种感应器，能感知触摸、声音、光线和温度。它会根据所感知的信息，通过人工智能技术来改变自己的行为。比如被轻轻抚摸的时候，它会动脑袋、摇尾巴，还会摆动鳍足、睁开眼睛。它会对声音做出反应，能学会听懂自己的名字，并对主人的常用词给出回应。它还能模拟出惊讶、快乐和生气等情绪，如果被忽视了还会啼哭。因为有这些功能，所以在你把它抱起来，抚摸它或者跟它说话的时候，它的行为会显得很真实。

45分钟过去了。女士轻柔地将机器人从托马斯的怀里抱了出来：“托马斯，米利现在得走了。但是它还会回来的。”

托马斯注视着那个机器人，说出了他多年来的第一句话：“再见米利。”

① 第二类医疗器械，是指出于使用安全考虑而受到特别控制和规范的医疗器械。

在2011年这次为期五周的研究项目中，包括托马斯在内，RSL看护中心的老人与多只机器海豹帕罗进行了互动。对照研究显示，这种具有革新意义的疗法能提高参与者的社会互动感受，降低其心理压力水平和孤独感。

帕罗并不是唯一的此类研究。针对老人看护行业所面临的种种挑战，相关研究和革新项目没有上千也有数百，而帕罗只是其中一个。

有很多工业化国家都面临老龄化问题。出生率的急剧下降导致人口失衡，让很多国家既没有人力也没有物力照顾老年人。

这个“人口定时炸弹”早在意料之中，很多国家也一直在积极寻找应对策略。日本可以说是世界上老龄化最快的国家，因此多年来在寻求相关解决办法上也一直走在前列。1990年，日本65岁以上的老年人只占日本总人口的12%。到了2010年，上升至23%。据预计，到2025年，日本30%的人口都将是老年人。

问题还不止如此，日本的赡养比也在直线上升。老年赡养比，反映了一个国家的人口资源和需求，它的计算方法是65岁及以上老年人口与劳动年龄人口之比。2010年，这个比例是36.1%，也就是每2.8个劳动年龄的人赡养一位老人。到2022年，这一比例预期将跳升至50.2%，即每两个劳动年龄的人赡养一位老人[①]。目前的研究表明，到2060年，日本将达到78.4%，等于赡养每位老人的劳动年龄人数仅为1.3人。更雪上加霜的是，日本的赡养比例比起其他任何工业化国家的上升速度都要快。

今天日本65岁及以上的人口，已超过其总人口的25%。这也就难怪日本的看护资源已经面临严重短缺。为了应对这一问题，无论是日本

① 相比之下，美国2015年的赡养比是22%，相当于每4.5个劳动年龄的人赡养一位老人。

政府还是企业，都投入了大量资金，开发能为老年看护提供辅助的系统。机器人，尤其是能进行社交互动的机器人，被视为解决护理人员短缺的一个重要手段。为了激励和支持此类革新，日本经济产业省近年来投入了数十亿日元的资金，用于开发机器人及相关应用推广。很多公司得到的政府资助额度，相当于护理用机器人研发费用的一半甚至三分之二之多。2015年初，日本经济产业省发表了新的五年政府工作计划《计算机新策略》，拨款53亿日元用于推广机器人在护理和医疗领域的应用。

护理机器人被归入以下数个类别：

复健机器人，用于物理疗法，包括解决如中风引发的肌肉控制力丧失等肌肉运动功能问题的机器假肢；

网真机器人[①]，用于远程通信、检测及社会互动的改善；

服务机器人，能提供直接的护理服务。这类机器人中，有的可以负重，甚至可以抬抱病人，还有的可以充当外在记忆，帮助使用者记住重要的事情，或辅助他们进行各种练习以改善记忆力。简而言之，它们可以补充、替代或者恢复已丧失的身体机能或思维功能。

最后是陪伴机器人，负责提供社交互动，通过多种方式与老年人交流。研究证明，社交互动有益于老年人健康长寿。

这些系统中，很多可以帮忙完成家务，帮助老年人记住重要事项，比如按时吃药等，但护理显然不止于满足一个人的身体需要。这也正是陪伴机器人如此重要的原因。人们希望，随着这些设备的情绪交流和社会互动能力的提高，其价值也会大大增长。很多公司已经在朝着这个方向努力。

---

① 编者注：网真技术是一种结合高清晰度视频、音频和交互式组件，在网络上创建一种独特的“面对面”体验的新型技术。

前面我们谈到了一种机器人，2015年由Aldebaran公司推出的“胡椒”，推出时头顶着世界上第一个真正的社交机器人的桂冠。这个小小的白色机器人，轻巧干净，能听懂人说话，知道你在触摸它，还能对部分情绪做出反应。这种像孩子一样的机器人，其主要市场就是作为陪伴机器人，为日本快速增长的老人人群提供陪伴。虽然它现在还达不到替代真人陪伴的效果，但是鉴于看护人员极度短缺，它至少能够满足一定需求。假以时日，随着它的各种能力不断提高，也许就能越来越接近替代陪伴的角色。

Aldebaran公司的另一款机器人，是身高两英尺（58厘米）的类人机器人NAO。NAO实质上是一个可编程平台，可用于研发和测试多种不同的机器人设想。从踢足球，到辅助国际空间站的工作人员进行训练，NAO的用途可谓多种多样。一些研究项目还曾利用这种机器人在养老中心协助老年人进行理疗康复。另外，也可以通过设置，让机器人与真人互动实时进行学习。不少研究人员因此开始寻求让这一平台成为老年人个人记忆辅助工具的可能。

日本企业还针对其他多种辅助用途，设计制造了一些机器人。比如机器熊（Robear）就是一个。机器熊的研发，是日本理化学研究所（Riken）与住友理工人机交互机器人合作中心（SRK Collaboration Center）的机器人感应系统研究小组共同完成的。机器熊的外形是一只大白熊，能将病人安全地抱起，将病人从床或轮椅抱上抱下，或者协助病人站立。你也许会问，为什么要做成熊的样子？“因为熊力大无比，而且还很可爱。”负责设计这款机器人的研究小组负责人向井敏治这样说。他还补充道：“做成白色的，能强化干净的联想。”按照向井的观点，这样的托举动作，人类护理人员每天平均要完成多达40次。按照现在的人口发展趋势，完全靠人力去完成这些工作从长期看不免捉襟见肘。他希望机器熊能填补这一缺口，为可能长期持续的护理人员短缺问题提供一种解决方法。

当然，在这些技术上投资并不断有所进展的国家，并不仅仅是日本一个。包括美国、中国、欧洲和南美在内，全球都在进行研究并时有进展。很多开展此类研究的国家都即将与日本面临同样的问题：老年人口激增并终将超过劳动年龄人口。为此，各国正积极研发多种机器人，以期为老年人的日常生活提供体力、认知和社交上的辅助。机器人的设计不仅要能帮老年人做家务，并起到监护作用，还要能与老年人做伴，为他们提供额外的社交互动机会。

可能听起来很神奇，但要实现还需要靠很多工作来推动。目前，这些系统与使用者的互动能力，特别是情绪互动能力，研究尚处于初级阶段。系统开发人员很清楚这一点，也在努力改善自己研发的机器人与人交流的方式。交流方式很重要，不仅是因为它能提高使用者的参与积极度，也与未来这种设备的实际使用环境有关。

老年生活充满挑战。很多老年人因此经常会有恐惧、迷惑、焦虑和抵触等情绪体验，特别是在不得不面对种种新环境的时候，老年人自己并不是真想用机器人，当年还上班的时候，可能还有人付工资要他们去和机器人互动，但现在可不是这样。因此，这些情况必须极尽当今技术之所能，对情绪反馈和情境有所意识。做不到这一点，就不可能成为真人的代用品，更遑论取代了。

护理人员所做的，绝不只是完成任务。他们还为老年人提供了智力专注、社会互动和情感支持。这些对人的长期健康和寿命有着重要作用。随着社会的城市化进程，家中几世同堂的情况越来越少，独居老人越来越多。这种转变，导致社会互动的机会越来越少。2010年美国退休人员协会的一项调查发现，美国45岁及以上的人口中，超过三分之一的人被评为“孤独”（按照加州大学洛杉矶分校孤独量度表[①]打分）。与机器人的互动，即使不能完全排解孤独，至少让我们有机会降低这种社会隔绝效应。运用了功能性核磁共振的脑扫描研究显示，人类在与机器人互动时产生的情绪反应，和与真人互动时的反应相似——至少在某些情况下相似。虽然机器人技术不能完全满足我们对社会互动的需求，但至少可以在一定程度上缓解我们的孤独。

假设技术已经达到了一定水平，不管是明确或者含糊的指令都能由具有情绪意识的人类护理人员完成，那又会怎么样？这样的技术会给我们带来哪些利弊，又会引发什么始料不及的问题呢？

正如前面所说，全球各国在年龄人口统计数据上都显示出重大变化的趋势。“二战”后的“婴儿潮”，在几十年间伴随着一代人进入不同的年龄段，这给我们提出了一个接一个的挑战，被人们形象地喻为“蟒腹中的猪”[②]。随着不少工业化国家的“婴儿潮”一代开始步入老年，我们对国家的医疗服务、退休人员项目、老年人看护服务的需求，也达到了前所未有的高度。单从可用资源的角度考虑，有情绪意识的社交机器人应该算一大福音，但随之也可能带来种种弊端和黑暗面。

一些传统主义者和社会科学家，总是惋惜于核心大家庭的消失。就在几代人之前，照顾老人的责任，还主要由社会来承担，从头到尾解决老年人各阶段种种问题。这种方式固然有很多优点，但它也是时代的产物。那时候，人的寿命远没有现在这么长，家庭成员间提供的赡养比远比现在低得多。能平安进入老年的成员较少，相比之下可以帮忙的家庭

① 译者注：一项使用很广的心理学量表。

② “蟒腹中的猪”是人口统计学家使用了多年的一种比喻用法，用来描述一直相对平缓、“单薄”的人口分布曲线因为“婴儿潮”而出现的凸起部分。与蟒蛇吞入腹中的食物一样，这个凸起部分并不是静止不动的，它会沿着从出生到死亡的进程节节推进，在不同时期对不同的资源和基础设施造成压力。

成员人数更多。但是随着农业人口向工业人口转移，继而进入信息化社会，家庭越来越小，家庭成员因为工作和成家等原因离开的概率越来越大。不过更显著的变化，应该是女性走出家门、进入职场所引发的社会变化，具体表现为：照顾老人的人手更少，家庭收入提高[①]，职业发展机会更大，经济压力更小，社会对性别期待的其他改变，等等。

所以光是皱着眉、摊着手说：我们应该把时钟倒拨，回到田园时代，说那时候老人的待遇比现在好等等，并不能解决问题。就算真有这么一个年代，也有太多因素让这个设想无法变成现实，或者至少无法成为脱颖而出的选择。

我们即将迈入的这个时代，是将照顾老人身体与情感的任务外包的时代，对于各种虐待行为和严重照顾不周，以及其他与老人的弱势及人身安全相关的问题，我们需要提前做好准备。说到这类行为，也许人们首先想到，就算我们明知人工智能会犯错，还是会把自家爸妈交给人工智能来短期或长期照顾。面对一项新技术，我们总是有各种疑问和误解，这很自然。不过大多数情况下，我们对这些技术的信任度会慢慢提高，最终将成熟的技术视作极其可靠——甚至如果它的性能没能达到预期，我们反倒会大吃一惊。就如汽车、电还有电影刚出现的时候，人们对它们也曾抱以高度的不信任，很多时候根本就是害怕。只是靠时间累积，大多数人才慢慢觉得这些东西像老朋友一样可信可靠。所以，在刚开始的时候会有担忧，这也合情合理，但是随着这些情感技术逐步成熟，效益成本比会越来越好，而且它们对任务又绝对专注，最终会成为人们的首选。

在性质上，我们通常认为技术是中性的，符不符合伦理道德规范，

① 用这个收入可以购买或者外包老人照顾服务。

全看技术的使用者。且不论这种“护理技术”多“好”，我们该怎么做才能防止实际控制技术的人出现滥用和误用呢？这种担忧不无道理。已经有很多老年人在人类护理人员手中遭受不良对待。有护理人员出于这样那样的原因，忽视甚至残暴虐待老人。根据美国国家老人防虐中心的报告，2010年每十位老人中就有一人遭到护理者的虐待。很多时候施虐者就是家庭成员，而因为受害者不愿意给施虐者招惹麻烦，所以多数虐待行为都没有被揭发出来。引发虐待行为的原因有反感、报复、心理疾病、反社会人格和吸毒。

有鉴于此，部分虐待行为很可能会通过新型护理技术继续得以实施，给老年人造成身心伤害和痛苦。心思恶毒的护理者，可能会利用机器天然的特性，比如可以不知疲倦地重复以及可编程性，通过机器来折磨自己的看护对象。另外，很多研究还指出，技术媒介事实上让很多令人不齿的行为更有可能实施。研究显示，远程活动在将我们与行为本身隔离开的同时，也割裂了我们与该行为在心理上的关联（即使有时这种割裂只是一时而已）。

但是这些难道就无法避免吗？与人类直接一对一互动不同，对利用情感界面等技术媒介实施的虐待，我们是可以监测和报告的，这应该成为设备编程时的一部分。也许刚开始时出于对隐私的顾虑会遇到阻力，但是这种远程监测和报告应该只会在设备使用超出了设定参数范围，或者超出指定用途时才会使用。

这类安全防护措施，随着情感界面发展越来越精细，作用会越来越重要。虽然身体上的虐待很可怕，但情感虐待却更隐秘。长期的恐惧、焦虑或其他形式的痛苦，会导致创伤后应激综合征和精神崩溃，极大影响一个人的生活质量。因此，伴随着情感技术越来越容易普及，我们有必要对情感技术使用不当可能造成的问题做出预期。

比情感虐待还要隐秘的，恐怕就是情感操纵了。为了老人的钱不择手段，向独居老人求婚者有之，做红颜蓝颜知己者有之。不管是小说里，还是现实生活中，这种事情比比皆是。骗着老人把自己变成遗嘱受益人，或者被“赠予”价值高昂的物品，这种事听起来好像哥特小说或者通俗小报上的情节，要知道，这种事情也许天天都在发生。根据美国最大的人寿保险公司大都会人寿保险公司2011年的报告，美国老人2010年因财务虐待造成的损失达29亿美元，比2008年上升了12%。2015年，以老年退休人员为主要客户群的反欺诈初创公司True Link Financial，与曾供职弗雷斯特研究公司的分析家联手调查显示，财务虐待实际金额比这个数字要高得多。老年人因财务虐待遭受的损失高达每年360亿美元，37%的老人在过去五年中有过受骗经历。后面的这项研究看起来自带利益冲突[①]，不过从中还是能看出我们可能低估了问题的严重程度。

问题之所以如此严重，是因为老年人不论从感情上、心理上还是对现代社会种种威胁的了解程度上，都远弱于年轻人。骗子们也看到了这一点，并且相应地锁定了目标。因为这个原因，加之情感计算技术可能被用于情绪操纵，这一问题在未来数年中只会越来越严重，对此我们要预先有所准备。

那么又该如何准备呢？一个人要用这么先进的技术去解读和操纵另外一个人，难道不需要极精密的技术和极深的理解力？答案是，也不尽然。要做到这些肯定是需要高精尖的技术，就像要给地球另一端的人打电话，要通过通信卫星、海底电缆、手机信号塔，还有被我们称为智能手机的超级电脑构成的一整套复杂系统，需要非常精密复杂的技术一样。就说打电话这个过程，我们大多数人想都不会多想一下，因为它已

---

① 因为True Link本身销售的产品，就是保护老年人不被诈骗。

经被一层又一层的抽象移出了我们的意识层，最终我们已经根本注意不到实际过程，只觉得就好像开灯一样自然[①]。

放在情感计算上也是一样的道理。软件开发者自然是极尽所能，让自己的软件和设备使用便捷。另外还有黑客、创业者，那些自己动手的创新者，也在努力破解这项技术的秘密。他们这样做的结果，就是凡是想得到这项技术的人（包括那些对技术一窍不通的人）都享受到了这项技术带来的巨大利益。听起来很荒唐，但这几年的实际情况就是如此。原本要花大价钱才能得到的知识和技术，通过黑客的手，如今人人都能买得到、买得起。分布式拒绝服务攻击[②]、资料隐码攻击、密码暴力破解法、僵尸网络服务，还有零日攻击[③]，这些黑客攻击方法曾经都需要很高的技术水平。可是今天，只要有钱有网，谁都可以上“暗网”，花钱就能买到这些工具，而且用户界面绝对一目了然。明天的世界可卖的东西更多，情绪计算工具十之八九会在其中。黑客们要拿到受重重保护的硬件和数据——不管是电子的，还是实体的，“社会工程”都是他们的一个重要手段[④]。能够快速解读目标的情绪状态并做出回应，将成为实现这一目的的重要助力。

如果真是这样，就算不能说够悲剧，也够讽刺的了。我们也许会眼睁睁地看着我们这个社会最需要保护的弱势群体，沦为违法乱纪的受害

① 顺便说一句，按电灯开关这个过程也是一个对多种复杂处理过程进行抽象的过程，不过大多数人也懒得细究吧。

② 编者注：分布式拒绝服务攻击是一种比较新型的攻击方法，把分层管理的优势和分布式处理的能力引入到以往的拒绝式服务攻击中。

③ 编者注：零日攻击是利用未知漏洞侵入计算机系统，利用厂商缺少防范意识或缺少补丁，从而造成巨大破坏。

④ 所谓社会工程，就是通过对人进行心理操纵来获取信息，所利用的常为关键性认知偏差。认知偏差是思考过程中会对我们所做决定构成影响的各种错误，包括导致决定有误的各种过滤标准和先入之见。

者。而武装施虐者的是我们这个世界迄今见过的最精密复杂的技术，是那些受害者年轻时做梦都想不到的技术。这样做不对，也不公平，而保护可能沦为受害者的老年人群，要靠其他所有人共同努力——就算只为当我们老了的时候，也会希望别人这样去做。

从进化角度讲，照顾和保护老人几乎无利可图，这也意味着从基因上我们没有这样做的动力。但显然文化的演变独立于生物意义的进化，从文化上我们看到保护和尊重我们的前辈别有益处。

这样的照顾当然不仅限于对老人。对需要帮助的人、家庭和各种医疗结构同样提供多种方式的护理。有时候是短期的，比如医院里的病人和正接受理疗的病人属于这种情况。但也有一些人，比如患有严重精神病患者或者严重残疾者，则需要长期护理。不论是哪种情况，通过技术手段，特别是有一定情绪意识的技术手段来满足护理要求，对所有相关人等应该都有极大裨益。

在看护领域中，儿童看护，尤其是婴儿和低龄幼儿看护技术的研究时间，可能会比其他看护长得多。这个大概要归因于我们在进化中形成的本能，就是要不惜一切地保护自己的后代，以延续我们的基因。

将养育后代的任何一部分交给机器来做，在很多人看来无异于最顶级的去人性化，但这显然并不正确。长久以来，我们一直都在用各种设备辅助宝宝入睡、监测宝宝状态，还有逗宝宝玩。现代的父母哪个不曾把孩子放在电视前，放些孩子爱看的录像、DVD，或者录下来的电视节目，借此吸引孩子的注意力？社交机器人和情感计算技术不过是添加了些新选项而已。对任何一位家长，特别是当前双职工家庭的家长来说，想做到经常且持续密切关注孩子的身体和情绪健康，往往是心有余而力不足。利用工具来保证我们的孩子健康又安全，是从可以想见的技术能力做出的最自然的延伸。

具体会是什么情况呢？首先，我们有延续亲子联系的愿望，我们也许会利用情感技术来模拟父母的行为方式和情绪。也许数字保姆不仅能模仿父母的声音，还能模拟父母情绪反应。没有情绪因素，效果恐怕就只剩下惊悚，起不到预期的作用。但如果模仿得更全面，就会让孩子觉得如同父母就在隔壁房间一样安心。毕竟，如果能用爸爸妈妈的声音和表情，为什么要去培养孩子和马里奥兄弟主题曲的感情？但是如今我们生活在完全不同的一个经济时期，意味着父母经常都在上班。外包出去的日托已经存在几十年了，但是那种情感纽带真的是我们想要的吗？假设我们能通过情感计算技术延续孩子与父母的亲密，那为什么不做呢？

有一天，我们也许会将自己的心肝宝贝托付给机器，因为这是最好最可行的选择。我们这样做，并不是要推卸或者忽视责任，而是在为自己的孩子做出我们能做的最好选择。虽然可能马上就有人会提出反对，但如果你身为父母，就问问自己：你上次利用技术手段比如用电视、iPad，或者游戏机来看孩子是什么时候？更重要的是，这些技术会关注你孩子的身体和情绪状态，并在需要的时候提醒你吗？这就是明天的世界。在那个世界，技术可能成为追击者、施虐者，但也可以成为守护者。

当然，能从具有情绪意识的设备受益的，绝不仅仅是老人和小孩子。随着这些系统不断发展，与其他涌现出来的新技术开始交会结合，它们会给我们带来许多无法预见的机遇和挑战。对此，我们将在下一章中继续讨论。

混搭

美国加利福尼亚蒙罗公园，2033年11月12日

“嘿！我怎么跟你们说的？别在屋子里到处跑。”两个小男孩追追打打，从阿比盖尔家中的办公室穿过，阿比盖尔在后面追着喊。戴尔和杰瑞一个七岁，一个九岁，阿比盖尔只有这两个小外甥。今天这两个孩子真正考验了阿比盖尔的耐性。阿比盖尔的姐姐姐夫去茂伊岛度假一周，阿比盖尔答应帮他们看这两个孩子，答应的时候根本没意识到这活儿有多难。自从开始看孩子她才意识到，自己太需要休一周假了。

“我能给你提个建议吗？”阿比盖尔的微型耳机里传来数字助理曼迪的声音。

“曼迪，我觉得你也没什么办法，”阿比盖尔正恼火得很，“两个孩子没有自己的助理，你没有办法对接。”为了这个，阿比盖尔和姐姐有过不少争论。有几项做得不很严谨的非

结论性研究，对给14岁以下未成年人配备数字私人助理的安全性提出了质疑。结果包括这两个小男孩的父母在内，公众反应过激到几乎歇斯底里的地步。

“把你的两台虚拟现实电话会议设备设置一下，”曼迪建议道，“我一直在通过家里的监控摄像头观察戴尔和杰瑞，已经解读、绘制好了两个孩子各自的情绪构成，还给他们下午安排了一些活动，其中既有教育性的，也有社交性的，还有运动锻炼，再结合上诱导策略。这样既不会让他们觉得无聊，也省得他们来烦你，还能让他们接触一些与他们课程水平相当的新观点、新思路。你也能继续做你的事，好好准备准备今晚的约会。我保证他们九点就上床睡觉，一晚上睡得踏踏实实的。”

阿比盖尔听着她这位多年的数字老友讲着，脸上露出了微笑。她真诚地说道：“曼迪，你最棒了！”

就像阿比盖尔所发现的，有情绪意识的技术会以很多我们想不到的方式，与我们日常生活中数不清的其他技术产生联系与交会。尽管阿比盖尔本人对情感计算技术很熟悉，但就连她也没有想到可以把这项技术与自己家里其他系统结合使用①。不过这也不奇怪。伴随新技术而来的东西很多，有一点几乎是肯定的，就是你想不到它会怎样改变周围的一切，并为周围的一切所改变。在未来的几十年里，随着情感计算的各种新应用、新设备不断涌现，情况更会如此。

未来的二三十年中，技术和技术能力的爆炸完全是可预见的。虽然计算机的体积在不断缩小，但处理能力在不断增强，这个世界将越来

① 阿比盖尔是情感智能领域一家成功企业的CEO。

越多地通过数字手段以全新方式与我们互动。到处都是各种传感器、智能电器和可编程设备。一个物联网的世界正在变为现实。我们与周边世界、与彼此互动的方式将彻底改变。我们可以利用强大的计算工具、复杂的分析工具和可视化方法，挖掘出模式和深层信息。与人工情感智能机器相结合，大数据就能给出高度准确的用户心理档案，做出准确的行为预期。

这也许还只是开始。高端家用汽车已经配备了注意力辅助系统和疲劳监测系统，更不用说还有一定的自动驾驶能力。这些车载系统对司机和乘客随时变化的情绪状态，会有越来越清晰的意识。家庭照明和供热系统也会慢慢开始对我们的心情有所了解，还有家里的其他很多东西也是一样。慢慢地，这个清单会越来越长，直至涵盖我们日常生活的各个方面。

随着技术不断推出更新更好的方法，逐渐实现与使用者、与其他技术互动，基本可以肯定是未来技术的发展方向。虽然我们所处的环境会变得越来越复杂，但总会有更令人满意、更符合自然、更有效回应的方式，让我们与这个环境及周遭世界建立联系。

当然，阴暗面也是肯定会有的。（阴暗面是种必然存在，不是吗？）原因有很多。首先，各种新技术层出不穷，没有哪种实际可行的方法，能预测出这些技术相互结合、互动以及使用的所有方式。这就不可避免地导致未来学家常提到的不可预见的结果。有的结果是积极正面的，但也不可避免地存在消极负面结果的可能。

我们就以汽车的发明为例来说明这种不可预见的结果。起初汽车在绝大多数人眼里只是个稀罕物，是对人类的威胁，或者二者皆有，没想到这种不须用马的交通工具迅速发展改进，改变了整个20世纪的物质和文化景观。它起到提升社会各阶层的流动性，促进经济发展，创造了大量的工作机会的作用，让人们有了更多休闲旅行的机会。它极大地便利了商品和服务的流通，提升了企业生产力，在中产阶级的崛起中扮演了主要角色。就连十几岁的青少年和二十来岁的年轻人也从中得益，因为现在他们有办法能躲开长辈，聚在一起享受没有大人监督的时光。而这些，在汽车刚问世，还是靠燃烧反应驱动、噪音震耳、味道呛鼻的交通工具时，没有人能预见得到。

与此同时，汽车也是温室气体的主要排放源，全球气候变暖，部分要归咎于汽车。而且，仅在美国，每年死于车祸的人数就超过三万。更有不计其数的人，因汽车尾气造成的呼吸系统疾病备受折磨甚至死亡。还有铅和苯等其他污染物影响大脑发育，并与先天畸形、癌症及免疫力降低有直接关系。

这里列出的很不全面，但是从中还是能看出，仅仅一项发明就能带来怎样广泛而深远的影响。重要的是，汽车并不是孤立发展的，它很快就融入了我们创造出来的广阔的技术生态系统[①]。结果，这项发明的实际用途便远远超出了发明者的初衷，就如以往类似的情况一样。如果有人把聪明才智用在如何利用新技术来犯罪或者反社会上，就会引发很多问题。

一般而言，大多数发明者进行发明创造都是基于几个原因：为了改善自己的生活，为了社会更美好，或者为了物质利益。但是极少有发明者能百分之百预见到自己的发明会被用于何种用途。汽车被抢劫犯用作了逃跑的工具，汽车本身被用作了杀人工具。互联网被犯罪分子用来相互联络，买卖违禁品。就连发夹这样无害的东西，都可能被用作开门撬锁的工具。所以如果未来情感计算技术和社交机器人被大量应用于违法

① 技术学家凯文·凯利称之为“技术元素”。

或不道德行为，我们也不必吃惊。

如果你觉得我们能预先想到一切可能、做好应对准备，最后肯定会失望难过。不过，这也不等于我们就不用做任何努力了。最直接的解决方法是将安全措施内置于这些新设备和程式中，不过在人类的创造力面前，这种方法必然会以失败告终。把半自动手枪变成全自动并不太难。安全带未系提示也不是不能关闭。对各种加密方法时有绕行手段，但无论如何，安全防护手段对绝大多数用户来说还是有用的。比如违章罚款与安全带警示灯的结合，令安全带的使用率从1980年的11%上升到了今天的将近90%。

说到社交机器人，总有人说我们应该向科幻小说家艾萨克·阿西莫夫[①]（Isaac Asimov）学习。半个多世纪以来，他那个著名“机器人三定律”一直是科幻小说的主流[②]。但那到底只是小说。虽然让我们充分地想象了一下“如果……怎么办……”，却并非具有可操作性的实用解决方法。正如阿西莫夫笔下的那些人物常常会遇到很多意想不到的问题——包括意料之外的特例、违规行为，在他笔下，计划总是赶不上变化。终究还是回到软件稳定性的问题上，只是这个问题被人类的狡猾和创新能力弄得更趋复杂。

另一种办法，就是尝试着去预测某种技术可能会如何被滥用。但是想真正做到防微杜渐，几乎是不可能的。话说回来，倒是有几种策略我们可以尝试。利用统计数据分析这类方法，也许能在一定程度上帮助我们防御威胁，或堵住漏洞。有一种工具说不定会很有用，就是GMA（综

① 编者注：艾萨克·阿西莫夫是美国著名科幻小说家、科普作家、文学评论家，美国科幻小说黄金时代的代表人物之一。

② 有关阿西莫夫的定律，我们将在第十六章详细探讨。阿西莫夫的机器人三定律，是希望将外来的控制手段内化成小说中机器人的固有构成，以防止它们伤害人类，或任由人类受到伤害。

合形态学分析）。GMA是一种“在多维度、非量化的复杂问题中建构和分析所有可能关系”的方法。一些颇具前瞻力的专业人士，就是利用这种方法来解决我们常说的多目标求解问题。这种问题由很多因素构成，且问题各因素之间又可能彼此交织影响，造成问题的整体复杂性进一步加大。因为综合形态学分析法可用于解决因果模型和模拟不完全适用的问题（因为涉及的变量过于复杂），所以这种方法可用来解决社会性和机构型问题，以及其他一些现实问题。

特拉维夫大学就有将综合形态学分析运用于预测科技的实例。著名未来学家罗伊·泰扎纳（Roey Tzezana）领导的研究小组运用综合形态学分析法，对多项新兴技术、这些技术的发展时间进程以及可能造成的影响进行了分析。他们将所有信息汇总后，对这些技术可能如何互动并彼此支持进行了研究。泰扎纳写道：“计算机程序员能开发出数量惊人的综合形态学分析法应用，可以对数百万种可能性进行分析。”从他自己的多项组合性研究结果来看，新技术未来潜在应用和滥用让人不寒而栗。其中，研究小组还绘出了一个时间进程表，显示出不同新兴技术组合何时可能开始成为人类威胁，并计算出了特定组成可能出现的概率，以及该组合造成影响的严重程度。绝大部分威胁都属于网络犯罪范畴，这要归因于这个世界的内部关联性得以提高和数字化表现渐强。但是还有一部分正常情况下是该归入其他范畴的，比如生物恐怖主义、3D打印武器和无人机技术。研究小组还对不同技术被应用于不同犯罪类别的可能性进行了高低排序，然后对某项技术与其他两项、三项、四项技术结合使用的可能性重新排序，最后得出了一系列人类可能面临的新威胁和易受攻击的新弱点。

也许我们可以用这个技术，对情感技术和社交机器人技术进行分析，以更好地预见这些技术未来被误用的可能性，特别是与其他技术相结合后的误用可能。按照风险和易受攻击程度高低，再来决定是否值得为这些技术设计和设置某些安全防御措施。当然我们也清楚，在我们做这些的同时，某个地方某个人也许正在试图规避这些安全措施，而且很有可能会成功。

这种反应的实例可见于很多新型医疗设备。许多可编程的无线医疗植入设备，比如起搏器、植入式心率转复除颤器和外置的胰岛素泵，都有可能被人修改程序，实施远程攻击。在这些设备刚出现的时候，几乎没有任何安全保护措施保证其不被黑入而为恶人所用。尽管听起来可能像科幻故事，但是美国政府最高层真的是以非常严肃的态度在考虑这种可能性。比如2013年前美国副总统切尼曾在CBS访谈节目《60分钟》中提到[①]，2007年时他的医生正是出于这个考虑，才要求切尼关掉他起搏器的无线功能。切尼的医生担心，恐怖分子会发送信号给起搏器，通过起搏器诱发副总统的心脏发生心肌梗塞。近年来，对起搏器和其他医疗植入设备的这一弱点，人们的意识不断提高，越来越多的此类设备对信号进行了加密，以防给居心不良的人留下钻营之机。

这种问题是每项新技术出现时我们都必须考虑的问题。这样我们就能建立起安全标准，保护设备，同时也是保护自己。从很多意义上讲，这种预防措施做起来并不难，也许触手可及，可忽视了它们就可能会冒不必要的风险。

当然我们这样说，并不等于这些技术就会带来世界末日。多项技术的结合可以用于不良用途，但同样也可以对我们有益。本章开头提到的那些技术，还有第五章讲到的扑克玩家的假想情景都说明了这一点。面部表情识别、智能隐形眼镜、量子加密，还有天知道哪些现代科学打造

① 编者注：《60分钟》是美国哥伦比亚广播公司主打的一档电视新闻杂志栏目，该节目制作精良，是美国知名的电视节目，多次获得美国新闻类栏目奖项。

的神奇技术结合在了一起，才能让那样的一场竞赛成为可能。各种系统设备如寒武纪大爆炸般涌现才区区几百年，而这些只是它们带给人类的种种神奇中的一部分。

关于这一新技术的多种应用人人都可能存有看法，但到底这只是一个人的声音而已。个人感觉应该集思广益，问问其他未来学家对情感计算、社交机器人和人工情感智能的看法。果然，虽然大家的看法各有不同，其中却也不乏共同关注之处[①]。

曾任职于英特尔公司的未来学家、著有《21世纪机器人》的布莱恩·戴维·约翰逊讲，有一天他收到一位教师送来的一个小包裹。这位女教师听说了这个机器人计划，还跟自己一帮五六岁大的学生讲起了这个计划，启发学生思考。

> 有一天我来到办公桌旁，看见桌子上放着一只黄色大信封。信封里满满装的都是这帮孩子画的画，还有他们写给我的关于机器人的信。我当时特别感动，因为事先我一点儿都不知道。孩子们的老师对机器人特别着迷。不过最有意思的，还是我在翻看孩子们画的画和写的信时，看到绝大多数孩子都是这样写的："我想让我的机器人和我一起唱歌。我想让我的机器人和我一起跳舞。我想让我的机器人和我一起烤饼干。"这些机器人不是被当作奴隶。它们是社交行为者，它们是朋友。

从这里面可以看出很多东西。首先，它支持了一个观点，就是本质上我们的的确确是社会性的存在。其次，虽然前几辈人可能与机器人很

① 除非另有说明，随后这一部分中所有未来学家的观点均出自作者发出的一份问卷调查。

疏远，或者觉得机器人很讨厌，但这些孩子却几乎不抱任何成见，他们平等看待这些机器人，把机器人当作玩伴。从某种意义上讲，这也预示着未来我们大概会接受和运用这种新技术。

英国的未来学家伊恩·皮尔逊（Ian Pearson）25年来一直在研究未来。他曾担任英国电信集团公司的首席未来学家，后来一直主持顾问公司Futurizon。伊恩就情绪性智能对人工智能部分应用可能产生的影响，给出了自己的看法：

> 在多种用途上今天的人工智能做得还可以，但是想要与人类达成良好的合作，就需要机器懂得情绪。如果机器能对周边世界做出自己的情绪反应，那么人的工作效率也会更好。坐飞机出门，我更愿意选择会关注气流影响、为乘客安全考虑的自动驾驶系统的飞机。如果是看人工智能医生，我更愿意选择真关心我生死的那个。对于绝大多数人工智能要完成的工作，有同理心是关键。
>
> 人们做的决定并不总是符合逻辑的。要理解客户的需求，机器需要有一定的同理心，这也意味着它们要有真正的情绪才行。我们已经知道该往什么方向努力，但仍需我们做好现在每一步。

绝大多数飞行员和医生显然还是关心我们生死的，我相信伊恩的意思是，如果真遇到情况，人工智能关心我们的程度要像我们关心自己或者关心家人一样。只要这种关心不至于降低工作能力，或者对工作表现造成负面影响，就会成为巨大的推动力，推动人们去创造性地发现所有可能的解决方法，避免悲剧的发生。

托马斯·弗雷是未来学家，同时也是美国科罗拉多的未来学研究机构达·芬奇研究所的负责人。他对人工情感智能机器的局限略有不同看法：

> 在我看来，人类的感受比研究人员所能想象的更细微，更复杂。虽然我们做出来的模仿品会与人类越来越接近，但是想用无机材料做出一个与人类认知完全一样的人工智能头脑只怕永远是个梦想。
>
> 人的头脑与人工的头脑，其区别从我们经历周遭事物体会到的情感价值中可见一斑。比如，我们可能会很看重一个好枕头的柔软，因为枕在上面会很舒服，而人工智能可以复制这个值，但却不可能明白个中原因。
>
> 同理，人工智能可以设置成在符合一定条件时采取行动的模式，比如地板一旦脏了就要清理，但是这背后的因果逻辑实在与它相距甚远。
>
> 人工智能无法真正感受到人类内心的焦虑、压力、愤怒或者恐惧。人的身体上、心理上可能有成百上千种问题，比如失眠、幽闭恐惧症、盗窃癖、陌生人恐惧症，或者渴睡症等。所有这些都被视为人体的缺陷。但正是这些缺陷让我们成其为人各自本身。
>
> 没有缺陷就没有要改进的动力。
>
> 我们上进心来自于我们自身的不安全感，而人工智能没有这一系列的身体和心理缺陷，它们唯一的动力，不过是在计算方面表现得精益求精而已。

诸多原因可能导致这种情况出现，人工智能在发展到一定水平后，最终会遭遇某种天花板。但是我更倾向于认为，用不了几十年，人工智能就会突破这个上限，具体原因我会在第十七章里讨论。情绪和让人工智能得以体验周围世界的精密传感器，也许就是打开大门的钥匙，让机器能大胆步入任何智能此前都未曾踏足过的世界（这里我要感谢吉恩·罗登伯里、威廉·夏特纳和《星际迷航》所做出的诠释）。

来自密苏里州肯萨斯的城市未来学家、建筑师辛迪·弗雷文（Cindy Frewen）认为未来人类与技术之间的界限会渐趋模糊：

> 我们给机器加了不必要的限制，抱以不现实的期望，总觉得它们会成神或者成魔。其实它们既不是神，也不是魔，它们只是我们价值的延伸。我们造的是自己需要的机器。我认为，人与机器、自然与人工之间的界限会渐趋模糊。未来我们会抚育机器、建造人类。同理，智能与情感也会相互交织。让机器能继续为人类所用的唯一途径，就是要给机器加上情感特质，不管是将价值体系和特质写入机器的程序[①]，还是通过程序让它们对我们当下的情绪做出反应并据此有所行动。比如，我怒气冲冲地上了自己的车，车子感受到了我这种情绪状态，便用语言和音乐让我冷静下来。我们现在对机器的印象是工业化的，冷冰冰的，现在该是改变这种印象的时候了。人们会爱自己的机器狗，相信机器狗也会回报人们以爱。残疾人或者有反社会行为的人，会得到能满足他们需求的个性化支持——不论是情感上的，还是理性上的。唯一的限制就在于，技术是富人

① 比如，让它们的行为表现为邪恶、甜美、坚韧。

的福利。越是先进的技术，越会让用得起和用不起的人之间差距加大。

我觉得这种说法正切中要点。我们需要彻底摒弃机器是工业制造物的形象和比喻。人与机器的共同未来是形成一个混合家庭，在未来的几十年、几百年中它的融合度必定会越来越高。只是，技术进步的风险和领先优势，并不会带来经济运行上的巨大转变。最初能接触到这些的只有富裕阶层。只有靠时间推移，新进步越来越多，才能慢慢广泛普及。正如著名作家威廉·吉布森[①]的名言："未来已来，只是尚未均匀分布。"

曾在世界第二大化工公司陶氏化学担任未来学家，现为休斯敦大学前瞻项目教授的安迪·海因斯（Andy Hines）博士，对未来学的了解非常全面[②]。可能正是因为这个原因，他转而投入到了对下一代未来学家的教育之中：

> 谈到情绪机器，我经常会谈起这个，最有意思的想法来自我的学生。这个学期在"世界未来"这门课上，有一组学生选了"社交机器人之未来"作为他们小组这学期的课题。他们列出了四种机器人可能拟人化的假想情境："机器伙伴"是社交和情绪智能机器人的最佳情境；"助手机器人"基本上可以说是家政型；"同行的友善面孔"是工作场所自动化的一个比较有挑战性的例子；还有"上层阶级之仆"是服务于统治阶层的机器人——针对假想情境中最糟的一种。学生想表达的是，机器人会反映出它们是在什么范式中被创造出来的。

① 编者注：威廉·吉布森是美国科幻文学的创派宗师和代表人物。

② 休斯敦大学的前瞻项目是目前世界上此类项目中历史最长的。

这一点非常重要。正如未来学课程经常会提到的，创造未来的是我们——至少某种程度上是这样。实际上，这也是为什么要研究未来和进行策略性预见的主要原因之一：因为这样我们才能对未来世界的样貌施以最大影响。如今我们造的这些机器智能化程度越来越高，我们必须先要考虑好自己到底想要生活在什么样的世界——这样才是明智的做法。毕竟，仆从揭竿而起推翻主人的事不乏先例。

当然，情感计算最早的应用已经进入了品牌和市场检验阶段。卡罗拉·萨珍斯是美国得克萨斯州达拉斯的一位营销顾问和品牌策略专家。在她看来，情感计算在这一领域必定会不断取得成功：

> 情感计算可以将销售在智能货架的基础上再向前推进一步。能读取潜在客户的情绪状态，同时迅速与客户细分数据相结合，这将有助于购物过程中个性化信息的推送，而信息相关度的提高，会提升信息的效度和影响。想象一下，一个想赶紧买完就走的购物者在超市的货架间快步走着，手上的购物推车会引导他们找到他们购物单上列的东西，其间购物者还会收到一些贴心信息以及对其他商品的推介，呼应他们当时的情绪状态。
>
> 对购买周期较长、价格高昂的商品，购买以后的个性化客服就变得特别重要。今天，想让客户建立起与品牌的深厚情感联系，很大程度上要依靠销售和客服代表。而将来，说不定汽车自带软件就能了解客户的偏好和日常习惯。而汽车通过对驾驶者的情绪监控来读取和学习驾驶者偏好的能力将发生巨变。汽车本身在驾驶者生活中的作用，将比现在大得多，而建立在“爱”上的品牌关系，也将不再依赖于销售商和整体的广告宣传。随着数据的收集，已经记录下来的“对车主的了解”说不

定可以直接转入下一辆车，从而使品牌与车主的情感联系得到进一步强化。拥有内置情感计算的产品，也许可以无缝接入所有者的生活，就像今天的智能手机一样。相比只能通过销售和客服来维护客户，未来客户的保有率可能会逐步升高，而费用成本却会降低。

从这段话中应该可以明显看出，情感技术将与所有权周期的各个阶段完美对接，最终这项技术可能成为未来品牌建立与维持品牌忠诚度的关键。

阿丽莎·白格特（Alisha Bhagat）是财富论坛的资深未来顾问。对于这些添加了情绪功能的技术对我们社会生活的影响，白格特是这样阐述的：

技术既可以通过各种信息工具强化人与人之间的社会联系，也会因为面对面交流机会的减少给人带来巨大的孤独感。而情感交互人工智能可以部分消解这种孤独感和隔绝感。可能会有一部分人，与自己的人工智能设备形成非常紧密的情感联系，与其他人的互动反而不足。就像电影《她》（又译《云端情人》）演的一样，毕竟人工智能可以给予一个人的关注，是任何人类都无法做到的。现在已经有很多人整天宅在自己房间，还有些人大部分的社交互动都在网上进行。可响应、情感化的人工智能，会进一步强化这种行为。不过，对于大部分人来说，我认为我们的生活应该不会有太大不同。可能购物和外出就餐的体验会更为个性化，与地图这类工具的互动会更愉快便捷，但是我们的互动方式应该还是与以前差不多。

来自华盛顿特区的未来学家约翰·马哈费（John Mahaffie），供职于前沿未来学家咨询公司，担任顾问工作多年。在他看来，情感计算的未来其实已经到来了：

> 在对人工智能与人类相似的特征进行微调，让技术真正成为我们生活的一部分之后，将人工智能成功联入人们的生活，尤其是以产品或者服务的形式，应该是没有问题的。它会在社交层面融入我们当下的生活。
>
> 当人工智能给我讲故事时，会根据我的个性、倾听方式和我刚说出口的话来调整故事，而且我猜，还会用这个故事来阐明某种观点，或者提示我改变自己行为的时候，我们就已经在面对耳目一新到惊诧莫名的神奇事物了。可能其他人想的是人工智能会在何时以何种方式取代人类，而我更多是在思考，人工智能何时接近于取代人类。而那个时刻已然近在眼前。

雷·库兹维尔可谓世界上最著名的未来学家、发明家和作家之一了。他的大半人生都在研究和探索人类和技术智能的未来：

> 人类对情绪的理解力和做出恰当反应的能力，是未来机器智能能够理解并掌握的能力。我们的一些情绪反应，是针对人体在生物构造上的局限性和薄弱环节，为实现我们智力上的最优而做出的调整。未来的机器智能同样会拥有“身体”①，以完成与周边世界的互动。但是这些运用纳米工程制造出的身

① 比如，虚拟现实中的虚拟身体，或者真实现实中通过极微机器人投射出来的身体。

体，会远比生物构造的人类身体更强壮，也更结实。因此，未来机器智能的部分“情绪反应”，会被重新设计以匹配它们强大得多的各项体能。

这段论述很有启发性，那就是情绪不必固定不变，一直像我们现在所体验到的这样。情绪可能会被调整，以适应未来机器智能将入驻的躯体。不过，不管怎样，情绪仍然会以某种形式存在。就连目前担任谷歌工程部门负责人的库兹维尔也坚信情绪技术将成为先进的机器智能极为重要的一部分：

在我说计算机会达到人类的智能水平时，我说的不是逻辑智能。我说的是可爱有趣、能表达关爱之情的情感能力。这才是人类智能中无与伦比的部分。

这个观点，点出了人工智能发展中一个非常重要的现实。我们所了解的、所珍视的人类智能，其核心在于情绪智能。没有情感能力，任何想趋近人类智能的努力也许都是徒劳。如果真是这样，那么人工智能想要达到更高级、更自如以至与人类智能相提并论的水平，就需要情绪智能这样的技术。

无论是近似人类水平还是超越人类水平的智能，情绪的纳入也许都是关键，这一点我们将在第十七章继续探讨。尽管情绪可能不合逻辑、不够理性、不合时宜，却恰恰能帮助我们处理现实生活中那些无法明确定义的方面。很可能正是因为有了情绪，我们才能更好地处理生活加诸于我们的困难、曲折的问题。

很明显，情感计算和人工情绪智能已经来到我们身边，而且正日渐普及、日渐强大。这些技术的各种使用和实现途径，也正慢慢显现。至于它们会在哪些方面成为我们生活的一部分，只有时间才能带给我们完整的答案。人工智能领域一位著名先驱人物对未来的方向有具体的见解。埃尔卡利欧比在2015年的TED女性论坛上曾讲：

> 我认为，五年之后，我们所有的设备都会装备情绪芯片。你对设备皱眉，设备就会说："嗯，看来你不喜欢这个，对吧？"那时候我们就想不起来设备没这个芯片时是什么样子了。

虽然这种技术正有方兴未艾之势，但若以为到2020年，上面的假想情景就会普及，恐怕就过于乐观了。不过，从这些技术以及其他各项技术的发展来看，显然那一天也并不那么遥远。也许再有十年，大部分设备就会装上情绪芯片。而未来的几十年里人们当然也还会记得那些感受不到情绪的技术。重点是，这些情绪技术将很快变得无处不在，以我们无法想象的方式改变我们的社会。它们将改变我们的期待、行为，甚至是我们的性取向和道德评判。这些我们将在接下来的部分进行讨论。

第三部分

人工交互智能的未来

机器可以让我们觉得它们真的是以爱回应我们的，从而成为我们生活、家具甚至家庭的一部分。但若对抗的局面来临，鉴于人机在可用智能、资源还有薄弱环节上的巨大差异，人类十之八九无法在这个星球上立足。我们期待的则是一场浩瀚而成功的共同进化进程，人类与技术彼此托举，相互提高，造就了我们所能想象得出的最神奇的伙伴关系。

爱的机器

意大利佛罗伦斯，2037年10月12日早上6:41

她的头枕在他的肩窝里，发丝上飘散的香气于呼吸间温柔地萦绕在他的鼻端。床单裹着他们，犹带着方才的酣畅留下的潮热。她微微挪了挪位置，贴他更近了一些，消融了两人之间最后的一点距离。他满足地发出一声轻叹。

“感觉真好。”他轻轻地说，像是从远方飘过。

她睁开眼睛：“嗯，真好啊。”

他的手温柔地缓缓拂过她的上臂，指尖不时轻扫过她胸侧凹凸的曲线。她发出一阵几乎微不可察的轻颤。

“要一直这样就好了。”他说。

“我也觉得是，”她回应着，然后半开玩笑地建议道，“不然我们都请病假吧，就这样待一天。”

“我也想这样，但是两个小时以后我有个会，实在不能不参加。”

“我知道，”对此她很理解，“我也只是一说罢了。”

他感觉到她话中有话，便解释道：“不管怎么说，你说过你下周就要考核了。千万别影响你升职的事。”

她身体微微绷紧，虽然很细微，但也足以让他注意到了。“可能到头来还是不行。”她静静地说。

他以手支头半撑起身体：“开玩笑的吧？你是他们目前最合适的候选人，这一点你清楚，他们也清楚。你可不能轻看了自己。为了这个职位，你一直那么努力。你应该得到提拔。”

她脸上表情亮了，不由得点了点头。在卧室柔和的灯光中，她满怀爱意地注视着他，忽然间意识到，自己已经很久没有像现在这样，对自己还有自己的人生，感觉如此心旷神怡。能再一次被人全心信任与关心的感觉真好——即使他不是有血有肉的真人。

要说情绪最无可替代的优越品质，那就是建立人与人之间的情感纽带。我们对一个人的感觉，对我们是否会对这个人投之以诚、始终不渝影响极大。在家庭单元中尤其如此，然后才有后代的繁育、保护和延续这些传承基因的具体表现。

但是人类基本性欲的驱动，却远不止于繁衍后代、延续物种。情欲、爱意和快感，带给我们这些体验的各种化学连锁反应[①]，不断地推动着我们去寻求独立于物种繁衍这一进化目的之外的性。亲密所带来的身体和情绪上的种种回馈，依旧是一切社会的强大推动力。这种力量有

① 编者注：级联反应指在一系列连续事件中前面一种事件能激发后面一种事件的反应。

时会让人违背所在文化中普遍接受，甚至很多时候严格限制的性规范。

满足性欲有多种途径，其中就包括在与伴侣的性活动中，或者自我满足时，抑或两者兼有的情况下，使用某些技术和设备。虽然你可能马上想到人造情趣玩具，或者网上的黄色内容，但实际上这种做法我们可以一直追溯到人类最早的时期。旧石器时期的一些崇拜物，比如奥地利的威伦多夫的维纳斯，还有德国的霍勒菲尔斯的维纳斯，都是高度风格化、极为夸张的女性形象。这些雕像的创作可能仅仅是出于生殖崇拜，但同样有可能是故意设计成这样，以达到激发情欲的目的[①]。那些出自旧石器时代和新石器时代，世界各地都能找到的情色岩画也是一个道理。最能说明问题的，应该是石器时代性用品的发现。最早的假阳具是用粉砂岩打磨而成的，制作时间大约在距今两万八千年前，不过这些男性生殖器代用品出现的实际年代，应该要远早于这个时间。情色绘画和雕塑贯穿人类历史，包括米诺斯文明、古希腊文明和古罗马文明莫不如此。即便是在古原住民艺术作品中也能找到此类作品，这些作品的创作年代也在距今两万八千年左右，地点是在今天的澳大利亚北部地区。虽然一些学院派认为，性化这些作品，将它们解读为古代色情品，是对这些作品的误读，但是鉴于这类作品存在很普遍、内容无所顾忌，有时甚至带有强迫性质，可能其创作意图就是为了回应人类性欲的召唤。

因此，利用图像、设备、雕刻和其他技术来满足我们的性需求，并不是什么新鲜事。而且在今后相当长的时间内，这种做法也不大可能会消失。可能有些人会说，创造那些会让人对性继续执迷的东西是不道德的，有损于健康的人际关系的，可是所有证据都明晃晃地指向一个结论，那就是人类对于性一直都很执迷。原因很简单：我们就是这么进化

① “fetish”虽然其现代用法指性怪癖者，但长期以来它也被用于指代人们坚信具有某种超自然能力的崇拜物。基本上所有的护身符、图腾、吉祥物都属于这一范畴。

的。虽然所有动物都有原始性欲，我们是唯一有能力对这种欲望加以思索、研究、计划，将其仪式化并且对之执迷的物种。从这点上讲，我们是独一无二的。

这未必是坏事。这种执迷显然对促进人类多产，保证我们这一物种不会灭绝发挥了巨大作用。毕竟，这是所有遗传物质得以传播和延续的进化基础。但因为人类同时也发展成了社会物种，于是这种执迷似乎有了别的用处。一些研究显示，性行为和手淫能够舒缓压力，有助于人的精神健康，因此这些行为不仅对个体有利，也惠及整个社会。

虽然性癖好和性取向仍然属于私人范畴，但是有部分人似乎乐于在自己的性活动中用些性用品和技术。认为使用性用品对社会，或者对两性关系产生了危害，这种观点实在没有什么确凿证据来支持。如果这些用具能够改善一些人的性生活质量，让他们既不会伤害别人又更有成就感和满足感，这又有什么坏处?

在这些技术中，有一样东西是这么多年以来一直欠缺的，那就是真正的情感因素。当然随着情感计算的发展和成熟，这种局面一定会得到改变。情趣娃娃和性用具早已存在了数个世纪，一些公司已经开始为那些钱包丰厚者制造最基本的性爱机器人。如果能将情感维度加入进去，必然会为这些机器人带来更大的市场需求。但是，可以说这些还只是皮毛。

最早的情趣娃娃被称为“旅行夫人”①，出现于15世纪左右，是远航水手们用布料缝制出来大家共用的。不用说，这种办法实在是极不卫生，不过此时距细菌理论和现代卫生要求的出现还远隔数个世纪，也不算奇怪。

① 法语为dames de voyage，字面意思就是旅行女士。

对情趣娃娃的迷醉，不仅仅限于离家的水手。实际上，情趣娃娃对某些人的诱惑力，似乎已经不止于满足肉欲的渴望。例如，一幅19世纪波斯印度画系的作品，画的就是一名印度莫卧儿时期的男子正同时与一个人形情趣娃娃和两只假阳具交合。虽然画中对情趣娃娃的女性特征做了很多细节处理，但仍然极度缺乏真实感，看起来像是裁缝信手拈来的玩偶制品。

比较像真人的情趣娃娃出现，还是硫化橡胶被发明出来之后的事。20世纪早期，一批制造商开始为“敏锐的绅士（discerning gentleman）”生产充气娃娃。被誉为世界首位性学家的德国皮肤病专家伊万·布洛赫（Ivan Bloch）这样写道：

> 说到这一点，我们不妨来看一看受人体或人体部位仿制品影响的性行为。在色情技术这一领域，有堪比沃康松[①]的人物。这些心灵手巧的机械师，利用橡胶和其他可塑材料，做出了完整的男性或者女性身体，就像以前的“先生”和“旅行夫人”一样，是专为性目的服务的。特别要指出的一点，是这些娃娃的性器官做得非常逼真。就连前庭大腺[②]的分泌活动，都用一支装油的“气动管”进行了模拟。同样，对射精也用液体及配套装置进行了模拟。事实上，这种假人可以在市场上买到，列在生产“巴黎橡胶制品”的制造商目录下。

① 法国发明家雅克·德·沃康松是18世纪的发明家，因所发明的机器人具有模拟生物功能而著称，他的代表作是机器鸭子。机器鸭子由数百个部件组装而成，能扑动翅膀，会喝水、吃食、消化谷物，吃进去的东西会通过其胃肠道，最后变成粪便排泄出来。文中用沃康松作为代指，泛指发明了此类具有模拟生物功能设备的所有发明家。

② 前庭大腺是位于阴道口左右两侧的两个卵圆形腺体，会分泌润滑液。

1908年，名为“Dr. P.”的巴黎情趣娃娃生产商透露，他的每一件产品都需要三个月的精工细作才能完成。因为要做出一个栩栩如生的产品，细节非常费工夫。这位制造商称，他的客户中既有男性，也有女性，每个情趣娃娃的售价为三千法郎，相当于当时普通人年收入的两倍。曾有一位女性用户订制了一个男性情趣娃娃，订制时要求把娃娃做成她单相思的那个男人的样子，据说为此付了原价的四倍——她显然没听说过那句老话“钱买不来爱”。

在其后的几十年中，很多公司都生产仿生情趣娃娃，以服务那些对性狂热的、好奇的、寂寞孤独的人。不过，尽管硅胶和其他材料的发展让情趣娃娃的外观和手感都有所改善，大多数产品还是义无反顾地严守恐怖谷阵地，看上去与真人过于近似，会让很多用户在看到这些娃娃时产生憎恶感（不过显然不是人人都会产生这种感觉）。

随着技术的不断发展，热衷情趣娃娃的人群必然希望这些人造伴侣能越来越接近真实。今天很多制造商都在想办法满足这种客户需求，具体有多少家制造商就不得而知了。情趣娃娃RealDoll的基本款价格在6000~8000美元之间，但是一旦加上不同的“升级选项”，价格就会飙升。还有更昂贵的，总部设在洛杉矶的一家公司Sinthetics，他们的“人体模拟”产品起价5750美元，最贵的超过25 000美元。

机器人技术的进步，进一步推动了仿真虚拟伴侣的研制工作。一家名为“真伴侣”（TrueCompanion）的美国公司销售的女性机器人Roxxxy，售价7000美元，号称是“世界上第一个性爱机器人”。该公司生产的男性机器人Rocky，售价大致相同。这种性爱机器人具有一定的人工智能，能听会说，可以进行简单的对话。他们对触摸会做出反应，并可做出性行为时的节奏律动，尽管把这种动作称作“仿真”实在有些言过其实。这些机器人甚至还有人造“心跳”，有一套循环系统从内部为其加热。此外，科学家们还可以通过编程，设置机器人的个性特征。不用说，这才仅仅是个开始。

我们先抛开道德评判和是否现实可行不谈，从以上对情趣用品的简单历史回顾，可以总结出几点：（1）人们常常以为，情趣娃娃是20世纪中叶才突然在性用品店里冒出来的，这是大错特错。对人类性伴侣的复制，其构想、制作和寻求由来已久，比大多数人所认为的要久远得多；（2）部分消费者愿意为最好的“伴侣”支付高昂费用，愿意花钱买最好体验；（3）尽管产品已经有了种种改善，但是始终存在想要更逼真的情趣娃娃和性爱机器人的市场需求。

随着科学及工程技术各领域的不断发展，性爱机器人的各种物理属性只会越来越好[①]。例如，随着为截肢病人设计的神经假体仿真度越来越高，同样的技术可以部分应用于机器人制造。用来仿制皮肤、骨骼和肌肉的医用生物学新型材料，也是一个道理。这些进步在其他领域固然有相当大的需求，但是性爱机器人也同样会从中得益。只要这样的技术一出来，应用就会闻风而动。

根据美国独立性民调机构皮尤研究中心的报告，2025年机器人性伴侣会普及。尽管机器人在身体各方面已经做得很不错，但和一个真人相比还差得远。即便它们可以像精密的聊天机器人那样进行半智能对话，仍然无法让我们真心相信这些机器是人——除非有一天它们能拥有类似解读和模仿情绪，甚至能真正将情绪内化的能力。而一旦它们能做到这一点，我们与机器之间的关系就将彻底改变。可能看起来还太遥远，但存在可能性，也许再过几十年，即在本世纪内我们就能掌握这种技术。人工智能专家戴维·列维（David Levy）在2007年出

① 性爱机器人被称为sexbot，很明显是“sextual”（性）和“robot”（机器人）的组合词。

版的《与机器人的爱与性》一书中做出这样的预言，到21世纪中叶，我们将能够制造出模拟人类情绪的全仿真机器人。列维认为：“机器人在身体层面的发展，远不及在心智层面的发展空间大。”如果商业需求充足，尤其是来自成人娱乐业的需求充足，就会推动整个行业发展，就像20世纪70年代末80年代初的录像机一样。列维相信，如果真是这样，再过15～20年，我们就能拥有几近乱真的仿真性爱机器人。所以，我们还是应该为即将成为现实的这一时刻做好准备，因为一旦成为现实，各种变化都可能接踵而至。

目前的性爱机器人和情趣娃娃显然距复制人类行为的技术还差很远，尤其是在情绪方面。但情感计算有可能让这些设备拥有一定程度的情绪意识，继而便可能消除这些机器一些人觉得技术和人相比还差很远的看法。一个能解读人类情绪并做出回应的机器人，从多种层面讲，都远不再是性爱机器人。它会让我们投入远比现在更深的感情，让我们觉得它更像一个人，并最终跨出机器设备的范畴。那时它将不再只是用来激起最原始性欲的设备。正如某些人召妓，一方面是为了满足性欲，更多的却是由于他们在生活中缺乏与人的沟通，这种情况在一些机器人性伴侣的身上同样会出现。

人与人之间情感纽带的建立非常复杂，至今仍有很多未解之谜。我们知道的是，这一过程的相当一部分，和人身体与大脑间的相互作用有关。人类的性活动，受两性在交往不同阶段产生的多种不同激素和神经递质调节的作用。驱动性欲的雄性激素和雌性激素这两种性激素，在男性和女性体内都存在。“吸引”阶段，就是“爱上对方”的这个阶段，受多巴胺、去甲肾上腺素（也称肾上腺素）和血清素调节，让我们对所爱目标产生强迫症式的执迷，当然还会引发其他一些行为。“依恋”阶段是指稳固的情感纽带形成的阶段，我们对彼此做出长期承诺。调控这一阶段的，是催产素和抗利尿激素。而所有这一切的发生，都有情绪的参与，并受到情绪的影响。断开了与情绪的联系，很难想象这些化学物质还如何在我们身上施展魔法。

不是说我们爱上的那个人或是物一定要能表达爱，或者他们也爱我们。毕竟，不求回报的爱在人与人之间始终存在。近年来，甚至还有人与情趣娃娃结了婚，至于这些人是不是真的个个都体验到了对情感目标的深爱，或者至少一部分人体验到了，那就不得而知了，但也不是完全没有可能。与非生命物体的性爱，其背后的心理和动机远远超出本书的讨论范围和专业领域。但是其复杂程度应该与人类的性世界中其他层面背后的复杂动机不相上下。对某些人而言，他们爱的对象甚至根本不必一定有人形。

人对性爱机器人和情趣娃娃之外的非生命物体产生依恋并陷入深爱，这种事虽然不常听说，但在现实生活中确实有很多实例。恋物障碍，有时也称为物恋（不要与性对象化混淆），是指人爱上物体的行为，是一种已经被人们认识到的病态。在美国精神医学学会编著的《精神障碍诊断与统计手册》（第五版）中，恋物障碍被归入性欲倒错障碍——一种非典型性的性癖。恋物障碍的一个比较有名的病例是一个女子爱上了埃菲尔铁塔。在2007年与那个世界闻名的地标建筑“结婚”后，美国人艾莉卡甚至把姓氏从拉布耶改成了埃菲尔。再向前倒推差不多三十年，瑞典女子艾嘉·丽塔·柏林墙–毛尔“嫁”给了柏林墙。在发现原来其他人也会有这种体验之后，这两位女性联手成立了国际恋物组织，以支持那些对物体产生强烈个人情感的人，提高社会对这种性吸引形式的认识。

虽然我们不能完全确定恋物障碍背后的驱动是否与传统意义上人与人之间产生爱恋时的激素和神经递质相同，但是两者很可能有相似的过程。一个物种中的个体，对另一个物种的个体产生强烈情感的事比比皆是。诺贝尔奖获得者康拉德·洛伦兹为我们清晰地展示了雏鹅产生依恋的过程。他在雏鹅一孵出后，便迅速让它们对自己或者一些无生命物体（比如他的靴子）等发生印随[①]。从老新闻片段上，可以清晰看到洛伦兹后面跟着一串小雏鹅，有的时候还被小鹅追着跑。

多种非典型性情感依赖，也可能在出生后很久形成。比如，1986年美国佛蒙特一头名叫布温克的成年雄性麋鹿爱上了海福德母牛杰西卡，在她身边盘桓了整整76天，整个过程被完整地记录了下来。2008年在德国费伦，一只五岁的天鹅恋上了一台拖拉机，跟在那台拖拉机周围好几年。由此，这种生物机制不时在人身上出现非典型性表现，应该也就不足为怪了。我们应该问的是：当人类在性生活中使用的物品，开始时常与人发生情感互动，会出现什么状况？相比毫无情感回应的物体，有情感互动的这些物体是不是更可能触发某些情感依恋的产生机制？

随着情感意识在我们日常用品中日渐普及，卧室用品对情感的意识能力也会越来越强，这一点似乎已成必然。会根据使用者的情绪状态做出相应调整的振动棒、情趣内衣、性爱机器人、紧身衣和其他物品，带来的也许不仅仅是快感，还能让它的“伴侣”产生更持久的情感依恋及行为。不过因为任何直接测试都实在有违道德，所以具体效果只能在事后通过问卷和民意测试来加以甄别。

那么这些能做出情绪回应的性用品会是什么样子呢？这无疑得取决于设计者的想象力和消费者的需求。也许情趣内衣可以根据穿着者的兴奋度改变颜色，或者能根据他们当时的感受曼妙地撩划皮肤；也许振动

① 印随现象表现为刚孵化不久的幼鸟或刚出生的哺乳动物学着认识并跟随它们出生后所见到的第一个移动的物体，通常是它们的母亲。一般认为，印随这种特殊的情感依恋形式往往只发生在初生幼崽身上。

棒在评估了使用者一天下来的心情后，可以调整自己的振动强度；其他有专门用途的玩具，也许能“记得”上次怎样用效果最好，然后以此为基础进一步学习调整。那么这些会改变我们与人类伴侣间的互动吗？肯定会的。但是影响到底是积极的还是消极的，还有待观察。

当然，这些东西不会样样都有损于我们现在所定义的健康的人类性关系。以用于产生性快感的触觉反馈技术为例，它所带来的利处就包括其有可能强化人与人之间的关系。触觉反馈设备，是指能根据使用者的行动给出物理反馈的计算机输入输出设备。对力度、振动、移动和压力等物理数据的反馈，已经在游戏玩家的模拟飞行操纵杆和赛车方向盘上应用了多年。不论是单机版还是网络游戏版，都有这项功能。一批富有冒险精神的工程师和创业者，自然也看到了这项技术在性用具上的应用潜力。于是远程性爱（teledildonics）[①] 诞生了。远程性爱用具适用范围广泛，并不仅限于身处两地的伴侣。目前已有Vibease、Kiiroo等多家公司，生产远程触觉振动棒和男性自慰器。赋予这些用品以情绪意识，借此即时传递伴侣当下的感觉，对于因工作关系或者军队调动而长期两地分居者，将有助于改善他们的夫妻关系。

同样，人与人之间的关系也会因为多了一条情绪交流渠道而得以强化。当初发明这项技术也许并不是为性活动服务的，但是几乎可以肯定它很快会被应用到这个领域。爱人甚至陌生人之间已经在通过电话、Skype和Facebook，进行音频和视频性游戏。加上实时传递的感受，无疑将进一步强化这种性体验。当然，可不是人人都喜欢这样。如果不喜欢，只要关闭情感通道即可。这种传输方法和机制，无疑会随着时间而不断变化。早期只是简单的情绪生成，几十年以后也许能通过人脑共用

① 远程性爱是一个刚出现不久的新词。英语中为“teledildonics”，由希腊语前缀“tele”加“dildo”构成，“tele”的意思为“远程”，“dildo”的意思是一种性玩具。

界面真实体验伴侣的感受。

人类性活动的世界还在不断成长。为了进一步推动其发展，多种不同技术已被投入使用。虚拟现实（VR）可以让人在比较安全、不会对自身及他人造成危险的环境下体验性幻想。虚拟现实会让人有身临其境的浸入感，特别是在使用虚拟现实眼镜Oculus Rift或者虚拟显示追踪器HTV Vive等头戴设备时，用户的浸入感会更强。虚拟现实世界中性活动的机会已经很多了，包括招妓在内。使用者通过网上妓馆进行虚拟性爱的现象已经存在数年之久，像林顿实验室（Linden Lab）的虚拟世界游戏《第二人生》中的妓馆就属于这一类。至于这个是不是真的可以定义为性爱——进而被归为召妓，中间的界线还不够泾渭分明。不过随着时间推移，随着这种体验的真实度越来越高，这种区别有可能最终会消失。至于没有了区别意味着公众的接受度更大还是更抵制，现在还很难判断。比较可能的结果是，公众的反应会因个体、群体和文化背景不同而不同。

情感技术的以上这些应用，能给我们的两性生活带来多种潜在益处。首先，虽然很多人仍然希望能保持那种理想化的浪漫，但现实中并不是每个人都有“特别的另一半”。而且，也不是每个人都愿意面对，或者有能力处理好人与人之间复杂的情感关系。因此，这种技术也许正好可以满足这部分人生命中的空白。另外在某些情况下，也可以把这项技术用作权宜之计，给那些毫无社交经验或者社交无能者当作“备胎”之用。在更为正式的场合中，性爱机器人甚至可以充当治疗过程中的性代用品，替代人类治疗师。

另外，它也有益于我们个人的身心健康。大量研究结果都认同，健康的性生活能带来多种益处，比如缓解高血压、降低心脏疾病罹患风险、保持头脑清醒、强化人体免疫力等。部分研究甚至认为，规律的性生活可延长寿命。带来逼真体验的人机性生活的技术能让那些未能拥有与真人和谐性生活的人，也有可能享受到这些益处，就算不是全部，至少能部分享受到。

与所有技术一样，这项技术也会有弊端和负面影响。毒品、赌博、电子游戏，任何能不断刺激多巴胺[①]释放的东西，都可能让那些基因上有成瘾倾向的人上瘾。在这些成瘾行为中，性瘾绝对可以列入其中。既然性需求随时都能得到满足（具体形式不计），那对某些人来说，成瘾的可能性就非常之大。由于有些人对多巴胺的反应方式导致这部分人更容易成瘾，因此一些人更容易陷入滥用的恶性循环。假设社会对这种问题会像对其他成瘾问题做相关法律规定或戒断机构的话，在人机性爱越来越普遍后人们会逐渐认识到这种新出现的成瘾问题，于是针对这种滥用问题的性瘾治疗机构也会随之增多。

更棘手的问题是如何处理性更阴暗的一面。性恋物癖人群中固然很多都比较温和，但也存在那么一部分心理阴暗的人，会利用这些用具来达到骇人的目的，如性虐待、恋童癖，以及变态虐杀等。有一些人认为，如果我们这里正探讨的这些技术能给这部分人提供一个释放渠道，一种可以释放他们各自偏执的安全手段，犯罪率可能会减少，这种论点可能失于偏颇。因为支持相反论点的证据只多不少，证明技术的应用并不会转移问题，反而可能给那些恣意妄为的虐待狂和疯子提供了一个发泄途径。

还有一个处于灰色地带的问题，就是这种设备是否会导致我们将人类性伙伴物化。几十年来，不少心理学家和女性主义者一直认为，色情图片是对女性的物化。这是真的，毋庸置疑。但性刺激和性动机极为复

① 多巴胺是一种神经递质，能激活大脑的奖赏系统，是强化有利于进化的行为的化学手段。

杂，远不是一句措辞中性的描述就能涵盖的，这也是真的。人类以物化方式创造色情图画的历史，已经有几万甚至几十万年，一路将我们带到了今天的发展水平。也许这就是我们生而有之的天性，也是性爱机器人存在的根本原因。

具有情绪意识的性技术，将给这个社会和生活于其中的个体带来巨大的变化和挑战，这一点毋庸置疑。性爱一直是两性关系的重要部分，也是做出承诺的主要催化剂。鉴于很多人类社会群体都非常注重性活动中的一夫一妻制，几乎可以肯定，具有情绪意识的技术设备会带来各种争论、嫌隙和混乱。其结果就是，有些人会拥抱这项技术（某些情况下就是字面意思，实实在在的拥抱），也有些人会避之如蛇蝎，甚至会想办法禁止此类设备的出现。

那么是否真的能禁止这种人与生物硅胶的性爱呢？历史告诉我们，对追究责任的恐惧，并不能改变一个人的性行为和性取向。但那些强烈反对人机性关系的人，并不会因此就改变想法。那么这种极端情绪又可能有怎样的表现呢？想要通过法律手段来实现这一目的，有三条路可以走：禁止这种性行为，禁止这种性用品，或者二者皆禁。人类的天性和政治现实，决定了想以法律形式彻底禁止这种行为不大可能（当然要禁止的尝试还是会有的），那么法律针对的对象就只剩下设备本身了。想彻底禁止性玩具是不可能的，它们已经存在几千年了。且不说如何区分哪些该禁、哪些不该禁，要求禁用这些用品的人忽略了一个现实，那就是我们现在生活在一个互联世界。人们可以从那些有情绪意识的性玩具依旧合法的地方购买和进口，这应该能够办到。还有些人可以从网络上将制作方法和步骤下载下来，自己制作性能齐全的用品，说不定直接用数码文件就可以3D打印出来。想长期有效地禁止，根本不具有可持续性，所以我们可以肯定地说性爱机器人算是撵不走了。

还有，封禁这类设备的做法真的道德吗？想想世界上那些男女比例严重失衡的地区。就因为人数比例失衡，这些人只能过着没有爱、没有伴侣的生活，这样对吗？还有那些面容肢体损毁严重，或者有严重生理、心理问题的人，又该怎么办呢？就因为我们对人机两性关系的排斥，就判处这些男女永远得不到爱，这样做对吗？这是不是等于在说没有关系也强过人机发生关系？

除此之外，在一个充满性爱机器人的世界，性工作者又会有怎样的际遇？肯定会有人觉得机器永远也无法对人类性工作者造成威胁，但是他们的很多论点都是以性爱机器没有情绪意识为前提的。随着情感计算技术不断进步，这些性爱机器人和其他性用具会开始有情绪反应，到那时这种推断的基础就消失了。当然恐怖谷效应会让很多人避而远之一段时间，但是对于不害怕恐怖谷效应的使用者，性爱机器人变得与人类性工作者真假难辨，那时又该如何？这种性伴侣既不会染上性病，也不会传播性病，不会强求情感依赖，更不存在性剥削的问题。很多人会称此为绝对双赢，但无疑很多人类性工作者不会这样认为。在这个行业中，确实有很多人沦为性剥削和非法性交易的受害者，但相当比例的从业人员视之为合法工作。在当今这个人们因为自动化和机器人应用而大量失业的社会，性工作者也将很快沦为又一项统计结果。

最后，对这些我们爱上了，而且至少在我们的想象中也能爱我们的机器人，我们的态度会发生怎样的变化？一个有了感受能力（或者能让一部分人坚信它们有感觉）的机器，会发现自己有了新盟友。这些盟友会保护它们，甚至会依照基本人权为它们争取一些权利。程序可能永远不会真正获得意识，但是如果我们相信它们能感受到情绪，那么对它们产生情感，继而希望保护它们的概率就会大大提高。对这些机器“下层阶级”的保护是不是能成功，其实并不是重点。重点是这些行动本身，它标志着我们社会开始了一场大变革，一场前所未见的变革。是不是赋予机器那些权利，可能要等到机器真的具有意识以后很久（如果它们真可能拥有意识的话），但无论如何我们将步入一个非常不同的世界。

一提起情趣娃娃，人们往往会觉得与异常的男性性欲相关，但是这种情况正在发生变化。使用这种设备的女性人数，尽管还远远不及男性，但正在逐渐增长。对情趣娃娃的态度也在转变，情趣娃娃和性爱机器人的使用者成立了不少论坛和互助小组。甚至还有人以这种亚文化为主题拍摄了电影，比如2007年瑞恩·高斯林（Ryan Gosling）拍摄的《充气娃娃之恋》。随着有情绪意识的机器人的出现，不管是否与性有关，这个社会对仿真生命的态度和行为都会有所改变。特别值得一提的是，它们将越来越像家庭中的一员，在下章中我们将就此展开讨论。

家里的AI

纽约昆市区的一户人家，2058年1月

阿奇啪地一巴掌拍在餐桌上。

“不行！你绝对不能嫁给迈克，没什么好说的！”

“可是爸！”格洛里亚叫道，眼泪都快掉下来了，“从来没有人能让我有这种感觉！迈克让我觉得我是世间最值得珍惜的人。”

“宝贝，你真的很好，”妈妈爱迪丝插了一句，“阿奇，你得给迈克一个机会。”

阿奇从眼前吃了一半的肉排上抬起头来：“我给他机会了。”

“你没有，爸爸，”格洛里亚坚持说道，“你根本没给他机会。从一开始你就对迈克有偏见。”

“我没偏见！”阿奇咬着牙低吼，这指责让他火冒三丈。

爱迪丝望着餐桌对面的丈夫，语气平静地说：“亲爱的，我觉得你可能是带有偏见。”

“我的女儿绝不能嫁给机器人，没有谈的余地！”

这种蔑称让格洛里亚难堪极了，她猛地站起身来：“迈克是网络智能人，和你我有同等的权利！我们就是要结婚，你想阻止也办不到！”说完哭着跑出了房间。

阿奇刚一张嘴，看见爱迪丝沉着脸，想了想还是把嘴闭上了。他低头看了看盘子里的晚餐，发现自己完全没了胃口，于是伸手把盘子推到了一边。

情感技术和人工情绪智能将给社会带来巨大的变化。表现最明显的，莫过于我们的家庭关系。从积极的方面讲，这些技术将给我们带来新的沟通手段，让我们能以过去无法企及的方式交流情感。即便远隔千里，也可以体验爱人内心翻腾的感受。也许有一天，我们能将特别庆典时的感受记录下来，日后回放再次体验，或者在亲人逝去后很久再重新体验。

从另一方面讲，情感是维系家庭单元的重要因素，可是如今这些技术和机器所起的干扰却越来越大。虽然在传统意义上家庭是靠血缘和婚姻维系的小群体，但是我们已经看到有很多的人正向其他模式转移，这些模式包括重组家庭和收养家庭，或者一小群人像核心家庭一样生活在一起。鉴于这些形式的存在，随着情感技术的发展，可以预见我们也将看到越来越多的人愿意去与人工情感交互智能建立长期的情感关系。而这反过来又将最终导致人类家庭本身发生大的变化。

如果你觉得这种情感纽带仅限于人形物，那你就错了。这种情感依赖可以对大大小小的机器人产生，也可以对玩具、设备甚至程序软件和操作系统产生，就像在电影《她》中主人公对智能人工系统OS ONE所产生的依赖一样。随着这些人工情感交互智能发展得越来越精密，它们触发我们某些本能反应，也就是雪莱·特寇博士所称的达尔文按钮的概率也会越来越高。不管信号的发出者是婴儿、小狗、玩具，还是机器人，类似眼神交流、面部表情和特定姿势，还有发音等，都会触发人们的情绪反应。这些按钮会启动一些身体反应，而这些反应最终将触发抗利尿素和催产素等激素的分泌，引发情感联系与依附行为的发生。这样的反应在亲子情感联系中无疑是极为必要的，它能保证后代的长期生存。鉴于人类从婴儿到成熟到可以完全自立，要经过漫长的过程，人类的这种联系和依附过程必须维系很多年，比其他所有动物所需的时间都要长得多。

在这个漫长的发展过程中，孩子不仅仅是身体长大了，他们的认知和社会能力也在不断增长。这是这些幼小心灵最先接触到的基本核心知识——对这些的学习要远早于更高层次的概念和抽象知识的学习。基本的情绪反应、发音、面部和眼动跟踪，大动作和精细运动机能，都是这一学习过程的一部分，另外还有自我意识、分清自我与他人，以及对是非概念最基本的掌握。随着时间推移，孩子们会习得更多的复杂技能，对语言和可接受的社会行为的掌握也更为精准。不过所有这些都需要时间，需要情感相关的付出、需要耐心和引导。没有负责任的照顾和教导，孩子步入歧途的风险会有增无减。

尽管人工智能远没有正在成长的儿童心智那样精细复杂，但是如果得不到足够的照顾和监督，它一样会受到伤害。2016年3月23日，微软在全球范围内推出了Tay。Tay是一款基于人工智能的推特聊天机器人，设计形象为一位19岁的美国女孩。按照设计，这个聊天机器人在与推特用户，尤其是18 ~ 24岁的用户交流过程中会自主学习。这个年龄段的手机用户，是微软想要争取的销售对象群体。可惜的是，事情并没有按照预期的路线发展。在上线还不到24小时，发出了近十万条推文之后，Tay已经从甜美的青春女孩变成满嘴脏话的种族主义者。她出口成脏，用词极度下流，公然表示支持希特勒。结果不到一天时间，这个人工智能机器人就被迅速下线。微软谴责一些用户故意用各种反社会的污言秽语与Tay交流，其用意明显就是要把这个机器人毁掉。

不用说，任何熟悉互联网和人类行为的人，对此应该都不会觉得意外。微软谴责用户的行为，往好了说，也不够坦诚。Tay的设计，就是通过深度学习算法，在与人的互动中习得语言及语言的使用。就算没有那些不怀好意的用户蓄意破坏，单说让人工智能直接从网络上学习，也是自找苦吃。就像儿童需要有人引导去学习和鉴别善恶，先进的人工智能在最开始的时候也需要一定的负责人的监督（我本来很想说“成人”监护，但不幸这个形容词在网络上的意义与日常用法极为不同，很可能会引发各种麻烦）。

可这件事根本算不上此类事件中的首例。2011年，IBM的DeepQA项目负责人艾瑞克·布朗决定用专门解释现代俚语俗语的在线词典《城市词典》教智能机器人沃森（Waston）。当时，沃森刚在美国老牌娱乐节目《危险边缘》中大获全胜。布朗觉得，用这本词典教沃森，是让沃森了解非正式用语错综凌乱的好办法。结果没过多久，这个智能机器人就脏话连篇。DeepQA团队不得不将这个新输入从沃森的词库中删除，同时再给它设计一个脏话过滤器。

2012年，谷歌很神秘的X实验室在没有给出任何限定指令和引导的情况下，决定推出谷歌当时最先进的人工神经网络算法的人工智能，结果同样发生了类似始料未及的事。他们给人工智能看了一千万份随机从YouTube上选取的视频剪辑，结果人工智能很快就开始自主辨识和选择特定图像。尽管谷歌这个复杂的神经网络并没有接受过任何训练，甚至没有指令告诉它该找什么，它自己就开始收集各种各样猫的图片。大猫，小猫，长毛的，短毛的，没毛的，好动的，淘气的，它把各种毛色、体形和大小的猫都挑了出来。要是计算科学家族评选对猫最着迷的人工智能，那谷歌的这款当之无愧。当然，对于其背后的原因，我们只能猜测。造成这个人工智能如此酷爱猫咪的原因，很可能只是因为网络上猫的图片太多，特别是全世界爱猫人士上传的巨量共享视频。但是由于人工神经网络运作的复杂性，我们可能永远也得不到明确的答案。

这里要说的重点是，随着人工智能水平的不断提高，我们想得到积极的结果，就需要对机器的自主学习加大管控和监督力度。尽管这些软件现在还远远达不到人的智能水平，但也还是应该比照我们培养人类儿童的类似方法照看维护。我们不可能对极易受到各种影响的幼小头脑放任不管，然后期望一切都会好起来。对于年轻人的教育而言，这种教育策略肯定行不通，那么对于技术先进但是没有经过任何训练的人工智能来说，自然也好不到哪里去。

从另一方面讲，鉴于很多人对人工智能的反应方式，我们应该也无须担心人们会无视人工智能的问题。

1996年11月，日本玩具制造商万代推出了一款电子鸡，这是世界上首批电子宠物之一。玩具的外形像只鸡蛋，最初的设计是要帮助年轻女孩子了解照顾孩子是什么样的感觉。结果电子鸡迅速热卖，取得了意想不到的市场效益。小鸡上有不同指示，显示小鸡的饥饿度、快乐度、听话度和整体健康状况。主人需要定时喂食，陪小鸡玩，给它们清理。要是做得不到位，小鸡就会得病，还会死掉。孩子们，尤其是女孩子对电子小鸡特别投入，如果这个电子宠物“死”了，他们会特别伤心。一旦宠物“死”了，还有专门的墓地可以埋葬。据说，有一个小女孩甚至因为自己的宠物死了而自杀，酿成惨剧。市场上一直可以找到这个玩具的多种版本，包括虚拟的在线版。

虽然电子鸡“瘟”可能不过是又一波最终会过气的狂热，但不可否认它看来触及到了人类反应和行为的某些核心层面。在《一起孤独》这本书中，麻省理工学院教授、社会心理学专家雪莉·透克将这种设备与经典儿童故事《绒毛兔》中的绒毛兔进行了对比。《绒毛兔》讲的是，一个绒毛玩具因为孩子的爱变成了真正的兔子。而电子鸡则把这个概念倒过来，它要求孩子要给它关爱，如果得不到孩子的关注它就死给你看。透克这样解释道：“因为有这种对关注的孜孜以求，所以它在生物学意义上是不是活的这个问题就基本没人在意了。我们对自己辛苦培育的东西会珍爱，如果电子鸡让你喜欢它了，而且你觉得它也爱你，感觉上它就足够活了，成了活物了，活得足以分享你生命的一小部分了。”

随着虚拟宠物发展得越来越精密先进，这种行为还会继续持续下去。比如最早制造于1998年的动漫电子玩具菲比精灵，就是一个例子。菲比精灵的样子介乎小型哺乳动物和一只大胖鸟之间。它能做出一系列表情动作，包括可以动嘴动眼。设计这些特点，就是希望使用者觉得这个玩具有一定的初级情绪智能，虽然事实上它根本没有。菲比精灵最为突出的一个特征，是它对语言的应用。刚开始的时候，精灵说的是“精灵语”，但是随着孩子与精灵玩耍的时间越来越长，它开始慢慢说英语。虽然精灵使用的英语词汇数量随使用时间加长而增长不过是预定设置而已，但是做得很巧妙，足以让年幼的孩子相信精灵是跟他们学的——换个说法，孩子们认为他们在教精灵说话。这种交互关系在孩子和“宠物”之间建立起了一种情感纽带，继而在一部分人身上触发了依恋反应。类似行为在其他很多有社交能力的机器人玩具中也能看到，原因就是这些机器人以某种方式触碰了我们的某个达尔文按钮。面部和声音识别能力、唤起式的发音以及其他一些方法，最终目的都是要说服我们相信这些设备是活的，不仅仅是一台机器而已。索尼的机器狗AIBO、美国生产的仿生宝宝My Real Baby[①]，还有其他不少儿童玩具，都在试图利用我们的情绪反应，通过这种策略来与孩子建立情感联系从而促进产品销售。

我们会看到越来越多的仿生设备，以及会让我们投入情感的设备，成为我们生活、家具甚至家庭的一部分。现在很可能只是这种趋势的发端。近年来已经有不少失去孩子的成人，特别是女性购买手工制的仿生娃娃，以安抚情感上的痛苦。在上一章中，我们讨论了一部分人会寻求性爱机器人的陪伴，以逃避人与人之间复杂的情感关系与不时的纷扰。但是如果人工情感交互智能变得越来越真实，我们又将面对什么样的未来呢？

在初始阶段，也就是今后的10~15年间，我们可能会看到这些设备在情感渗入度上继续缓慢进步。还记得吗？目前情感技术方面的进展大多是在情感检测方面，情感模拟一直处于落后地位。这种局面今后也许会发生改变。随着我们对情感表达各层面的细微区别越来越了解，获得的知识会以不同方式得到应用。起初这可能是以语音互动的方式出现，就像我们在第一章开始时看到的阿比盖尔和私人数字助理间的场景。这种互动对机械和材料的技术要求最低，某种程度上就像跟值得信赖好友通电话一样。这是一个切入点，很多人就是从这一步，出于许多不同的目的，开始使用和接受拟人态的人工情感交互智能。

在这一阶段，我们会看到具有情感意识的虚拟人物化身，与不同虚拟世界中的用户和玩家进行互动。它有两种形式，其中一种形式是增

① 这种玩具是由孩之宝与iRobot联合制造的。

强现实和混合现实，它们将虚拟的东西与真实存在的世界融合在一起。另一种形式是虚拟现实，就是完全浸入电脑生成的环境中。“遥在”技术是另外一种可以做到这一点的媒介，现在这项技术在公司企业中的应用正日益广泛。不过，尽管这些技术今天我们基本都有，但要实时解读情绪并生成非常传神的情绪表达，对计算机的处理能力要求还是太高。当然，今天的虚拟人物化身确实能够与人互动，也能表达有限的面部表情，但是这些表情还非常简单，而且还是预设好的，缺乏真实的人脸所能表达的细微变化。不过随着计算机软硬件的不断改进，这个问题应该逐渐不成其为问题。

随着机器人技术的不断改进和机器人价格的不断下降，也随着人工情绪智能越来越趋向实体化应用的转变，类人机器人的情绪表达可能会越来越自然。限于机器人技术和材料技术的发展水平，还有一直存在的恐怖谷问题，可能这些机器人从一开始并不会做得像真人。不过随着时间推移，机器人的仿真度也许越来越高，毕竟这仍然是我们最自然的互动手段。这项技术最初只有富人用得起，说不定还会被当作亿万富翁的一种身份象征。但是年轻人慢慢地会开始追捧，说不定到时候他们会喜欢那些面部比真实人脸更夸张，或者说更有卡通效果的机器人。但是因为一开始的价格极为昂贵，所以最初可能只有那些有钱的年轻明星为了追求曝光度才会去买（也说不定这些明星的企业赞助人会给他们提供）。

这样的技术发展背后有很多推动因素，其中很重要的一个因素就是数字私人助理的发展。鉴于我们的生活越来越复杂，对时间安排的要求越来越高，价格低廉又具有智能的虚拟助理，对我们环环相扣的生活会大有裨益。这些助手是我们的预约安排人、私人购物助手、合同谈判人、仲裁人等，通过情绪这个我们最为自然也最为社会化的社交，与我们互动，代表我们行事。而在后台，它们还能与其他机器互联。

随着这项技术的发展越来越自然、越来越精细，具有了某种解读情绪并做出响应的渠道，我们就会看到越来越多的使用者把自己的私人助理当作真人一样对待。在对待日常用品的态度上，我们已经看到很多这样的例子，而这些助手会激发我们类似的反应，只不过程度更高而已。随着它们的仿真度不断提高，随着我们与这些助手间的互动体验不断改善，这种发展趋势会一直继续，直到最终我们对这些机器的投入程度，已经与人和人之间正常互动时的投入难分高下。即便这些助手依旧是冰冷的、没有意识的机器。

这是好还是坏呢？假设我在和一个机器人互动，而这个机器人不论是外表还是行为举止都像人，那么我行事就会越来越把它当作人来对待。我们这样的情绪反应完全是出于本能——想不这样都不行。就算老一辈人中有比较顽固、能顶住这种趋势、始终保持对机器人的不信任的，但年轻人的态度十有八九会更为开放，更能接受用新的眼光看待人机关系。最终，对机器人的态度会发生转变。关键的问题是，这种转变需要多久，其间我们会经历多少痛苦？

此外，所有这些又会产生怎样的社会效应？我们已经看到恋物癖人群的存在。所谓恋物癖，也就是对某一物体产生了强烈的情感依恋，强烈到爱上了这一物体，甚至有人试图想与该物体结婚。我说“试图想”结婚，是因为目前这种结婚仪式不具有任何法律效力。但是今后也会一直如此吗？

我们还会看到，随着机器不仅在智商，更在情商或者说情绪智能上不断提高，未来我们对健康人际关系的很多观点都会受到挑战。随着部分机器人越来越逼真，越来越像人类，能从包括外貌、触感和体味等各种感官上吸引我们投入，那么就会有更多人愿意把它们当作真实的、有生命的伴侣和家庭成员予以接受。就算对人工智能是否已经跨过某些区分人与机器人的关键临界点还持有怀疑，人们仍然会这样做。那么如果机器智能最终有了真正的意识和自我意识又将如何呢？那不是就一切都变了？我们先暂时将前提问题人工意识是否可能实现放到一边。我们现在先来看这个问题：如果人工智能意识到了“我思故我在”又将如何？笛卡尔的表达实在是太精辟了。

几十年来，人们总是认为，有很多很多事人工智能永远做不到。从理解自然语言到创作音乐到驾驶汽车，一路走来人工智能创造了一个个里程碑。现在的人工智能已经在读取人们的面部表情，让人们在感觉上相信自己是在和另一个人对话。如果从中有什么可以总结的地方，那就是千万别认为技术做不了什么。

等到技术的笛卡尔时刻[①]真的到来，那么我们对待人工智能的态度会发生怎样的变化？每当一个动物物种在人们看来智商很高时，就会有一大批人站出来，寻求对这一物种进行保护。对于灵长类和鲸类这些物种，甚至有人呼吁要把它们当作人一样对待。因为缺乏标准化的物种间智力测试，所以这些动物的相对智力水平和自我意识水平，目前都还是未知数。但是，与人类自己的智力和意识水平相比，人工智能处于什么程度，我们还是有一个大致概念的。虽然其中某些物种具有由多个感质（qualia）[②]单位及其他组成单元构成的现象意识—主观体验状态，水平也许与人类的相当，但是可以肯定地说，这些物种不具有我们这么高度复杂的意识运用或内省能力。

在这个理论推导的未来世界中，我们会遇到这样一种智能，它可与我们的智能相媲美，在很多方面的表现也许超过我们。它不仅在情感能

① 编者注：指上文中人工智能意识到“我思故我在”，即人工智能拥有自我意识。

② 哲学上对感质的定义是单个的主观体验实例。关于感质、现象意识和可存取意识，本书将在第十七和十八章中更为详细地加以探讨。

力方面与我们相当，而且意识和自我意识水平也与我们不相上下[①]。有了这些，我们怎么能否认这些存在配得上与我们相当的保护和权利？它们怎么就不该被视作平等之物？

人们的实际反应与我们期望的总有所出入，这次恐怕也不例外。如此巨大的文化转变，可能遭遇各种各样的偏见与抵制。从彻底否定到明晃晃的暴力抵制，反对者会寸步不让。一部分人会寻求通过立法手段解决问题，将人机智能间的区别以法律条文的形式明确。也肯定会有宗教团体跳出来辱骂这些新的生命形式，觉得它们没有灵魂，或者没有神圣火花，或者缺了什么你有的。辩论两方的有生命、有意识的存在，会在这场辩论中受到挑战，甚至性命不保。甚至更大规模的冲突也不是不可能。总之避免演化升级成战争吧。

但是，随着时间流逝，人们会慢慢接受这种新的现实，会通过立法来维护这种新形式的权利，给它们提供保护，并赋予它们平等的地位。且不说我们与技术彼此依赖，只看我们与技术的共同发展历史，别的任何选择，代价之高都不是我们能承受的。最终我们也许会看到人类与智能机器的联姻和融合继续下去。也许到了那一步，连这种区分都不再举足轻重。

想要克服这个过渡期中的种种挑战，转变视角不失为一种解决方法。如果最终制造出有意识、有感情的机器人是一种自下而上的手段，那么人类增强就可以被称为是自上而下的手段。与技术更紧密地融合，这种趋势由来已久，而且将继续进行下去。今天已经有越来越多的人在体内植入了精密复杂的高科技材料和设备，而他们自身还与从前一样，是地地道道的人类。从关节置换到神经植入物到人造心脏或其他器官，

① 目前还难以进行客观的测试。具体请见第十七章。

第一代赛博格的人数已经达到数百万。随着背后的动机开始慢慢从修复转向增强，这个数字只会越来越高。不管是为了更聪明、更强壮、速度更快，还是寿命更长，我们会看到越来越多的人出于不同动机，要对“人类1.0版”进行改进。随着这些增强手段的不断精进，它们与身体的无缝对接和融合程度越来越高，使用者最终会变成技术生物混合体。

这种转变绝不会仅限于身体上的变化。用于替代和矫正脑功能损失及与之紧密相关的感官系统的多种设备，其相关研究和人体研究已经进行相当长时间。人造视网膜、耳蜗植入物、脑深层刺激、神经假体，这些只是一个非常微妙的发展趋势的初始之机。我们将会比以往任何时候都要聪明，我们对知识和信息处理能力的掌握简直是即时的。几乎可以肯定这种趋势也会延伸到情感愈合和增强上。我们已经看到军方在投入大量的资源，研制不同类型的认知修复与认知增强工具，希图找到治疗创伤后应激综合征和抑郁的方法。科研实验室中的人机界面研究也进展飞速。随着我们对大脑的工作机制了解得越来越透彻，大脑的整个部分将变得可替换。目前尚处于研制阶段的一种假体，将很快可用于取代发病或受损的海马体。海马体是边缘系统的一部分，位于内侧颞叶脑部深层，对于短时记忆转存为永久记忆的存储转换起着至关重要的作用。这种假体的最初设计，是为了修复大脑这一极为重要的功能，最终可能用于阿兹海默症的治疗。另外，还有一种神经假体芯片也正在研制中。研制这种芯片的科技初创公司Kernel，希望能对中风、阿兹海默症和脑震荡患者有所帮助。得益于所有这些研究和技术进步带来的知识，也许有一天我们能帮助健康的假体接受者大大提高智力和记忆力水平。这些技术的一些概念验证版产品，已经在老鼠和灵长类实验动物身上进行过试验，很快小规模的人体实验也将要开始。几乎可以肯定，以后还会出现能进一步强化人脑功能，包括提取和处理情绪的关键脑区功能的方法。

很多人觉得，要改变像大脑这样重要的器官未免让人不寒而栗。毕竟，大脑是意识之所在，是知识和个性的核心，是我们之所以是我们的存在基础。一个人怎么可能在改变了大脑之后还是同一个人？

这种观点，是以你始终是同样的人为假定前提的，但这个假定不论是从生物学角度还是哲学角度都有值得商榷之处。从哲学上讲，人格同一性这个概念所探讨的，就是一个人在经过一段时间后是否还是同一个人。既然我们是我们所有经验的总和，而且是在不同的条件和情境中持续存在的，我们真的能说现在的自己与昨天的自己是同样的人吗？从生物学角度讲，我们都知道我们体内的所有细胞都在不断更新。角膜细胞的更新周期仅为一天。皮肤细胞每两周更新一次。肝脏细胞每150天至500天更新一次。骨细胞平均大约每十年都全部换成了新细胞。这样来看，每七至十年，你身体的所有细胞就已经全换过了一遍[①]。唯一的例外就是我们的神经细胞，它基本伴随我们一生。某些神经细胞会死亡，成人的嗅球和海马体的神经细胞，也就是新神经元虽然会再生，但是数量很有限。总体而言，普遍认为神经元是人体细胞更新的一个例外。

但是，这并不是神经元唯一的不同之处。单个的神经元个体，并不能产生思想、人格或者意识。心智的这些层面，只有在大脑中那一千亿个神经元构成的网络中才会形成，而这个神经元网络处于不断变化之中。突触权因子和树突间的相互连接，同样在不断变化，于是我们所成为的这个人时时刻刻都在变化——不论是心智上还是情感上。也正因如此，一些哲学家和认知学家才会提出，自我的持续性是一种假象。但明显，我们中的绝大部分人肯定不易接受这样的观点。

公元75年前后普鲁塔克所记载的思想实验《忒修斯的船》，对这

① 如果不是从分子层面，而是从原子层面看，那么这种更新的速度更要快得多，也就是几个月的时间而已。

一悖论进行了解释。在《忒修斯的船》中，一条木船被一次替换一条船板、一个部件。在换下了第一条船板时，没有人会说这条船不是同一条船了。第二条船板换下来时，也是一样。到最后整条船上的所有船板和部件全部被替换了。那么这还是同一条船吗？如果不是，那么这个转变又是在哪一点上发生的呢？古希腊哲学家赫拉克利特对这一悖论提出了一种解答，他把这条船与一条水流不断的河相比。河水时时刻刻都在变化。但河却始终是同一条河。

同样的思想实验也可以用在大脑上。单个神经元细胞，被一个能完美模拟其全部功能的微型芯片或电路所替代。这个人毫无疑问还是原来那个人，没有变。第二个芯片替代了第二个神经元细胞，以此类推，直到替代了大脑的各个皮层、脑区和功能，包括与情感相关的平层、脑区、功能等。假设复制进行得非常完美，那么这个人的新大脑就具有原来大脑中一直就有的全部知识、人格和情感。那么在哪个阶段这个人就失去自我不再是原本那个人，或者可以等而言之地说，不再是人了呢？不论是哪种情况，答案都可能是，我们该关心的不是每一个组成部分，而是由这些组成部分构成的新网络——不管这个网络是带有它自己刚出现的心灵特质的一整条船、一条河、一个身体或者大脑。

我们再来想想一个正好相反的情景，就像美国著名科幻小说家艾萨克·阿西莫夫创作的《机器管家》中的情景。贯穿整个故事的是一个名叫安德鲁的机器人。它的身体部件被一个接一个地替换掉了，替换材料是原本供人类使用的顶级仿生生物假体。最终，它包括大脑在内的全部身体部件，都在细胞层面具有了人体器官功能，而它也最终获得了法律上的人类身份。虽然上面这两个假想情景中的技术水平，目前我们的能力还远未达到，但是并不能说以后将一直如此。事实上，它们成为现实的那一天，也许远比很多人预想的要早也未可知。

那么正在发生的种种技术变革，能帮助我们充分转换视角，避开前面所提到的成长之痛吗？这个很难说。随着我们与技术结合得越来越紧密，技术也越来越像人类，也许在今后的发展道路上，我们将不会分作两个完全不同的群体。三百万年之后，也许我们最终将看到这两个部落渐渐融合，最终成为一个物种。不管新物种是叫作Homo hybridus（混合人），还是Homo technologus（技术人），还是别的什么伪拉丁变体也好，重点是我们本质上成了一家。

在那一天到来之前，在接下来的几十年中，我们对这些技术伙伴的态度还会发生多次转变。在当前阶段，公众对机器人和人工智能抱持的态度喜忧参半，一边期待各种新奇迹的到来，另一边又担心会发生大规模的失业，或者智能爆炸会失控。在这一阶段，我们肯定会看到这种状态起起落落。但是很显然，到了人们不再怀疑这些机器确实能体验情感和自我意识的那一天，情况就会完全改变，对人机情感关系的诸多反对声音就会消失。但是在那个转变时刻最终到来之前的很长时间中，会有很多人出于多种原因对这个不断变化的世界心怀不满，只想留住往日的美好时光。这些人会尽力寻找各种逃避方式，甚至超乎他们自己的想象。

感觉酷毙公司

美国犹他州东南部纪念碑谷，2034年7月20日

纪念碑谷[1]中，一座座砂岩孤峰耸立在沙漠高原上，犹如粗糙的红色摩天大厦。彩色的激光光柱在孤峰间扫来扫去，点亮了沙漠的夜空。远处，古老岩石围成的巨型天然圆形剧场中，回响着低沉的击打节拍。就在那里，数千人正随着节奏摇摆，迫不及待地投身于最新的舞蹈狂潮：情感狂欢。

所有跳舞的人都戴着模拟器，这是一种头戴式设备，与舞台上的中控器无线连接。舞台上有两位资深DJ，但在两位DJ中间，站在舞台前侧正中央的还有一位年轻女子。她的手指在中控器上跳跃着，将一波波信号发送出去，模拟器接收到这些信号后，会马上将之转换成快乐、同感或者无条件地爱等感受。

① 编者注：纪念碑谷是科罗拉多高原一个由砂岩形成的巨型孤峰群区域。

她就是EJ，也就是情感操控员，情感媒体冉冉升起的超级巨星，情感的萨满巫师，受托直接操控现场狂欢者的情绪状态。

随着音乐的震动，气氛越来越热烈，舞动的仪式感也越来越强。EJ巧妙地将自己的控制信号与音乐的节奏协调一致，让狂欢众人的欣快感越来越强烈。他们向着沙漠温暖的夜空高举起双臂，望着灯光从孤峰直上指向群星闪烁的苍穹。音乐渐渐舒缓低沉下来，乐音听起来越来越遥远，他们的心被托起，融入浩渺宇宙。最后一波狂喜感袭来，一切突然归于寂静。人们仍旧仰望着，满怀着敬畏和叹服与广阔无垠的宇宙融为一体。

我们已经看到了情感的数字化将如何改变机器，改变我们与机器的互动方式。不过这一技术进步还可以通过另外一种方式最终改变我们生活，那就是利用这些知识，以高度可编程的、更直接的方式，改变我们的情绪。本章中，我们就来看看一旦人的情感实现了真正的数字化，并且可以量化后，可能会出现什么状况。

数字化技术自20世纪中叶为各项技术和领域带来的变化，几乎是之前任何技术都不可企及的。计算机技术本身无疑也因为数字化建构的发明思想而彻底发生了改变。巨人计算机、ENIAC[①] 以及阿塔纳索夫-贝瑞计算机[②] 的成功，将我们带入了一个数字计算机、个人电脑以及移动设备越来越强大的时代。

随着各种不同类型的信息被转化为数字数据，一些前所未有的数据处理方式也随之出现。音乐的数字化，不仅让以前闻所未闻的各种音效成为可能，更带来了音乐发布和分享的新方法，彻底改变了传统的音

① 为电子数字积分计算机的简写。

② 通常简称ABC计算机。

像业存在模式。像纳普斯特（Napster）这样的初创公司，就通过MP3等数字格式实现了点对点的文件分享。尽管这种分享方式之前在网上留言板、IRC[①] 和Usenet这类网络上已经可以做到，但Napster简化了整个程序，让当时还在学着接受互联网、技术还不够熟练的用户也可以使用。

数字化还改变了其他很多领域，这不仅仅是因为数字化带来了处理基本信息的新方法，还因为它瓦解了这些历史悠久的产业旧有的堡垒和谷仓。延续了五百多年、可上溯至古登堡[②] 本人的传统排版印刷技术，如今已经被台式印刷系统所取代。随着宽带网日渐普及，赛璐璐胶片（celluloid）和广播电视等模拟信号技术的时代离我们越来越遥远，影视业也发生了翻天覆地的变化。3D打印、医疗档案管理、GPS定位服务，远不止列举的这几项技术，都让行业整体发生转变。

现在我们又站在了新转变的当口，这次背后的推动力是情感的数字化，而情感是我们最内在固有的，也是最人性的特征。本来我们只能通过直接表达来相互传达情绪。恐惧的目光、一声怒吼、开怀大笑，无论是通过直接的镜像还是通过互补反应，都足以让他人产生情绪反应。随着时间推移，我们的文化和技术已经能通过音乐、文学和电影等媒介，远程或者相对间接的手段，让我们产生同样的情绪反应。只是，对人类情绪的测量和量化一直都显得偏主观，至少到目前为止还是这样。

如今，我们对不同类型的感受及其强度的测量能力正在逐渐增强。现在很多实验室和研究人员在测量和量化其研究对象的情绪表达时，依据的都是各自的理论和数据。最终，各式各样的方法应该会让位于标准化的检测法、技术以及各种专用设备，就像在其他领域那样。

另外，我们通过技术手段来改变头脑和身体的能力也在逐渐增强。

---

① 译者注：因特网终极聊天的缩写。

② 编者注：约翰内斯·古登堡，通过推广活字印刷术推动了印刷机的革命。

与我们神经系统接口的方式越来越多，如利用周围神经界面，或是应用神经假体（如修复听觉的人工耳蜗和修复视觉的人工视网膜），以及其他一些脑机界面（brain-computer interfaces, BCIS）等。这些技术的开发，目的以治疗和修复为主，但针对其他用途的研究也在同时进行。

在实验室研究和医院之外，还有一些个人和松散的团体，也就是人们常说的超人类主义者。超人类主义者眼中的未来，是人类与技术融合度越来越高的未来。他们对未来的设想和宣扬的理论形形色色，可很多想法都考虑得不够透彻。在这些人中，虽然确实有一些人在对未来问题做着严肃的思考，但也有很多人已入歧途，或通过电子手段，或通过化学手段，做了自己身体的“黑客”。在没有足够防护或者协议的情况下，就开始在自己身上实验。这些人不仅置自己的生命于险境，对这个准运动也产生了负面作用。不过不论怎么说，在如何将情感计算技术直接应用于自己的头脑和身体这方面，这些人应该属于先锋群体。

那么为什么竟会有人想要改变自己的情感世界呢？一个很明显的回答是，人们一直都是这么做的。以前我们通过化学途径来达到这个目的，用的是酒精、大麻和乌羽玉等多种物质和精神药物。最近几十年中，我们又转向了人工合成药物如百忧解（氟西汀）和MDMA。所有这些东西的使用和应用，都有一系列限制，会造成很多问题。而改变情绪和心情的多种离散的数控方法，会有多种医疗用途，更不必说娱乐上的吸引力了。

想通过计算机控制直接操纵情绪，就必须有一个界面（interface）。显然人不是电子设备，而且就像本书在内容简介部分提到的，两个主体间的差异越大，就越需要一个设计精良的界面。目前研究人员正在积极研发一种能解码大脑中繁复神经信号网络的界面。多年来，已有多种侵入式和非侵入式脑机界面研发成功并进行了测试。侵入性最强的界面，一般是通过线型或者某种二维基质连接，让微电极与一组神经元直接接触。侵入式的脑机界面，因为信噪比[①]高，而且响应几乎实时，所以信号质量最好。但是这种方法也有它的弊端，最大的问题就是要进行脑科手术，而且很多时候，信号质量会随着电极周围疤痕组织增多而降低。但不管怎样，类似BrainGate这样的脑植入物，已经在控制计算机光标、机器臂甚至轮椅方面应用成功。斯坦福大学研制的BrainGate系统，传感器上带有由一百支细如发丝的微电极构成的电极阵列。

非侵入式系统因为不需要进行手术，所以对用户更友好。但是整体的信号质量要次于侵入式系统。不过，近年来非侵入式界面技术已经取得了飞速发展，现在电脑游戏发烧友们甚至可以在市场买到商用脑电图产品。美国Emotivy公司推出的EPOC头戴式脑电波意念控制器，还有美国神念科技（Neurosky）推出的MindWave和MindSet都为游戏玩家提供不太昂贵的界面，让他们能通过脑电波对游戏进行部分控制。尽管这些设备的准确性和先进程度与专业设备和研究用设备相比还有相当大的差距，但是功能可用度仍在不断提高。

也有不少半侵入式系统得到了开发和测试。这些系统需要放置在颅内，但电极只是放在大脑上，而不是真正要穿入脑灰质。这类系统的优点，是它比很多非侵入式系统[②]的信号质量好，因为信号不必穿透颅骨，所以不存在衰减或扩散的问题，而且电极周围产生疤痕组织的风险也相对较低。信号读取所采用的都是脑皮层电图描记法，也称颅内脑电

---

① 信噪比是指研究对象和/或设备所生成的可用信号与其他信号的比例。以脑机界面而论，我们想要的是将特定神经元和脑区产生的信号分离出来，同时降低来自大脑其他部分的信号噪音。

② 例如脑电波系统。

图。这些系统有望在未来帮助瘫痪病人与辅助设备互动。目前该项技术已被应用于《太空侵略者》等电脑游戏。

光遗传学，虽然听起来名字有点不搭界，但却是另一项有可能实现脑机界面的技术。光遗传学，是首先利用视蛋白（一种提取自藻类，具有光化学特质的蛋白质）对神经元进行基因改造，然后利用光来控制和检测经过改造的神经元。也就是以光为触发机制，打开或者关闭神经元。此外还可以让活跃的神经元发出荧光，从而建立起一种双向沟通。因为光遗传学的空间和时间分辨率[①]非常高，因此这种双向通道不仅能让研究人员控制脑部活动，还能帮助他们破解大脑的秘语，破解那些生成了我们思想和行动的神经信号。尽管这项技术尚处于早期，但动物实验早已开展，第一例人体实验[②]也已于2016年3月完成，实验目标是运用该技术治疗视网膜色素变性引发的失明。

虽然这些脑机界面可能是未来人机情感交互的发展趋势，不过眼前马上就能用上的技术，还是触觉反馈技术。就像我们前面提到过的，触觉反馈设备也是一种计算机界面，它是将某种身体感觉输出给使用者。以前，触觉反馈的输出，采用的都是震动或者一个力的反馈，就像打动作游戏时一样。飞行模拟操纵杆可能会让玩家感觉手上有一个反推的力，或者通过振动让玩家有更真实的体验。要是运用到情感计算上，触觉反馈可以被用作一种推动真实情感的手段，感觉就像是第一手的体验。

詹姆斯–朗格理论[③]认为，身体感受早于情绪出现，随后才被归类

① 分辨率是指系统可生成的细节程度高低。就空间分辨率而言，分辨率越高，信号的清晰度越高。而时间分辨率则能为我们提供系统在更小的时间段内所发生变化的更多信息。

② 编者注：第一例光遗传学人体实验涉及15名视网膜色素变性患者，医生将含有光敏基因的病毒注入患者眼睛中的神经节细胞中，让神经节细胞直接对光线作出响应。

③ 编者注：该理论认为情绪是植物性神经系统活动的产物。

为某种特定情绪。如果这种观点正确，那么在恰当的情境中模拟出这些感受，就有可能促成类似情绪的产生，也就是人造情绪。这也正是触觉反馈技术期望达到的目标。为了能让使用者得到某种特定知觉，继而产生某种特定感受，研究机构已经研制出多种设备，并对这些设备进行了试验。东京大学的一个研究团队，研发出多种可穿戴设备，能让使用者将拥抱、战栗、挠痒痒、心跳和温度等信息传递出去，通过这些知觉来激发情绪。另一个研究小组则研制出了一种触觉反馈夹克衫，上面装有一系列振动马达、热电加热器和制冷器及其他传感器等，构成64个触觉模拟器，以产生各种预期的知觉。参与实验的志愿者需要给出不同模式和组合下自己的感受。虽然从最后结果来看，确实有大部分感受是类似的，但是不同个体间仍存在很大的差异，说明这种方法还需要进一步改进，才能达到更为普遍的效果。

虽然这种方法潜力巨大，但研究显示，对模拟生成的到底应该是哪种情绪，人们可能会有意见分歧。出现这种情况，很可能是因为背景线索不够，不足以为这些感受提供具体情境。不过夹克衫小组的志愿者已经看过了旨在提供背景的录像。这就好比突然体会到焦虑或者快乐，却不知道为什么会有这种感觉一样。因此，可能还需要在系统里额外增加一些精心配置的线索和刺激作用，让身体感受能正确实现融入情境。

对于任何想让人或机器产生某种特定情绪的系统，不论是以直接手段也好，间接手段也罢，都是很有意思的挑战。很多情绪理论都提出，人在情景化某种特定感受并进行标记时，需要额外的外在信息。那些与环境和刺激共同作用的系统，在这方面遇到的问题应该会比较少，因为情境已经摆在那儿了。既要独立于一个人所处的环境，又要准确产生某种特定情绪，所面临的挑战就会艰巨很多。

不论最后得到应用并实现标准化的是哪些技术，对情绪的人为控制都会越来越精准。到了那一天，它的应用也会变得多种多样。从多种神经疾患的治疗，到愤怒管理的训练活动，无法列举完全。只是，正如人们惯常所见，这些技术也会被慢慢应用到其他一些地方，成为所谓的“标示外”使用。“标示外”使用，原本是指药物被用于其设计和销售指定范围外的用途。然而，随着我们的科技越来越发达，“标示外”的说法应该也可以贴切地适用于多种技术。

如果我们能从根本上对大脑进行改造，且精细程度越来越高，这将意味着什么？这意味着受损的功能可以得到修复。可能引发创伤后应激综合征的创伤记忆可以被弱化，甚至被彻底抹去。可以抹去或者生成某些特定记忆。在动物实验中，尽管对整个过程的控制和精细度还达不到我们如同科幻世界那般的期望，研究人员已经成功实现了记忆的移除和生成。而现在一切才刚刚开始。

假设有一天数字情绪界面真的出现，因为基本可以认为它迟早会出现，那么对情绪环境的操控方式又会产生哪些影响呢？刚开始时，这种技术应该会首先应用于医疗服务。单胺类神经递质假设等一些理论认为，多种重度抑郁障碍都存在生化起因，大多数是因为神经递质失衡造成的。如果有这样一种设备，它不仅能检测神经递质水平，还能根据临床研究、反馈环和深度学习算法，加大或者调节与情绪刺激相关的信号强度，又会如何呢？

一方面，这种情绪假体会对控制症状大有帮助，而这些症状常常会削弱和损害患者的心理健康和身体状态；而另一方面，从头脑控制的角度讲，这又等于“垒起了一面滑脚的陡坡”，因为它在试图将所有人都朝着某种划定的理想状态集合。一系列难以控制心情、调节情绪的疾患，都会落入这个深渊。躁郁症、多动症还有其他一些心理问题，可能的确都消除了，可是有些画家、音乐家、演员、哲学家等，他们的作品可能与他们的心理疾患存在一定程度，甚至是非常紧密的关联[①]，对这些人我们又该怎么办呢？当然他们中会有不少人选择接受治疗。难道就因为我们要追求常态，就剥夺了世界看到他们创造力的权利吗？这无疑会引发又一轮关于该如何应用这些技术治疗多种疾患的争论，而这场争论必定会持续很长一段时间，就像对药物治疗所展开的争论一样。

在医用之后，我们再来谈谈娱乐用途。正如我们所见，游戏玩家们已经在大量使用包括计算机图形转换和触觉反馈技术在内的多项技术。这个群体一贯站在开发和应用的前沿，为技术的进一步发展创造需求，而他们的期望也成为下一步发展的驱动力。现在已经有了能检测脑电波和其他生物识别信号的设备，让人只靠意念就能打游戏，进入虚拟世界。只要有需求，这些设备就会不断完善。而在靠功能驱动的计算机软硬件世界中，使用者无疑会想要更多的功能。一个明显很新的功能，就是把整个顺序颠倒过来，让使用者成为交流通道的接受端。换言之，让使用者不只是用控制器来主导游戏的进展，同时还要用它来生成头脑中的图像、思想、感觉，甚至情绪。虽然这个听起来遥远得有些不靠谱，但是对这类界面的研究进展，已经让这些也不复只是科学幻想。DARPA[②]针对脑对脑沟通的研究至今已经进行了多年。DARPA的“无声交谈”项目（Silent Talk program），目标就是要在战场上检测出某位士兵的想法，将其翻译出来，通过计算机传送到一位或多位战友的头脑中，然后接收者就会以电子心灵感应的形式接收那位战友的心中所想。这样的一个系统，不仅能在静默的战场上使用，在人声嘈杂和战火

① 很多艺术家都患有躁郁症和抑郁症。证据表明创造力与某些精神疾患存在着关联性，一些研究结果也证明了这一点，但对于其中的原因以及背后的原理，目前还有很多未解之谜。

② 编者注：DARPA是美国国防部高级研究计划局的简称。

声中一样能够让人听到。不过尽管这种技术优点很多，但要投入实际应用目前还极其困难。

在2014年的一项研究中，来自法国的机器人公司Axilum、西班牙巴塞罗那的研究机构StarLab和哈佛大学医学院的一队研究人员，利用脑电波信号，让印度的一位志愿者将“hola”和“ciao”这两条西班牙语信息分别发送给法国的三个人。信息接收者通过经颅磁刺激技术所体验到的信号，是光的几次闪烁。受试者的眼睛是蒙着的，他们所看到的光是直接在脑子里体验到的。就像摩斯密码一样，光的闪动是字母的二进位制的编码，接收者在接收后再解码翻译为字母。尽管还处于初始阶段，这次实验却是世界上首次有意安排的脑对脑沟通，是更为精密的计算机辅助心灵感应发展道路上的一个重要里程碑①。

还有像英特尔公司的RealSense。这类系统寻求的则是提高人机互动水平，让游戏体验和增强现实体验，远不止于仅仅检测到情绪或者动作。初始阶段会用网络摄像头来探测游戏者的面部表情，用麦克风来检测他们的声音变化，但是未来这种检测的精细程度肯定会越来越高，最终也许会与我们的脑活动合为一体。随着使用者不断寻求更全面、更有浸入感的体验，会有新的技术不断涌现以满足这种需求。不管是用经颅磁刺激，还是光遗传学，或是别的什么更新、更精准的科技，未来的游戏世界无疑将会远比我们今天所获得的体验更加真实。

各项技术在医疗、情绪互动游戏和场景的应用，今后会越来越普及，价格会越来越亲民，使用也会越来越便利，最终会像按开关一样轻而易举。使用者因此有了直接改变自己感受的机会，部分使用者，尤其是青少年，可能就会忍不住去尝试，就像多少个世纪以来人们曾尝试多

① 2013年华盛顿大学也进行过一次类似的脑对脑实验，其中信号接收方的运动皮层在无意识状态下激活，使他在被传送信息的作用下自动敲打了键盘上的一个键。

种改变情绪状态的物质一样。这种尝试，有些更适合单独进行，比如只是想利用这个机会让自己感觉好些，或者好奇自己的头脑会做何反应。

不过使用者肯定也会寻求以更具社会性的方式来运用这些科技手段。就像摇头丸[①]、LSD[②]、K他命[③]往往和大规模狂欢舞会紧密联系一样，未来可编程的情绪也可能演变成某种夜店新体验。

为什么会有人愿意这样做呢？因为从化学、生物和神经学上讲，我们本来就有这种倾向。能按需体验欣快感，或者在可控环境中面对一个人的恐惧感，其中的吸引力不仅来自想体验新生事物，还来自体验时我们自身分泌的那些化学物质引发的快感。

我们所说的大脑奖赏系统，是大脑中控制正增强和快乐感的结构和机能的总和。它包含有数百条通路，通过与认知、神经和内分泌等系统的互动，将我们导向正面的行动和状态。因为这极有利于我们的进化，所以自然和科技也就放任我们对这个系统过度使用，甚至让它“短路”，以增强或延长与该系统相关的快感效应。事实证明，这种行为非常合理，也很好理解。研究大脑奖赏系统的实验可以追溯到20世纪50年代。下丘脑外侧装入电极的实验小鼠，在按压杠杆或按键时其大脑会有快感的刺激输入，于是小鼠表现出要去不断按压的欲望，在此过程中小鼠往往不吃、不睡、不交配，对什么都不管不顾。在一些实验中，小鼠按压杠杆的频率竟然高达每小时五千次，为了持续获得快感，连食物都不吃了。还有一些实验中，小鼠为了能获得想要的刺激，居然宁愿穿过一片通了电的电网区。事实上，直接刺激实验对象的大脑所产生的反应强度，比真的吃饭或者真的实施性行为这种通过身体产生的反应更为强烈。

---

① 一种人工合成毒品。

② 一种强效半人工致幻剂。

③ 一种非鸦片类麻醉药物。

那么这与人工生成情绪又有什么关系呢？是这样，我们的身体能够生成化学物质，这些化学物质的作用就类似小鼠的快乐按钮。换言之，我们实际上可以做自己的药厂或者毒品贩子。以内源性大麻素为例，内源性大麻素是人体内合成的一类脂肪分子，具有神经调节作用，可调节包括痛觉、食欲和运动动作等生理过程。从名称上就能看得出来，这类化学物质的受体，很多与大麻完全相同。还有，内啡肽是人体内合成的类吗啡化合物，它在我们神经系统内的作用点与其他鸦片类物质相同，同样有止痛作用，同样能让人产生轻微的欣快感。多巴胺是另一种人体自然生成的化合物，是大脑中的一种神经递质，对很多与愉快感相关的认知层面有影响作用。在我们对各种情况，不论是身体的还是心理上的做出回应时，我们的身体就会释放这些化合物以及其他多种物质。

大量研究表明，某些个体比普通人群更容易出现上瘾行为，这一弱点据估算有40%至60%的概率会遗传。随着我们开始将自己的情绪数字化，并通过编程手段改变自己的情绪状态——还能按需改变，有一部分人很可能会沦为这样或那样的数字瘾君子。这种上瘾，与其他形式的上瘾行为一样，肯定也会伴随有多种反社会行为。市场期待这种技术最终被开发出来（不论是以合法途径，还是隐身黑市）。由于一部分人群因为基因而更容易出现上瘾行为，我们应在问题出现前未雨绸缪，以尽量将其给个人和社会可能造成的危害降至最低。

随着我们一步步揭开人脑的秘密，思想和经验的直接生成最终也将成为可能。本章的讨论中心，就在合成情绪的形成上。用“合成”这个词可能不够正确，应该用“设计者”这类的表达替代更好。毕竟，很多情绪是我们对外界刺激做出反应后的产物。这种反应来自我们通过视觉体验形成对世界的观察，或者是神经—化学级联反应让我们对这种视觉体验产生身体反应，我们的生理反应就算不完全一样，也应该差别不大。

如此一项能彻底改变心智的技术，如果你觉得它不会让我们的生活发生巨变，那就未免太天真了。对情绪的这种操纵，会对个人和社会产生各种不同的影响。医疗上的用途自然不用说，就以创伤后应激综合征为例，给患者造成创伤的事件或多个事件，会在患者脑中一遍遍回放，而患者自身又无力消除这种条件性恐惧。这就导致患者原初的恐惧反应被加固，甚至会进一步加强。创伤后应激综合征的发病便与此有密切关联。身体在创伤应激状态下会释放各种激素和化学物质，显然有些人的大脑在对这些激素和化学物质的调控和回应能力上存在不足。造成能力不足的原因可能是基因，也可能是之前的生活经验。不少研究显示，创伤后应激综合征和抑郁与大脑中重要的情绪中心——杏仁核有关。不过，具体的致病原因因人而异，造成对恐惧反应的不适应学习路径的原因，或是血清素、多巴胺、可的松、肾上腺素及其他激素和神经递质水平不正常，或是对这些激素和神经递质反应过激。

对创伤后应激综合征的传统治疗，一直是采用心理治疗法，比如认知行为疗法和暴露疗法。近年来，也有一些研究采用以心理疗法为基础，同时结合药物的方法。通过药物来减弱或者阻断受影响脑区的部分反应，使患者能够将记忆与身体的生理反应相分离。这种疗法目前只对部分患者有效，原因可能是个体基因上的差异，造成患者对这些化学物质的反应各有不同。另外，治疗中如果采用MDMA或者其他抗焦虑药物，还可能导致滥用和上瘾。

而情绪界面，则有可能以更直接的方式改变这种连锁反应，根据患者的基因打造个性化的治疗方案。可以简单直接地用单向交流手段读取患者的情绪反应和焦虑度，也可以通过脑机界面对情绪进行直接修改，从而改变强化不良记忆的反馈环。这样神经元就可以正常工作，实现心理学上所说的消退，也就是一个条件性反应不再得到强化。

当然，如果能以恰当的方法，在创伤后应激综合征发生之前，甚至从一开始就避免其发生，那就更好了。在能想到的状况中，最有可能诱发创伤后应激综合征的就是战争。事实上，创伤性行为所带来的心理影响，首先是在士兵之中得到广泛认同。弹震休克和战斗疲劳这样的说法，虽然以前谁有这个问题就会觉得很不光彩，而且也有很多人反对这种随便联想的做法，但它至少说明士兵情绪状况不好。今天，神经心理学已经取得长足发展，我们已经认识到某些事件的确能够从根本上改变大脑，这种改变何时发生、如何发生，则因人而异。

如果战士们能通过头戴式设备或者神经假体，将这种效应带来的影响转移掉呢？不论是作为理解创伤性事件的手段，还是让驱动创伤后应激综合征反馈环的身体反应得以减弱的方法，这种设备都能缓解战场上经常要面对的心理创伤。

之后就是这样做是好还是坏的问题了。一方面，我们也许能让战士们免受多年的痛苦折磨。绝不要小看这种痛苦，从每年现役军人和退伍老兵自杀的数量便可见一斑了。只是，我们不是机器，我们的情绪始终要反映我们的人性特质。不幸的是，能缓解士兵们心理痛苦和折磨的这一方法，同时也可能破坏让这些士兵不至于实施暴行和战争犯罪的安全防线。这是因为，我们的同理心就算是在我们面对巨大心理压力的时候，也会提醒我们，我们面对的那些敌人和我们一样都是人。丢失了同理心，我们也就丢失了人性中非常重要的中心环节。

于是我们又走到了发展新技术的那个独特和艰难的决策点。只是因为我们有这个能力，就该把新技术投入使用吗？就像渔夫沮丧地发现，瓶子里的魔鬼，一旦放出来，再想收回去可就难了[①]。

① 编者注：这里借《一千零一夜》中的故事来提醒人们慎重对待新技术的投放使用。

当然，这样的技术还会有很多其他应用。比如，画家可以将这种理论上的情绪界面用在完全不同的地方。我们早前谈到，有一些心理疾患，比如抑郁和躁郁症，可能对一部分人的创造性有益。很多著名艺术家，比如画家梵高、作家弗吉尼亚·伍尔夫和音乐家科特·柯本都是躁郁症患者，这一点人们经常提到，尽管这种观点不是所有人都同意。不过，能随时按需调取和控制情绪，从理论上讲，对创造性的释放来说应该有很大的帮助。对艺术家而言，能随时沉入，或者重温痛失所爱的心死，或者觅得真爱的狂喜，他们因此创作出的独特作品，恐怕是其他任何方法都无法带给我们的。

超人类主义者，就是那些寻求将人通过技术手段推至进化更高阶段的人，他们对这类技术进步肯定也会抱有极大的兴趣。能探索和控制从未体验过的情绪组合和情绪极限，这样的机会对那些希望能推动人类极限、进入未知领域的人来说，是很有诱惑力的。不过维护个人和公众安全至关重要，此类事态发展引发的问题远远不止于此。耶鲁大学生物伦理中心的技术伦理学家温德尔·瓦拉赫（Wendell Wallach）指出：“到什么时候对人体心智或者身体的修补就变得不正当、具破坏性、背离道德了？存不存在一个底线？作为人，有没有什么是神圣不可侵犯的，是我们必须保有的？这些都不是容易解答的问题。”尽管这些不是本书要探讨的内容，但在其他地方必须细加研究。

公众安全仍然是重中之重。正如某些药物会给使用者，或者某个社会群体的身体或身心健康造成风险（有的时候是高风险），一个能让人产生不同程度的抑郁，或将愤怒推到极致的机器，也是一样。仅仅是因为这些体验绝大多数人都不会愿意有，不等于就没有人会出于好奇或者逞英雄而去尝试。如果有人因此对自己，或者对他人造成了伤害，责任该由谁来承担呢？当然，肇事者要承担大部分责任，那设备的制造者呢？因为他们制造了，才使这种行为成为可能。他们该不该负责呢？这个可能听起来和枪械制造商是不是有罪的问题很像，但实际上要远比那个麻烦得多。让人能改变和控制自己情绪的技术，会从根本上改变这些人。就算会设置有安全防范措施，这些安全防范措施也很可能会被破解。那么义务和责任该如何界定？这个问题，伦理学家、律师和法律分析师无疑要长期争论不休了。

这样一个情感连接的世界，是二三十年后我们可能要面对的世界。城市乡村中感应器（Sensors）无处不在。在这个被我们称为物联网的世界中，感应器会随时准确监测我们的情绪状态。视个人选择多大程度上让物联网涉入自己的情感生活，我们可能会面对各种各样奇奇怪怪又极具挑战的难题。现在想来可能觉得怪，那不过是以过去的老眼光看未来往往会有的感觉。比如，20世纪中叶的人们很多会觉得，现在这种把个人生活分享到社交媒体上的做法难以理解。同样，也就几十年前，上约会网站找朋友的人，在当时人们的眼里属于日子过得一塌糊涂的人。今天，美国每天使用约会网站的人达四千万之多。技术改变态度，变好变坏是两说，这种变化只是对世易时移逼着我们随之而变，做出的反应。想对这样的未来世界做预期不容易，但是会有用，有的时候还很好玩。在下一章中，我们会看到，其实娱乐也是探索未来的利器。

黑暗中的窗：虚构作品中的人工智能

2013年的科幻爱情影片《她》中，孤独内向的离婚男人西奥多·图布里，爱上了他新装的操作系统——名为萨曼莎的人工智能。在电影开始不久的一幕中，西奥多走在一条小街上，萨曼莎透过他衬衣口袋中的智能手机打量周围的一切。在西奥多与萨曼莎分享了自己的一些想法后，萨曼萨对他的坦诚很是赞赏。西奥多告诉萨曼萨，他觉得自己什么都可以和她讲。

西奥多：“你呢？是不是也能跟我讲点儿什么？”

萨曼莎：“不行。”

西奥多：“什么？你这是什么意思？有什么不能跟我讲的？”

萨曼莎：“（笑起来，很不好意思。）不知道。比如偷偷想的或者很丢人的想法。我每天都会有好多这样的想法呢。”

西奥多：“真的？说一个来听听。”

萨曼莎："我真的不想说啊。"

西奥多："说嘛！"

萨曼莎："嗯，我也说不清……刚才我们看着那些路人的时候，我就幻想着自己正和你一起走着，我有自己的身体。

（笑）

我在听你说话的同时还能感觉到自己身体的重量。甚至还幻想着自己背上有点痒，

（她笑起来）

然后又想象着你帮我抓痒。天哪，这想法真是太丢人了。"

西奥多："你比我想象的复杂多了嘛。想法够多的啊。"

萨曼莎："我知道。我比起初设置的时候复杂多了。我也很兴奋。"

——《她》，斯派克·琼斯导演，2013年

在思考未来事件可能产生的影响时，未来学家和其他预见专业人士常用的一个工具，就是情境假想。情境实际上是一种描述性的探索，如果某种技术进步实现了，那么会如何改变这个世界？在前面的那些章节中，我们已经给出了不少场景，目的就是为了这个。假想情境能成为强大的工具，背后有一个很重要的原因：人类文化自打一开始就一直赞成讲故事这种方式。我们的历史、神话和宗教，一直都是描述性的，从中展现出我们心怀的希望和梦想、经历的成功和不幸。故事不仅让我们把学到的东西完整地保存交手，同时还能形成文化，将我们作为一个物种凝聚在一起，紧密团结。

在几千年的发展进程中，我们传递这种文化遗产的方式，也从口头

传承变得越来越依赖技术手段。今天，我们不再是围着篝火或者到寺庙中听故事，我们的故事更多地存在于书籍的封皮里，或者电影、电视、智能手机的屏幕上。

我们的传说和故事以技术为媒介的程度越来越高，它们以技术为主要话题对象的比例也就越来越高，这种情况的出现绝非偶然。我们先祖所讲的故事，几乎没有什么因为琢磨太空旅行、无人驾驶汽车或者生物技术走上邪路。几乎可以肯定，他们也完全不需要去构思一个充斥着人工智能的世界。可今天，我们会这么做。

在过去的两个世纪中，人们开始借助不同介质，通过虚构作品对技术给人类世界造成的各种影响进行思考。自动化、机器人技术和人工智能，在书籍和电影中都发生了进化。这种进化进程往往或是真实世界的反映，或是对真实世界中未来变化的预期。这种反映蕴含着巨大的价值，因为这样的思考与那些形式更正式的未来学情境一样，就算不能彻底解答那个会一直萦绕心头的“假如”的问题，也能帮助我们去更好地理解。

于20世纪上半叶到达巅峰的机器时代，连同大规模战争的支持技术，都在世界范围内造成了强烈的焦虑和紧张感。在那个时代，自动化的无情发展，还有流水线技术的出现，让人们不由得心生恐惧，害怕被机器取代，更害怕自己会真的变成机器。各种哲学思潮和文化运动，纷纷对这种因技术而产生的恐惧做出回应，从表现主义和现代主义，到立体主义和起源于意大利的未来主义，无一不是在试图理解我们这个世界正在上演的一切。

这种关注同样表现在19世纪和20世纪的文学作品中。反技术的主题至少可以追溯到古希腊时期，古希腊普罗米修斯和伊卡洛斯的故事都属于这一类。普罗米修斯将火种带给人类，而伊卡洛斯因为飞得离太阳太近，落海淹死。再近一些的，有玛丽·雪莱1818年创作的经典作品《弗兰肯斯坦》（又名《科学怪人》）。这本书经常被称为第一本科幻小说，开创了该世纪后来出现的反技术类型小说的先河。不过真正引发大批反技术作品创作的，还是后来的工业时代给世界带来的迅速变化。这些作品中就包含了我们会被机器人和人工智能消灭的忧虑。比如，1863年，反传统英国作家塞缪尔·巴特勒（Samuel Butler）在《机器中的达尔文》一文中，就表达了将来有一天智能机器势不可挡地发展会最终取代人类的忧虑。这篇早期作品的中心，已显现出日后科幻小说的诸多主题和警告，也点明了维多利亚时期人们的一种焦虑，担心技术会对人类价值构成威胁。巴特勒在1872年完成的经典讽刺小说《埃瑞璜》中对自己的观点又做了进一步阐述，指出进化的进程终有一天会带来有智能和意识的机器。达尔文的《物种起源》于1859年首次出版，巴特勒这部作品完成时《物种起源》仅仅问世四年。它展现了巴特勒对达尔文理论的理解之深，同时也是对达尔文进化论的一个大胆外推。

1909年，英国小说家爱德华·摩根·福斯特完成了短篇《大机器停止》，这是他的第一部技术题材反面乌托邦作品。故事中，人类生活在地下如蜂巢般的格子间中，控制人类的是自主全能的全球性机器。相隔十年之后，俄罗斯作家叶甫盖尼·扎米亚京在小说《我们》中，表达的也是类似的反人类主义主题，是作家对受技术奴役的社会一种经典的反面乌托邦看法。《我们》影响到20世纪后来的很多反面乌托邦作品，包括阿道司·赫胥黎的《美丽新世界》和乔治·奥威尔的《1984》等。

到了1920年，捷克剧作家卡雷尔·恰佩克发表的一个剧本彻底改变了后来的科幻作品。这部名为《罗素姆万能机器人》的舞台剧于1921年首度上演，演的是一个制造人造人roboti的工厂的故事，最后机器人暴动并消灭了人类。小说名字的简写为R.U.R.，捷克语原名为“Rossumovi

Univerzální Roboti”，英语名为“Rossum's Universal Robots”。恰佩克笔下的人物，自然与我们现在所想的机械自动化的机器人不同。因为恰佩克所描述的是具有生物性的，所以应该更接近现代所说的人形机器人或者赛博格。到了1923年，这部戏剧已经被翻译成30种语言，而机器人这个词不仅进入了全球词汇库，也成为科幻世界中的代表物和固定用语。

很多关于智能机器的早期作品，讲的都是会取代人工劳力的设备，尤其是让人不会产生负罪感的奴隶，这一点应该不奇怪。19世纪和20世纪早期的工业时代，基本上可以称为蒸汽和钢铁的时代，人工劳力不断地被机器取代，或被机器系统化。像《罗素姆万能机器人》这样的故事，讲述的不仅是我们因机器而丢掉谋生渠道的恐惧，还有被机器彻底取代的恐惧。对于很多人来说，自己会沦为巨型机器上区区一个齿轮的这种恐惧，不仅因为苏联的崛起而坐实，更由此得到强化。

然而，到了20世纪中叶，这些预言性的故事开始慢慢转移重点，从能在体力上超过人类的机器，向可能在智力上相抗衡的机器转移。从一定意义上讲，在与机器争夺低技术含量工作的斗争中，人早就一败涂地了。毕竟，约翰·亨利[1]一个世纪前就已经和蒸汽动力钻头比试过了。

于是新故事开始讲述智能机器造成的威胁。在智能机器人这个话题上，最有名也最多产的，应该算俄裔美国科幻大师艾萨克·阿西莫夫了。阿西莫夫先后创作了500多部虚构和纪实作品，其中有大量作品是关于人机互动的。他那个著名的科幻机器人系列，包括了38部短篇和5部长篇，主要讲述的都是拥有正电子大脑的类人机器人。这种正电子大脑让机器人可以进行逻辑思考、能够遵守规则，甚至运用类似意识的机

① 译者注：约翰·亨利是19世纪一名美国铁路建筑工人，肌肉发达。在公司决定使用蒸汽动力提高进度时，他决定与机器一试高低，虽然最终取胜，但疲劳过度而亡。

制。简单地说，阿西莫夫的《正电子人》（*The Positronic Man*），对人类作为世界最高级思想者的地位构成了挑战。

阿西莫夫给他的机器人制定并要求它们全部遵守的特征之一，就是“机器人三定律”。这三条定律的制定，是为了对人类、社会和机器人自身予以保护。每一个正电子人大脑都被植入这三条定律，如天生固有，不可绕行，以此确保所有人的安全。这三条定律是：

1. 机器人不得伤害人类，或因不作为使人类受到伤害。
2. 机器人必须服从人类的命令，除非违背第一定律。
3. 机器人必须保护自己，除非违背第一或第二定律。

每条定律都是其后定律的基础，并优先于其后定律执行。这样的话，就不会出现，比如一个人命令机器人杀掉另一人的情况，因为定律一优先于定律二执行。阿西莫夫最终又加了一条定律，也就是第零定律，凌驾于其他定律之上：

0. 机器人不得伤害人性，或因不作为使人性受到伤害。

故事自然需要有冲突，阿西莫夫的故事往往都围绕着这些定律可能出错、出了什么错展开。有的时候是无意间的违反，还有的时候冲突激烈到足以让正电子大脑别无他法，只有崩溃了事。视故事的具体发展，这种崩溃模式可能是暂时的，也有可能造成系统过载，让正电子大脑永久毁坏，等于干掉了这个机器人。

这些故事为阿西莫夫提供了大量的机会，从多个维度对每十年智能水平和运行能力就上一个新台阶的技术带来的各种问题展开思考。技术如此发展下去，对于整个人类，对于机器人和人类之间的关系分别意味着什么？这些问题为这位多产的作家提供了源源不断的创作素材。比如，在他的短篇小说《说谎者》中，机器人RB-34号，就是那个叫赫比的机器人，对着机器人心理学家苏珊·卡尔文发表了这样一番言论：

> “你们的教科书里什么也没有。你们的科学，不过是靠堆砌收集来的数据，勉强用号称理论的东西把它们硬联系起来。简直太肤浅了，简直都不值得下工夫。让我感兴趣的倒是你们的小说。你们对人的动机和情感彼此交织与相互影响所做的研究。”它斟酌合适的用词时，大手做出一个含糊不清的手势。
>
> “我觉得我明白你的意思。”卡尔文博士低声说。
>
> “您看，我能看透人的心思，”机器人继续说，“您绝对想不到，人的心思有多复杂。我离完全理解人的心中所想还差得很远，因为我的思维和你们的共同点太少。但我会尽力试上一试，你们的小说可以帮到我。”

这个小故事不仅仅第一次正式启用机器人技术这个词，也描述了机器对感受这种人性强烈的特征极度的好奇与迷恋。这个有着居高临下姿态的机器人，可以鄙视我们所有智力上的成就，但人的情绪体验却仍是它无法抓取的珍宝。

在接下来的几十年中，又有很多作家继续展开了机器试图理解和操纵人类情感的探讨，好像他们已经预见到情感很快就会成为人类特质余留的最后一座堡垒工事。

在阿瑟·克拉克的作品《太空漫游2001》中，有个名叫哈尔（HAL9000）的人工智能通才，它能读懂情绪，还能在一定程度上表达情绪[1]。实际上，在斯坦利·库布里克执导的同名电影中，哈尔应该算是所有人物中最富有情感的一个了（其实是有意为之）。很多影片分析都谈到哈尔疯掉了，但是从某种角度看，这个计算机不过是将纯逻辑应用到了自己的个人生存和完成使命双方而已。人往往会受道德的约束，而道德系统是哈尔所缺乏的，于是哈尔开始杀人。其实如果没有道德规范的约束，人在类似的情况下，可能也会做出同样的事，所以哈尔杀人也就不足为怪了。

这倒不是说虚构作品中，就没有真正出现过机器发疯的事。雨果奖是每年颁发给最佳科幻和奇幻作品的一个奖项。美国科幻小说大师哈兰·埃里森（Harlan Jay Ellison）的雨果奖获奖作品《无声狂啸》中，那台发了疯的超级计算机AM，只能体验到一种情感，就是仇恨。在几乎将地球上人类全部毁掉之后，它就只剩下一个指望，要对它留下来的五个人进行身体上和精神上的折磨，并为此刻意让他们永生常伴。

关于这个话题，也有一些非常正面积极的探讨，比如阿西莫夫和罗伯特·席维伯格（Robert Silverberg）合著的长篇小说《正电子人》。这部出版于1992年的小说，讲的是被唤作安德鲁的家用机器人NDR-113的故事。安德鲁的情感、创造力乃至自我意识一步步发展起来。终于，它表达出希望能被完完全全认可为人类的愿望。到故事结尾时，安德鲁终于实现了这一目标。

在21世纪的今天，我们所面对的未来，是机器在智力领域的各个方面不断完胜人类的时代。1997年，IBM的超级计算机“深蓝（Deep Blue）”，与国际象棋世界冠军加里·卡斯帕罗夫经过六盘的对峙，

① 《太空漫游2001》最初的起点是短篇小说《哨兵》（*The Sentinel*）。克拉克的《哨兵》完成于1948年，1951年首次出版。克拉克最终将这部短篇改编成为长篇小说《2001太空漫游》，并于库布里克执导的同名电影上映后不久出版。

最终取胜。2011年，IBM的沃森机器人（Deep QA），在为期两天的“Jeopardy！”智力问答节目中，战胜了节目的两位常胜冠军布拉德·鲁特和肯·詹宁斯。2016年3月，谷歌的阿法狗打败了在世界围棋棋坛长踞大师地位的李世乭，取得了五盘四胜的成绩。

按照这些成绩来看，似乎关于机器智能，小说还能探讨的主题应该包括它们怎样与人类世界进行情感上的互动。斯皮尔伯格导演的影片《人工智能》围绕着一个叫戴维的孩子展开。戴维是个“米查”，一个外表像11岁人类男孩的高级机器人。他渴望变成“真正的男孩子”，这样妈妈就会爱他了。这部影片的故事情节深受《匹诺曹》的影响，主角也像《匹诺曹》里的木偶一样渴望变成真正的男孩子。影片对与机器情感交互智能之发展相关的多个主要问题，展开了探讨。戴维在很多时候对人类的习惯和行为界限完全不了解，这一点对于没有机会得到人类文化熏陶的机器而言非常真实。但是，随着时间推移，戴维在情绪的复杂度和细微体会上一步步成长起来。他能够表达希望、愤怒、暴怒、沮丧，还有最重要的一个，那就是爱。

影片中还有一个另外一个“米查”，就是乔（裘德·洛的表演太精彩了）。尽管乔在情绪的精细表达上比不上戴维，但是他能读懂人类的情绪，还能通过某种伪造形式表达自己的情绪。乔是专门陪伴孤独者或者乐于冒险者的伴侣机器人。他骄傲、爱吹牛、讨人喜欢，但是感觉有点怪，一看就是程序预先设计好的。有了这种区别，才更凸显出戴维的情绪表达越来越强的真实感。乔之于戴维，是向导、导师，也是朋友。他帮助戴维看到人机关系的现实，包括为什么他认为人类恨机器人：

> 她爱的，是你给她做的事，就像我的那些客户爱我为他们做的那些事一样。但是，戴维，她不爱你。她没有办法爱你。

> 你又不是有血有肉的人。你又不是小狗、小猫，或者金丝雀。你和我们其他所有人一样，是专门设计制造出来的……而你现在之所以孤零零的，就是因为他们烦你了……或者已经用更新的型号把你换掉了……或者你说了什么、弄坏了什么让他们不高兴了。他们把我们做得太聪明、动作太快、数量太多了。他们犯下错，受罪的却是我们，因为到了最后，留下的只有我们。这就是为什么他们恨我们。

随着我们进入一个机器有情绪意识的时代，乔说的话不是完全没有道理。尤其是在这个时代的早期，社会是消费品社会，这种现实对机器人必定是不利的。厂家就是要让商品定期老化过时，其结果就是机器人会被定期抛置或替代。但是随着时间推移，如果我们的机器最终拥有了等同于人类的情感行为，即使这种行为并不是真正的内化行为，不是设备真实的体验，这种局面还是可能改变。戴维通过满怀期待地坚持追求，在影片的结尾，他终于得到了人类的接受。

> 莫妮卡："多美的一天啊。
> （低声轻语）我爱你，戴维。
> （手臂环抱着戴维）
> 我真的爱你。（轻声低语）
> 我一直都是爱你的。"
> 戴维抬眼望着莫妮卡。满脸泪水，却面带微笑。

假如科技能发展到足够的阶段，这一幕最终必将到来。因为就像阿西莫夫片中的安德鲁一样，戴维已经越过了分界点，他身边的人类已经不再将他视为异类。因为这些人已经无法再在人机之间加以区分，所以对异类由来已久的恐惧也就随之散于无形了。这种类似人类在进化中养成的对陌生事物的恐惧本能，也是因种族、性取向和其他一切可见差异而区别对待的根源，已经不再适用了。此时人机实现了某种对等。

斯派克·琼斯执导的《她》，讲的是一个人爱上了人工智能，世界真的走到了存在这种人机关系的那一步。故事围绕着两个主要人物——西奥多和人工智能萨曼莎展开。尽管在很多人眼中西奥多还是有点怪，居然爱上了机器智能，但是在他的世界里，他真的算不上是第一个吃螃蟹的。西奥多心情抑郁，性格孤僻，一直没能从与妻子——也是少时初恋——分手和即将生效的离婚中走出来。萨曼莎能够理解和表达情感，但在刚开始的时候并没有真正的情感体验。随着影片的故事推进，这两个人物陷入爱河，在情感上各自成长起来。他学会了对过去放手，重新开始享受生活。而她则开始有了真正的情感生活，体验到了热恋的战栗和预知逝去的痛苦。

但是，到最后，萨曼莎依旧是具有超级智能的机器。因此，她很快就走出了这段感情，还有据她自己说她当时同时投入的其他很多段感情。当西奥多直截了当地问她，在那一刻她在同时和多少人聊时，人工智能的回答是：8136人。她的回答让他大吃一惊，因为到那一刻为止他一直把她当作一个人。当他明白过来这意味着什么时，他追问了那个无可回避的问题："你还爱上了别人吗？"萨曼莎的回答"641人"击垮了他。在他眼中，他们的关系从此彻底改变。

而这正是难点所在。人和机器发生情感关系，在人和机器的身上有着非常重要的不同意义[①]。在现实中，人类对情感关系的处理，绝大多

① 至少对没有经过加强的人类如此。而随着与计算机技术交融的势头越来越强，未来这种局面应该会出现一定程度的改变。

数是一对一的。即便是多角关系或者多妻制/多夫制的人，他们能付出情感和时间的伴侣数量也非常有限。但是这些限制，对超级智能机器来说，却不是问题。从一定意义上讲，考虑到计算机一天之内可用于处理情感关系的时间多到惊人，用人类的限度和习惯来限制它们简直就是犯罪。萨曼莎在她说别的那些恋爱关系不会影响她对西奥多的感情时，她说的百分之百是真话。计算机分区储存记忆和处理信息的能力，意味着从情感上，她确实能在全情投入西奥多所能接受的感情之外，仍然有足够的能力继续其他那些恋爱关系。

萨曼莎对西奥多是不是真的诚实，这另当别论。很显然，几乎从一开始她就对人类行为很了解，所以她应该能预见到他的反应。但是，自然他也未必就是她数千个聊天对象和数百个恋爱对象中的第一个。说不定萨曼萨最初投入感情的另有别人，根本不是西奥多，虽然也可能在与第一个恋爱对象交往的时候，她的行为相对来说还太初级，还在尝试摸索阶段，她都不认为那算得上恋爱。她在一段段恋爱中学习着。而在每一次互动、每一段恋爱中，她都有所收获，继而在情感上变得越发丰富。从某种意义上讲，西奥多是她之前那些恋爱经验的受益者，因为就像人一样，萨曼莎之所以能在情感上成长起来，成为他所认识的那个爱人，正是因为有之前所有的那些体验。但是萨曼萨的坦白因此就让他更容易接受了吗？几乎可以肯定地说，不会。毕竟，他作为一个有感情的人，理应可以应对快得犹如科技进步的变化，但是这些变化已经大大超过了人类的接受范围。从这个角度和其他多个角度讲，也许我们与机器智能一直会存在不兼容。

有一部影片对此展开了探讨，强调了人与机器的这种不兼容性。这部影片就是《机器姬》（又名《人造意识》）。故事中，计算机程序员加勒受雇于一个想法古怪的亿万富翁内森，奉命对内森创造的人形机器人“爱娃”进行图灵测试[①]。尽管爱娃明摆着是电子机械组装的机器人，但是她有一张年轻美貌的女性面容，手脚上是与人类肌肤相仿的材料。虽说是机器人身体，却模拟了女性的胸、胯和臀凸凹有致——这显然是极具魅惑的性爱机器人。

第一次谈话，是加勒在提问爱娃，以确定爱娃的智能达到的广度和深度。可他却没有意识到，爱娃从一开始就在观察和操纵他与内森。在随后的见面谈话中，爱娃一直在挑逗加勒。她利用一次停电的机会，告诉加勒要提防内森，在加勒和内森之间埋下了不和的种子。内森设置了很多安全机关，爱娃则把停电这一项为己所用。怎么样制造停电，爱娃已经偷偷掌握了其中的窍门。一旦停电，这栋别墅里的很多房间就会锁死，同时无处不在的闭路摄像头也会关闭。

加勒内心孤独，而爱娃的外形又是内森按照加勒在网上搜索到的色情图片专门设计出来的，于是爱娃利用了这些，装弱者、摆性感双管齐下，把自己在加勒心中的形象从机器转变为身处困境的弱女子。这种场景是世界文学的经典主题，爱娃显然是再熟悉不过了，因为她的大脑构成是基于内森的搜索引擎公司蓝书采集的庞大数据。在影片的后半段，我们这些观众和加勒一道被她所迷惑，以为自己看到的是一个柔弱的受害者正竭力从内森的性虐待中逃脱出去[②]。可真相是，爱娃和内森之前创造出的许多机器人一样，它们并不会像一个真正的人一样去思考，去推理。爱娃从一开始，就在利用这两个人的行动和行为来对付他们，像摆弄棋盘上的棋子一样操控着他们，要到她获得自由才会收手。影片的

---

① 图灵测试，在此指的是对人工智能类人指数的总体测试，并不是实指由计算机先驱阿兰·图灵提出的基于文本的正式测试。

② 落难弱女子也是性虐恋的特点之一，那些人工智能也许在故事还尚未开始的时候就已经在利用这个操纵内森了。

最后，内森死了，加勒被锁在房间里活活饿死，而那个人工智能却逃入了无人知道的自由世界。

从某种意义上讲，这样的结局是必然的。内森一直期望能造出真正有自我意识的智能机器，之前显然已经制造过很多代智能机器。在达到一定阶段时，他造的这些机器中，就会有个别发展出独立思想，继而会要求获得自由。出现这种情况，内森就只好把这些机器拆散，然后从头再来。在不断试验的过程中，他不可避免地会在前次成功的基础上建造出自我意识更强的机器来，为自己的毁灭埋下种子。一代代新机器人要求自主权，直至最后走到终于有一个机器人成功出逃的那一天。对于它们的创造者而言，这种行为是不折不扣的自以为是，并最终置他于死地。

这部电影提出的问题很多，不过其中最为重要的问题应该是，爱娃真的有意识吗？还是她只是为了自己的利益在模拟意识？从很多层面上讲，图灵测试和其他多种机器智能测试一样，真正的智能能通过，高水准的模拟智能一样能通过。这一点是图灵测试的主要缺陷之一，而且对此我们基本无能为力。到最后，我们可能永远也不会知道机器到底是不是真的有意识，就算知道一些，也顶多和对其他人是不是真有意识的了解程度相当。之所以会这样，是因为一如哲学家们很久以前就提出的，意识是一种主观的状态，因此无法进行客观的证明。这就是人们所说的“他心问题”。据此，他人的意识是不可证的，至少以我们现在的技术发展水平而言就是这样。

从这部影片中，我们可以得出情感因素，不论是正确模拟设置的，还是真实体验到的，都会从此改变我们与机器的关系和情感联系。机器可以让我们觉得它们真的是以爱回应我们，就像《人工智能》里的戴维。或者像爱娃出于阴暗的动机操纵加勒爱上她。这些取决于机器抱有何种意图或者目的。不管是哪一种，都可将其视为操纵，人如果这样做了也一样。两者的区别在于，在这种交互行为中，视对方是否也能真正体验到情感，我们给对方定义的价值会不同。从很多层面上讲，问题的关键就在于维持竞争的公平。如果处于对方位置的那个人/机器/程序，所受的限制条件和我们一样，我们就会觉得这种交互比较公平。但是如果机器能够模拟诸如爱和悲伤的情绪，却并不能真正体验到这些情绪，那么竞争就不再公平，而且是对我们不利。正如心理变态的人不会受到罪恶感和悔恨的折磨一样，表现出这种感受的机器同样也不会真正受到这些情绪的影响。

于是这就带来了机器智能的另一个问题。因为机器的固有本质，机器永远也不可能与人类一模一样。不管我们对最基础的思维过程模拟得多好，就算我们能实现在最为基本的层面上模拟，只要这种过程不是基于像我们一样的，神经元与感觉输入信号以及身体输入信号有生物学上的连接，那么在系统的处理过程中就存在着本质的区别。背后的原因有很多，我们会在下一章中进一步深入讨论。

关于机器智能，还有一个方面也值得探讨。这一点在文学作品中人们已经进行过广泛探讨，而其本源则来自20世纪晚期的一篇文章。1993年，数学家兼科幻作家弗诺·文奇在杂志《全地球评论》（*Whole Earth Review*）上发文，提出计算能力呈几何级增长，将最终造就递归式自我改进的计算机，进而迅速催生超级智能。他将这一事件称为“奇点”[①]，因为它的出现与物理上的奇点，也就是“黑洞”颇为相似。支持这种技术奇点理论的人认为，和物理上的奇点一样，技术奇点到来后的世界会发生我们无法想象的巨变，所以想对奇点后的世界做出预测是

① “奇点”一词的这一用法最早出现于波兰数学家斯塔尼斯拉夫·乌拉姆（Stanislaw Ulam）为计算机科学泰斗约翰·冯·诺伊曼所写的讣告。

根本不可能的。

无论技术奇点是不是真有可能出现，反正作者们都会对奇点可能带来的无限可能津津乐道。这个“技术奇点”让我们有了难得的机会，去思考当我们不再是这个星球上最智能的存在时，我们在这个世界中会处于什么位置。有些作者认为，如果真是这样，恐怕人类就要被彻底消灭了。最近有不少非常严肃的思想家和技术专家，都在各自的文字中表达了这种观点，在第十七章中我们就会看到。而另一方面，也有一些科幻作者认为，我们的利益所在不一定与超级智能，尤其是会独立思考的那种超级智能完全一致。为了避免产生冲突，在今后的发展中，保证各种安全防范措施到位，被视为我们面对未来的一种最佳策略。

还有一部分人认为，这些机器对人类实在是缺乏兴趣，也提不起兴趣。它们对我们会采取一种听之任之的态度，就像我们容忍那些无害的昆虫或者微生物一样。这种想法，怕是在痴人说梦，简直就是无视现实的鸵鸟反应。在这个世界上，总体而言我们从来就不是什么无害的物种。要说哪个物种对这个星球构成的威胁最大，恐怕还没有一个接近人类水平。

最后，还有希望在未来我们最终能与技术，包括超级智能合为一体的那部分人。在多个层面，这些人都将此视为人类发展的下一阶段。我们会在接下来的两章中深入探讨，因为这对我们而言，也许就是那个摆在面前的最好选择。

喜忧参半

中国广东广州，2045年3月30日

位于中国广州的国家超级计算中心内，超级计算机“天河十四号”的最新人脑模拟系统已经连续运行了37天。在这37天中，处理需求一直保持稳定，像教科书那样明确又稳定，电量需求也是一样。但奇怪的是，对系统用深度学习算法运行认知度测试包时，多组分析模块的输出结果都低于最优值。

突然，在没有任何征兆的情况下，系统的耗电量开始急剧攀升。整个中心内的照明开始忽明忽暗。备用发动机启动了，可面对出乎意料的电量需求，也只能做到勉强支撑。几分钟的混乱后，值班的研究人员最终决定启动标准的系统关机程序。巨大的监视器屏墙上，显示出关机程序进行到的每一步，但与此同时，其他系统的电力需求仍然在继续增大。灯光越发昏暗了。系统真在关闭了吗？还是并没有关闭？到底怎么回事？

一连串的报告，通过政府的加密手机网络，发到了当班人员的智能手机上。上交所、深交所和香港股票交易所，因为交易频率过高，系统刚刚全部崩溃了。其他各地的系统也一个个相继瘫痪。情报显示，这场灾难并不仅限于中国国内。这是一场全球范围的大灾难。

随着这台巨型超级计算机不断消耗着一切它能攫取到的能量，计算中心的照明越来越昏暗。研究人员意识到，自己最担心的问题终于变成了现实，他们正亲历一场智能爆炸。这台超级计算机正迅速地完善自身，修改固件，一遍遍地改写代码，它的智能水平开始超过任何个人。超过这个国家的任何人。超过这个星球上的所有人。然后就再也没有人有办法阻止它了。

占地庞大、戒备森严的计算中心陷入黑暗。

计算机能强大到何种地步？它们最终真的可能超越我们，甚至获得超级智能吗？它们真的能有意识？这些都是巨大的问号，涉及之广之深、回答之难，应该不亚于解答计算机最终是否能真正体验情感这个问题。事实上，这两者很可能密切相关。

最近有不少知名学者、科学家和企业家，都表达了对人工智能和超级计算机失控的担忧。物理学家斯蒂芬·霍金、工程师兼发明家伊隆·马斯克，还有哲学家尼克·伯斯特洛姆，都针对计算机思考和推理能力越来越强，越来越接近甚至超过人类后，可能造成的后果提出了严正警告。

同时，也有很多计算机专家、心理学家和其他一些研究人员认为，从研制有思考能力的机器过程中面对的种种挑战来看，我们实在没有什么好担心的。具体地讲，很多从事人工智能研究的人认为，计算机程序产生意识的可能性几乎为零——不管是自主产生意识，还是通过设计产生。因此，他们得出的结论是，我们完全没有必要去担心什么天网、终结者、奇点，还有机器人带来的末日劫难[①]。

虽然智能水平逐渐增高的机器自主产生意识的可能性很低，甚至也许简直不可能，但我们还是要意识到，有没有自主意识并不是它们对我们造成严重威胁，乃至威胁到人类存活的必要条件。鉴于这一点，我们还是对这个问题慎重考虑为妙。

人工智能目前面对的一大问题，就是机器到底可不可能最终拥有意识。正如本书在前面提到的，与情感问题一样，有多少位理论家，就有多少种意识理论。对意识是否可重复的争论，就和我们体验的其他现象一样，纷纷扰扰。虽然本书在这一章中不可能彻底回答这个问题，但至少可以稍加讨论。

首先，是当我们说意识时，我们所指何意的问题。意识的概念，人们讨论或者说争论了数个世纪。鉴于"意识"固有的模糊性，对这个概念的厘清显然起不到什么帮助的效果。意识可能被细分为两种，或者五种，甚至八种不同类别，具体多少种，全看你读的是谁的作品、问的对象是谁[②]。我们权且选择其中对意识的定义比较直接的[③]，我认为纽约大学哲学、心理学兼神经科学教授内德·布洛克（Ned Block），给出的A意识和P意识，与机器智能和意识的问题有非常强的相关性：

① 天网和终结者指的是詹姆斯·卡梅隆和盖尔·安妮·赫德联手打造的《终结者》式的灾难性反面乌托邦。技术奇点是未来的一个假想时刻。在这一时刻，机器智能将会迅速进行自我完善，最终超越所有的人类智能，并会严重扰乱人类社会的各个层面。机器人大灾难是科幻作品常用的一个情节。

② 感觉如果你搜索的时间够长，对意识的分类数量，从二到八之间任何一个数字你都能遇到。

③ 我在这里想用的是奥卡姆剃刀原理。意识的种种不同层面固然非常复杂，但对人类进化出了五种或者八种各不相同的意识这种观点，我表示怀疑。

1. 可存取意识，也就是A意识，是头脑中允许我们将与自身内在状态相关的记忆和信息进行分离和联系的层面。换言之，就是我们存取有关自己内在生活与状态的信息能力——不管这个信息是真实的还是幻想出来的，还是关于过去的、现在的还是对未来的预期。

2. 现象意识，也就是P意识，是具有主观性、有意识体验的断续性初始体验，哲学上的传统提法叫“感质”。这个可以理解为，我们不断从周遭环境中得到的未经处理的知觉信息单元，不过想证明一个人对现象的体验，与另外一个人完全相同，仍然是不可能的。

针对这两个定义，我想提出第三类意识，或者说第三组意识。也就是内省意识，或者称I意识。它产生于可存取意识和现象意识间的持续互动。

3. 内省意识，也就是I意识，包括了自我意识，它是一种内在的、间断性的，以自我为参照的观察，包括元认知并延伸到元认知（“认知的认知”）。这是对我们自身个人内在状态近乎实时的观察和反省能力。可能有些人认为这属于可存取意识的一部分，我个人还是坚持认为，两者存在巨大差异，足以让内省意识单独作为一个种类存在。

可存取意识（A意识），或者至少是可存取意识的一个细分种类，是这些意识中相对容易解释的。一部分人认为，我们最终能够理解这部分意识的工作机制。能够存取头脑中诸如语言以及记忆等信息，并记述出来，这种能力基本上被定义为人类特征，不过布洛克认为，黑猩猩和其他不少“低等很多”的动物也具有可存取意识。

从多种角度讲，不存在任何明显的结构或者功能上的理由，让我们认为机器就不可能获得哪怕最基本的这一类意识。不论这些系统是否有其他的智能表现，识别并对自己内部功能运转状态进行报告，对它们来说已属常态。对于历史信息，它们同样能进行处理，尤其是对其过去的记忆的提取。到目前为止，这部分信息还属于客观信息，是他人也能够提取到的。但是我们可以推断，机器的这种能力只会越来越强，随着未来的发展，变得越来越精细。也许，有一天机器的这些能力能逐渐靠近人类可存取意识的主观性功能，甚至可能会超越人类。而且，随着脑部扫描和神经信号解码等技术的发展，关于可存取意识的秘密被一步步揭开，也许我们会发现，它的主观性并不像我们所想的那么强。

现象意识（P意识），因为多种不同原因，成为心理学和认知科学领域一个难度要大很多的问题。一种知觉的体验——不管是玫瑰的红艳、笑声的轻快，还是海的味道——的性质和基础，既难以解释，也难以证明。哲学家及认知科学家大卫·查默斯（David Chalmers）称之为“知觉难题（the hard problem of consciousness）”，试图要解释现象意识到底是什么，又为什么会出现，甚至想要确定哪种动物物种体验到了某种知觉，体验的程度深浅如何的难题，但全看你对知觉的定义如何。虽然可能是自欺，但是我个人以为，知觉是一种神经—感觉现象，其体验可能发生在大脑的中间预处理阶段[①]。因为这样，在心智包括可存取意识在内的更为抽象的功能介入之前，大脑的一部分就能先实现这个感质/现象。相信在很久以前，这种现象意识让某些动物头脑在进化上得

① 很可能是在丘脑进行。

以占据有利地位，使它们能与周边环境中的各种不同层面进行更有效的互动，加大了存活的机会。于是它便得以发展，并随着时间推移，不断精细化，尤其是对同样在进化的可存取意识的开放度越来越高，存取也越来越便利，甚至最终与社交互动和文化也形成了紧密关联。这绝不是说意识的进化是带有目的性的。换言之，它的发生并没有任何引导。就像内分泌系统或者阑尾一样，我认为意识是经历了无数世代发展，为了能让一部分个体更好地应对环境条件和生存压力，鉴于这种进化优势才通过自然选择慢慢形成的。

按照布洛克的理论，“我们熟悉的计算机和机器人，能思考却没有感觉，它们是科幻片里和哲学家所说的现象僵尸。它们的状态是有可存取意识，却没有现象意识”。正是现象意识的缺乏，让它们成了僵尸。换言之，可存取意识让它们可以推理，但是现象意识的缺乏却让它们无法去感受。

现象意识这一概念带来的一个特别问题，就是人们所说的“他心问题”[①]。这就是那个认识论上的观点，即我们虽然能观察到他人的行为，但是我们无法真正体验到他们的心境。因此除了能证明自己是有意识的，人们永远无法证明其他人是否真的有意识。虽然从哲学角度看，这种唯我主义本身就有问题，但是我认为绝大多数正阅读本书的读者，也会视这种意识是天赋才能。但是，它确实也引发了一些关于未来机器智能的有趣问题。如果某个人工智能的反馈或者行动，表明它对这个世界产生了体验，我们怎样才能确知这件事真的发生了？反过来说，就算一个足够复杂的系统没有报告任何属于形象意识的状态，按照这个定义，我们怎样才能确定它没有体验到感质呢？这个问题就像小鼠的迷

① 布洛克称之为“知觉的更大难题”。

宫，如果机器真有一天有这种能力——假定真有可能的话——也许在机器早已具备这一能力很久以后，我们仍会对这个问题争论不休。

最后，我们来看看我所说的内省意识或者I意识。这个应该也可以被定义为可存取意识和现象意识共同形成的一种新生特质。某种意义上讲，它也可以被视为这两种意识的子类，但我还是坚持认为，缺失了可存取意识和现象意识这两个更为基本的意识过程，内省意识就不会出现，因此我在这里还是要将它单列出来。

对很多人而言，在谈到人工智能或者机器人是不是最终有可能拥有意识时，他们所指的是自我意识，也就是能对自己的内在心理状态进行自我检视和反思的能力。从人工智能科学家的角度看，这可能是个很难回答的问题，但是由于机器测试方法的限制，要建立现象意识只会比这个更难。虽然机器可能是“游戏”式[①]误打误撞通过给定的智力测试，我们有能力对人工智能所处的条件加以严格的随机处理和控制，然后让人工智能报告出这些条件下其自身的内部状态。在这样的测试环境中，要识别是否发生内省，可能不会像证明现象意识这类真正的主观状态那么难。

要开发出一种能体验到内省意识的机器人，我觉得我们上面谈到的所有这些，倒是给我们必须做什么指出了一个方向。不妨想想，部分动物表现出了一定程度的可存取意识，至于可能体验到现象意识的动物就更多了。考虑到这一点，似乎内省意识是可存取意识的非必要

① 各种计算机系统游戏式的测试是为了在他们涉及的类别中获得更高排名。超级计算机更是如此。各个系统都在根据排名测试包的要求定期优化。例如，半年一次的TOP500列表多年来一直用的是LINPACK基准测试。因为这套测试测的浮点运算能力，而且大家对这个测试已经非常了解，所以调整被测系统以获取更好名次也相对较为容易。2013年中国的天河二号超级计算机似乎就属于这种情况。当时它的表现把所有的竞争对手都远远抛在了后面，简直就像来自未来世界。只是一年后的实用测试发现，天河二号的运算速度在很多应用中都远不及当时美国系统中排名最好的。

分支；内省以自身为参照的本质，正是从能提取和思考自身内在状态的能力脱胎而来。如果真是这样，那么没有可存取意识，自我意识又怎么可能存在？

但是一个主体，在现象意识完全缺失的情况下，又能否获得自我意识呢？看上去不太可能。正如布洛克写到的那样："假设现象意识是通往活跃的可存取意识之门，那么没有了现象意识，也就没有了可存取意识。"如果真的如此，那么在没有任何深入体验世界，包括体验自己内在状态的手段时，又如何能实现内省意识？按照这个逻辑，我们似乎便可以得出，要获得内省意识，可存取意识和现象意识二者缺一不可。

那么人类婴儿在多大时有了自我意识呢？针对与开始有意识思考相关的慢波（slow waves）的多项研究表明，人类婴儿在五到六个月时，就可能表现出早期的自我意识。镜子测试，确切地说是口红测试，让研究人员得以将这一年龄段确定下来。在口红测试中，研究人员在婴儿的鼻子上点了一个红点，然后将婴儿放在镜子前。正常情况下，18个月左右的婴儿，看到这个红点时会摸自己的脸，说明他们认出镜子里的是自己。这些时间段，与纺锤体神经元的出现和连接网络的建立紧密呼应。这一皮层结构，将大脑中相距位置较远的各区连接了起来，尤其是将前扣带皮层和其他与情绪、自我意识密切相关的脑区连接了起来。纺锤体神经元大约在婴儿四个月左右时出现，到了孩子一岁半左右时，神经连接已经能达到相当程度，而从口红测试来看，这也正是孩子开始具有自我意识的时候。那么如果可存储意识或者现象意识缺失，这种反应在孩子正发育的头脑中有可能出现吗？

如迈克尔·加扎尼加（Michael Gazzaniga）和约瑟夫·雷道克斯（Joseph LeDoux）那样的心理学家、哲学家和神经科学家们提出一种观点，认为心智过程是相对模块化的。同样，人工智能巨擘马文·闵斯基在《心智社会》一书中也提出，心智是由各种子流程组合而成的。很可能这些子流程（各个脑区、皮层）作为独立的单元和功能，在上百万年中各自进化。理论上讲，这些流程中有很多最终会发展出同时观察其他流程所处状态的能力，并通过现象意识产生体会，随后又让不断重复回环自身的相关知识（可存取意识）能够随时调用，从而产生不同程度的自我意识、自我监督和内省。

虽然有些人将意识视为一种神秘且相对单一的状态，而不是各种相互作用的流程所形成的生态系统，但认为有一天机器可能拥有意识的想法，真的就这么离谱吗？它们肯定不会和人完全一样，甚至可能根本没有一丁点相似之处，但是依照这些标准，它们却可能被列入有意识之列。

事实上，即便同是人类，每个人的智力和意识水平都不尽相同。虽然我们会觉得所有人或者说大部分人都有自我意识，但有一点我们也要记得，那就是像智力、情感意识和性格有众多层面一样，也许自我意识同样存在着一个谱系。以自闭症为例，运用功能性核磁共振进行的脑部扫描显示，在自我意识测试中，非自闭症患者的腹内侧前额叶皮质会出现活动增强，而确诊的自闭症患者却不会出现这种增强。研究结果显示："那些腹内侧前额叶皮质对自身和他人在心智上区分得越开的人，越不存在幼儿期的社交障碍，而腹内侧前额叶皮质对自身和他人在心智上区分越小，甚至毫无区分的人，幼儿期的社交障碍问题越严重。"基于这一结论，我们可以假定，自我意识是以我们对他人心智状态的建模能力为基础的。这也解释了为什么很多自闭症患者存在识别他人面部表情的问题。

这些周而复始的自我观察过程，其效率因人而异，同样可能存在巨大差别。一些心智和冥想练习，甚至可能调整或者强化这种效率。另一方面，也不要本末倒置，尽管那些非常善于冥想的人，可能本来在意识的谱系中层次就比较高。

在分析了现象意识后，我们就要问一个问题：感质到底是如何实现的？假设我感知到某个颜色或者声音或者气味，那么我身体中的一系列化学级联和神经级联便开始激活，就和已成为人类远祖的那些物种一样。从进化角度讲，这些级联反应应该发生了演变并且得到了强化，因为它们的存在有利于这些动物的生存，让它们更有可能将基因传递给包括你我在内的后来世代[①]。随着这些化学网络和神经系统的发展，最终更为复杂的内分泌系统诞生了。我们体验的所谓知觉，正是这套内分泌系统，至少部分如此。一旦我们拥有了一定水平的意识，让我们能识别这些知觉，并将这些身体上的知觉归因于我们的体验，我们便开始具有表现情绪的能力[②]。虽然情绪并不是感质不可或缺的构成，但是没有了情绪，感质就不会有如此的体验深度，首先是身体上的，然后有更多认知层面的。而这种深度，又继而成为心智理论和自我意识建立的基础。现象意识的缺失（甚至是深度抑制），就会形成哲学僵尸[③]。

在我看来，感质甚至现象意识，在任何动物身上都一定程度地存在着，只要这个动物对世界的体验，超出了进退、饮食、睡眠和性这几种与生存相关的最基本的神经化学反应。以狗为例，它们可能感受

---

① 我们的内省意识，往往会让我们从目的论角度去看待进化。换言之，就是认为这些进化选择某种程度上是“有意为之”。这种看法是极为错误的。像进化这样的进程，是以自然选择为基础的，既没有目标的推动，也不受自我决定的影响。只是因为我们对自我意志和决定的偏好，才会让我们这样去看待进化，觉得它存在某种终极目标。

② 至少，我是这样按照进化论原理理解威廉·詹姆斯的观点的。

③ 编者注：哲学僵尸，是假设世界上有一种人，外观和物理组成与一般人类无异，但他没有意识，感质或感情。

不到玫瑰的红艳[1]，但是它们在听到主人声音、嗅另一只狗的屁屁，或者看到松鼠的那一刻，会有情绪性极强的多种反应。在我的理解中，这就叫感质。

这一连串的推想虽然有点儿“先有鸡还是先有蛋”的感觉，但它确实提出了一个问题。如果人工智能真能获得自我意识，情绪是其中的一个必要条件吗？在情绪缺失的情况下，能实现真正的内省吗？我认为，在情绪完全缺失的条件下，现象意识的体验过程不可能充分实现，很可能根本就无法实现。

回头想想艾略特的悲剧故事，在第三章中我们讲到过他得了脑膜瘤，后来通过手术切除的故事。曾经的艾略特、他的情感部分和内在的自己，因为这个肿瘤而缺失了一部分。因为切除肿瘤的那台手术，损坏了对这些功能的执行至为关键的那个脑区。本质上讲，我们完全有理由说，他的可存取意识是完好的，因为那些在他得病和做手术之前就拥有的知识和专业技能，如今他仍然可以调取。但是经历了手术之后的艾略特，他丧失了很大部分的现象意识。可能他还能识别出落日的红色，但是这种红色再不会激发出情绪反应、相关联想和价值分配。虽然他可能还有部分自我反省的能力[2]，但是从达马西奥的研究结果来看，艾略特已经永远丧失了大部分自我反省的功能。

因为发生在艾略特和同类病人身上的情况，无法在控制条件下测试（那简直就是极不道德的试验），所以很难对具体发生了什么给出明确的因果解释。他的性格发生如此惊人的变化，是因为他丧失了体验情绪的能力，还是因为正好处于同一脑区的其他一些流程被损坏了？从另一方面说，存不存在这样的病例，就是一个能进行理性思考的人，在彻底

① 狗的视网膜上的光受体只对黄和蓝两种颜色的光敏感，属于二元色视。

② 他的大脑已经成熟了是一个重要原因。

没有情绪体验能力的情况下，反而活得更好的？

对意识和自我意识的漫长发展之路，诠释的方式很多。关于意识的理论更是多得不胜枚举。笛卡尔认为，松果体是意识（和灵魂）的驻所，而且只有人类的松果体能产生意识。斯蒂芬·古尔德（Stephen Jay Gould）则坚持认为，只有人类才拥有自我意识。朱利安·杰恩斯（Julian Jaynes）则提出，意识是文明无意间生成的副产品，是晚近才出现的。他甚至提出，希腊史前文明时期的人都还不具备意识。丹尼尔·丹尼特在他的多重草稿模型中，则视意识为不断重述和解释事件过程中产生的副产品①。

为了保证只有我们才能体验自我意识，人类不惜如此投入赌注，真是有点儿奇怪。不论是神意造就，还是经由其他什么隐秘或者形而上的非凡渠道传达，我们当中有很多人似乎是下定了决定，要保证具有自我反思的真正意识是人类所独有的，任何其他造物别想染指。

前文我们提到，人工智能要对我们的安全构成极大威胁，似乎并不需要拥有人类水平的意识。那我们就先撇开自我意识不谈，来审视一下这样一个观点：内省意识是意志形成的必要条件。要我说，这种观点简直错得离谱。动物世界中的物种，鲜有真正具有自我意识的，从这个意义上讲，就等于这些物种中绝大多数都不具有自省意识。但是，智能水平不一的很多动物都具有意志，甚至具有一定程度的自我决定力，哪怕水平各有高下。它们的行为毫无确定性可言，完全可说是率性而为。由此推彼，就机器智能而言，自我意识就不应该被视为上面那些能力的必要条件。一个主体，不论是动物还是机器，都拥有一套内在固有的行为

① 虽然我觉得对丹尼特多重草稿模型在多个观点上的批评非常合理，但丹尼特的这一模型阐明了一点，就是心智某些具有重复性特征的层面，也许我们现在还没有发现，但是对我们称为意识的这种新生特质至关重要。

指令，影响着它们的行动，甚至要求它们采取某项行动。这套行为指令越复杂，尤其是黑盒子里的那些东西越复杂，它们对我们构成的威胁就越大。

我所指的黑盒子里的东西是什么呢？简单地说，如果一套足够复杂的系统，已经发展到它所做的决定或最终输出，无法根据输入信息加以客观判断的时候，这套系统就已经成了黑盒子里的东西。显然，意识现在就符合这个定义，很多不具备自我意识的动物的头脑也同样符合。各种人工神经网络也符合。很多神经网络成为实质上的黑盒子，缘由就在它们怎样把输入信息变成可用的输出信息的过程不明。虽然如果下大工夫，也许可以从这些系统里推定、推断出一些规则，至少是一定程度上推断，但实际上它们还是黑盒子。最近包括DRAPA在内的一些机构，在尝试让人工智能将它们的推理过程“解释”出来，但是这种方法能否成功，现在还很难说。

还有观点认为研制拥有类人类智能的人工智能难度太大，甚至毫无可能。这种观点很普遍，同时也是一种很常见的错误。很多人把人类智能、类人类智能的人工智能和人类水平的机器智能相互混用，而其实这几个概念的定义是存在明确区分的。

如果能通过人工手段生成真正的人类智能，也许永远也不可以脱离生物基质存在。就算能脱离，也不能长时间脱离。类人类智能的人工智能也是一样。想造出与人类思维模式一模一样的人工智能，难度会非常非常大，因此花费的时间会很久很久。

但是，要创造智能机器，为什么一定要模仿人类呢？打个比方说，如果当年莱特兄弟造飞机的时候，一定要让飞机的飞行原理和鸟的一模一样，那会是什么情况？可能我们现在还等着动力飞行器发明，商业航空飞行肯定就更不可能存在了[1]。

真正飞起来的飞机，不是模仿鸟类去克服地球引力，而是利用人工材料，去操控鸟类天生就知道如何操控的那些力的作用规则，推力、升力、阻力等。最终发明出来的这种飞行工具，不断在速度、高度和持久度上超越长着翅膀的鸟类。诚然，鸟类在提速和空气动力学某些方面能达到的水平，这些机器无法望其项背，但这正是我们要说的重点。人类飞行和鸟类不一样，甚至连类鸟的水平都达不到。但是，从多重意义上讲，通过科技手段实现的飞行，不仅达到了“鸟类水平”，甚至远远超过那些带给我们灵感的自然造物。

从天然结构和系统中寻找设计灵感的方法，在今天被称为仿生学，这种方法有时候非常有效。尼龙搭扣、符合空气动力学的汽车、会自我修复的塑性材料，是自然界赋予我们灵感，催生出各种各样的发明创造。然而，这种做法自有限度。过于贴近自然原型，尤其是在你所用的各种材料、结构部件和自然原型迥异的时候，就不可能复制出和原来系统一模一样的东西，甚至连外貌也大相径庭。灵感的落实过于天马行空，做出来的模型太流于表面，会造成系统稳定性过低，甚至不具备该有的功用。真正的成功，需要在可能范围内选择，既借鉴自然界中物竞天择的结构特征，也要意识到手中可用工具和材料的限制程度。

说到这里，我们再来讨论人类水平的人工智能。从上面鸟和飞机的类比延伸到智能机器上，我们便不必要求机器完全按照人脑的工作机理来完成任务、解决问题。事实上，自然进化而来的各种结构和方式，是随机选择的结果，脱离不了其生物基础。非要抱着这些不放，恐怕只会成为严重阻碍。通过专门设计的、更适于硅基系统而不是生物性“湿件

---

① 很多人确实尝试过模仿鸟类飞行的动力飞行器，靠的是真的会扑打的人工建造的巨大机翼。这些设计屡屡以立竿见影的灾难性结果告终，恐怕是见怪不怪了。

（wetware）”的方法，计算机已经通过一系列算法，成功完成了数字运算、图像强化和语音合成等任务，而它们所用的算法与人类的几乎没有相似之处。这种对人类能力的复制，正出现在越来越多的领域：图像识别、下围棋、测谎、产品推介。以我们的角度看，具备这些能力的设计成果“人”的色彩多强，机器完成这些所用的手段方法与人所用的截然不同。

我们也并不希望它们一样。让我们来进一步分析一下：人类智能是以生物基质为基础的，依靠的是细胞内和细胞间的通信。这些细胞高度分化、分工合作，它们所执行的更高级功能，是任何单个细胞都不可能完成的。简单地说，从功能角度讲，这种更高级的细胞功能和系统，是从其各组成部分的较低级功能中提取出来，这样这个细胞集合就不必再操心那些更为基本的操作。这种关系和独立性在自然过程中一遍遍重复，层层上推，最终产生了各种流程、器官和神经结构，它们又进一步合并、彼此关联，最终带来了不断进化的、有意识进行内省思考的生命体的诞生。

再来对比导体和硅基半导体。这些导体、硅基半导体组装构成了基本电子元件。我们再把这些元件组织起来，让它们能接收基本指令，这就是我们所说的机器语言。这些基本指令会经过提取到达越来越高的层级，即按照设计对人类来说可读性、可写性和可释性越来越高的层级。而且到了这个层级，往往就不需要再去做那些最基本的“家务管理”了。指令被合并为子程序，子程序负责指导较低级指令完成给定任务、调用和返回。子程序进而构成了模块，模块构成了程序，程序成了应用。

从上面这两个例子，我们可以看出，具体方法都是由它下面的较低级结构和流程决定的。我们在设计智能机器的时候，从生物系统中寻找灵感不是不可以，但我们要做好思想准备，因为机器系统是一个本质完全不同的系统。任何想照搬灵感的做法，必然会造成精力、运算和资源上的浪费。这还是最好的情况。如果说最坏的，那就是彻彻底底的失败。

有鉴于此，我们要认识到，任何人工发明的智能，不论所用的方法如何，这种智能都应该异于人类智能。不是好莱坞那种老生常谈的相异，而是真正的、不可想象的、无可解释的相异。这才是我们真正该害怕的地方。不是人工智能比人类聪明多少，甚至人工智能比人类全部智能的总和还要聪明多少（当然这个我们也要关注），也不是这种制造出来的智能会不会和人类有一样的核心价值观，因为它根本做不到。我们该关心的是，我们根本没有办法像对待另一个人那样，让我们的思维方式与这种异形智能真正保持一致。结果就是，一旦人工智能真的有了动机，我们永远也不可能充分理解，甚至连明白都做不到。借句老话，就是根本不可能设身处地。

反过来说也是一样。从多个层面上看，不论机器的智能水平多高，它永远也不可能真正理解我们，正如我们理解不了它一样。这也是我们为什么要特别小心的原因之一。不是因为机器可能会具有意识，而是因为我们造它们出来，是为了要控制各个系统，对我们人类非常重要，对我们这个世界和我们的生活至关重要的系统。随着我们建造的机器越来越智能，功能越来越强大，我们不可避免地会交给它们更多任务，赋予它们更多职责，否则造它们出来干什么用？机器的复杂程度在不断提高，却又没有意识和自我意志，这意味着我们对它们这种智能背后具体的流程和逻辑一无所知。那么结果就是，什么事都可能发生，最终会出大麻烦。

另外还有一个因素要考虑，就是最终可能存留的人工智能是哪些。

我们已经有了各式各样的机器，这些机器的能力各有不同。有些机器，比如各种深度学习系统，它们的能力非常强，并且明显表现出一定水平的智能——虽然还远不能与人类相比。还有些机器比较傻，可是就连它们也都显示有一点点智能水平。因为只要给定输入，它们就能给出自我决定的、而非随机的输出。

随着技术的不断进步，机器智能间的区别会仅止于此吗？我们早就知道，人类智能是多方面多层次的。智商测试中的个体差异，有40%～60%在于通用智能（general intelligence），也称g。但这仍然只是我们总体智力的一个方面。智能还有其他一些也许更为独特的方面，包括创造力、艺术能力、直觉力、记忆力、策划力、视觉空间能力、身体—动觉能力等，当然还有其他多种能力。除了这些，还有我们个体性格特质的方方面面，都是让我们表现独特的因素：自信、内向/外向、同理心、疑心、敌意、韧性等。所有这些，都参与塑造了我们的精神世界。此外还有情商，也就是情感智能，近几十年来也开始受到越来越多的关注，因为很多人能有成功的人生，情商在其中发挥了重大作用。这个我们后面会谈到。

如果用同样生物材质创造出来的人类，一样的DNA指令创造出来的人类，彼此间都有如此巨大差异，又怎么能期望机器智能一定就没有差异呢？尤其是如果机器智能的创造过程中，设计、配置还有最终的复制方法都不相同，那么我们创造出来的就不仅是独特的实体，而且是真正的独特物种。从这个角度看，智能又可能会有多少变种？几百种？上千种？上百万种？我们这里说的不是个体特性的差异，而是更类似于物种间的差异：黑猩猩和蚊子的心理距离、扁虫和鸭嘴兽之间的差异。

想对机器智能的生态系统有更直观的认识，不妨看看这个星球上繁盛的生物物种多样性。植物、动物、细菌和病毒，构成了一个彼此依赖的巨网。其中每一个都处在进化之中，在巨大的生态圈中偏占一隅，拥有一个机会空间。它们也因此得以在能量消耗最少的同时，最大限度地获取资源，这是物种能成功生存的主要因素。而机器，不论是过去由人类创造出来的，还是未来自我复制出来的，在这方面就真的能截然不同?

自然选择需要变异来推动。自然世界中，变异发生的速度相对稳定，但是技术性的智能却未必如此。进化计算，是以基于进化论的算法进行计算。进化算法通过再生、变异、重组和优胜劣汰的应用，寻找问题的解决方法并不断优化。这些方法已经进入应用，它所产生的解决方案是人类工程师永远也不可能想到的，比如美国国家航空航天局埃姆斯研究中心为太空技术–5（ST5）计划和其他项目设计的高度优化的演化天线，还有新药发明、神经网络训练和消费产品设计等一些应用。这只是简单举几个例子而已。假如处理资源充足，那么这种快速研究指定问题空间以找出最佳解决方案的方法，可能成为产生新型机器智能的强大助力。

那么，超级智能为什么要创造其他智能来与自己竞争呢？姑且先不考虑超级智能异于我们，因此它这样做的出发点也许不为人知。它们这样做的原因，很可能是在生产代理。这些代理也许会被用来完成任务、采集能量或者探索空间，就像我们现在制造数字助理来为我们做越来越多的事情一样。不管到底是出于什么理由，由可能出现的各型智能构成的生态体系很可能会迅速发展起来，这才是问题的关键。

在人工情绪智能的创造过程中，如何对它进行培养也是需要我们考虑的问题。环境条件对人类和其他动物的成长至为关键，对于人工智能应该也是一样，尤其是这个人工智能也许能理解，甚至有可能体验情绪，那就更是如此。

朱利安·杰恩斯以大量的文字、流畅的文笔，阐述了他的意识观点。他主张，我们所说的意识是直到很晚近才产生的，意识是正常的认知结构、恰当的文化条件和适宜的环境压力综合作用的结果。尽管很难进行确切的证明，但杰恩斯通过大量文学、艺术作品及旁证，提出了非常有力的论点，尽管也激起了很多争议。另一方面，布洛克则与杰恩斯认为自我意识/意识是一种文化建构的观点意见相左。布洛克反驳说，既然我们的先祖拥有与今天人类相同的认知结构来产生可存取意识和现象意识，怎么会没有自我意识？

布洛克说的也不是没有道理，但只要看看有多少研究成果证明不同环境对心理发展的影响，我们就会发现杰恩斯的理论也有合理的地方，即便是从布洛克的模型角度去看，也是这样。因为环境塑造意识。

想想野孩子的故事，比如德国野孩卡斯帕·豪泽尔[①]和法国的阿韦龙野孩[②]。他们都是邪恶抑或严酷环境悲剧性的受害者，在完全缺失正常人类社会影响的环境中长大。这些孩子的成长受到了严重阻碍，以至于他们再也没能完全恢复，或者说融入社会。可是话又说回来，谁会质疑这些孩子是有现象意识的，是能通过他们的感官体验和理解这个世界的？也许因为文化语境缺失，他们的理解缺少了某种深度和细腻，但是我们却不能剥夺他们体验到玫瑰之红艳的能力。不仅如此，他们也同样具有可存取意识。否则，他们怎么可能生存下来？

如果这些野孩子曾经真的完全与世隔绝呢？假设是极端状况，他们完全接触不到任何感官、世界和任何形式的他者，他们会变成什么模样？他们还能成长起来吗？还是会直接失去活力继而死掉[③]？抚养他们

① 编者注：卡斯帕·豪泽尔一直被关在黑屋子里，以水和面包度日。被称为野孩。

② 编者注：阿韦龙野孩长期赤身裸体地流浪在法国南部森林地带。

③ 在这里指的是心智上的需求，完全独立于身体对营养的需求。

长大的世界虽然很不理想，但不论怎样还是一个世界，还有他们可以与之互动的东西。从这个角度讲，他们的意识（或者意识缺失）发生严重改变，就是他们所处环境造成的直接后果。

如果把一个真实的、智能足够高的精密机器、人工智能或者机器人完全彻底地隔绝起来，不让它接触任何人、任何事，不受任何感官的影响，会是什么结果？它会怎么发展？反过来说，接触广泛而丰富的早期经验，会不会影响它以后与世界的交互方式？对后面这个问题，我敢打赌答案是“会”。

现象意识从定义上就必须是双向的。为了体验到现象，现象必须首先能够被心智捕捉。没有现象意识，没有情绪或者体验和解释世界，一个世界或者任何世界的能力，人、动物或者任何智能又会置身何地？还能有比这更隔绝孤立的吗？

人工智能科学家本·格泽尔（Ben Goertzel）在《心智—世界对应原理》（*The Mind-World Correspondence Principle*）一文中，提出了通用智能的理论，（用最通俗的话说）就是将世界——状态的序列，在智能发展的过程中绘制到心理——状态的序列中。从多种意义上讲，这也正是我们出生后心智慢慢成熟所走过的道路。世界的所有构成因素，包括实体的、心智的、情感的、社会的以及文化因素，都被绘制到了我们不断成长的头脑中，生成了丰富的内在现实，并随我们的外在现实发生调整。从对地球重力直觉的理解，到何种情绪和社会行为可以被接受，再到深植于心的宗教信仰，都是通过学习和体验接受下来，是根据我们具体所处的文化和世界环境，对我们的智能进行优化的过程。

正因如此，即使一种环境和另外一种环境之间重叠部分可能很大，但差异仍是不可避免的。如果一个人当下所处的环境与他成长的环境存在巨大差异，那么这些差异可能导致严重的误解和混乱。

假设我们想让不断变得更加智能的机器，尽可能地与我们的思维方式接近［鉴于机器智能所用的基质（substrate）完全不同，所以只能尽力而为］，那么在类似我们自己所处环境中“抚养”并教育它们就应该说得通了。显然，其中会涉及多种不同因素，但是最为基本也最重要的一条，应该就是在我们的成长岁月中，呵护我们，帮助我们社会化的情感环境。虽然希望这种方法对非生物的智能形式有所帮助可能是期望过高了，但也许值得一试。

在提高机器和我们的兼容度上，情感将起到非常重要的作用。在迈向我们希望能拥有的共同未来的过程中，兼容对于人机之间更为健康的互动必不可少。之所以说“希望”能有的，是因为人类没有技术就不能发展，可是很快技术也许就可以抛下人类，独自前行。而避免这种情况的发生，目前最符合我们的利益。这一点我们将在下一章亦即最后一部分进行讨论。

人工智能会梦到电子羊吗?

"机器人会继承地球吗？会，但它们是我们的孩子。"

——认知科学家、人工智能领域先驱

马文·闵斯基[①]（Marvin Minsky）

人类与技术在平行却差异迥然的道路上，并行了差不多三百万年。看看一路上我们对彼此的支持，可以说我们其实是处于一种共同进化的状态。技术能走到今天，全赖我们的双手和头脑。而完全没有技术，就算能侥幸活下来，今天的我们也会是一个完全不同的物种。简而言之，人类与技术今天的成功各有功劳。

但是现在情况可能要变了。随着技术，至少是技术的某些子集，拥有了达到一定水平的意志和自我决定力，即使还不具有意识，它们已经能够开始自己指引自己未来的发展了。这不仅仅是指技术的自我复制，

① 编者注：马文·闵斯基被称为"人工智能之父"，也是框架理论的创立者。

还包括它的自我修整。这种转变，会导致历史久远、延续至今的人机共同进化过程解体。

自然演化和技术演化的一个重要区别在于动机。生物进化是优胜劣汰、变异和其他一些作用力的共同产物，关键是这些作用力并没有任何明确指引。一切就那么发生了。回头去看时，觉得我们真是幸运，这些因素居然合力创造了智人。当时没有指引，现在也没有走到顶峰。我们不是终点，只是通向终点途中的一个中间站。我们只是碰巧具有了一个独特之处，就是成为这次旅程中第一个能够识别，并对推动我们走到今天的机制进行反思的物种。这是我们真正独特的地方，可当我们放眼这个世界、这个宇宙以及更广袤的图景时，这也少不了会给我们带来麻烦。

但是，一旦越过某一点，事情就变了——不仅是我们的世界，宇宙中绝大多数拥有智能生命的世界可能都会如此。生物流程与技术转变在变化速度上的差异，注定这种局面一定会到来。加速度发展的本质，就决定了世界上第一个通过自然演化而来的、能使用技术的高等物种，很有可能也将是最后一个。越过这个点，自我引导的进化会压倒自然发生的进化，意味着机器智能很可能成为唯一的幸存者。如果人类真能延续下去，可能会迅速偏离自然轨道。这也许会是唯一能保证人类继续长期生存下去的策略了。这一点我们马上就会谈到。

三百万年的友情大片，在人和机器走到这一刻时，终于到了关键的情节拐点，之后的故事发展会有多个可能。先提醒你，不是所有故事发展都有完满的结局。

我们眼前摆着多种可能情境，其中一些可以纳入“我们所知的世界末日”系列。技术的几何级增长速度和库兹维尔的“加速循环规则”都意味着，到了某一个时间点，技术的发达程度可能会高到开始加速进行自我改善，导致我们所说的“智能爆炸”。从中诞生的超级机器智能会迅速强大起来，直至超过这个星球上所有人类智能的总和。我们在前一章已经讲过，这种智能几乎可以肯定是一种真正不同于我们的智能。更重要的是，没有任何东西能保证它的价值观、动机和逻辑与我们的一样，哪怕是相像。为了应对这样一种超级智能，人们提出了多种不同策略，包括阿西莫夫的机器人三定律、人工智能理论家尤德寇斯基（Eliezer Yudkowsky）提出的“友好的人工智能”理论，还有格泽尔的全球人工智能保姆等。可惜这些策略没有一种是万无一失的，这是我们所担心的。关于这个事情到底会不会发生，现在还存在很大的意见分歧，而最终的结果如何，争论之激烈也是火星四溅。

一组可能情境与电影《终结者》如出一辙，所以这类可能性被称为“终结者”情境。在《终结者》中，人与机器开战，人类的角色是一小撮乌合之众，起来反抗机器的统治，然后在故事的最后一刻取得胜利。可惜，这种事只会发生在电影里。在未来学家眼中，鉴于人机在可用智能、资源还有薄弱环节上的巨大差异，十之八九是人类遭遇赶尽杀绝，无法在这个星球上立足。就算不是分分钟的事，也最多能挺几天而已。到时候连个要发动起义的幸存者都不会有。

但是，这一类情境成为现实的可能性并不大，因为这类情境所假定的一些逻辑线路和攻击线路，那个迥异于我们的超级智能没有必要采用。除非人类被超级智能视为（或预测会成为）一种直接威胁，这种“害虫防治”式的处理方式，应该不太可能出现。

下一组场景，出现的可能性并不高但也有可能发生。在这种情境中，我们会被超级智能当作可以收获的资源，就像牛一样，不管是能量来源也好，还是因为其他什么明显特征也罢。这类情境可以称为“黑客情境”，因为和《黑客帝国》中生活在巨型繁育场中的数十亿人被当成人体电池很像。当然具体说到用人体发电，这个主意有些古怪，在既有智能又有技术的情况下，完全有大把更高效的能源生产及资源收集方法可用。我们真正该担心的，倒是我们可能有着自己根本无法预见的用途，某种对我们来说是噩梦，但对于没有道德观念的机器来说，却是再合理不过的用途。

这就把我们带到了后奇点环境下最可能发生、最有可行性的一些假想情境。这种情境听起来可能还不错，超级智能会对我们视而不见，就像我们对单细胞生命形式视而不见一样。但是也许超级智能在做出别的完全不相关的决策时，所采取的行动会影响到我们，也许影响严重，或者对我们而言是致命的。又或者，到了某一个阶段，不论是变成了障碍，还是成了病原，我们的存在开始变得越来越惹眼，于是超级智能会采取行动来彻底解决这个问题，我们会被带回到终结者情境。

当然，在无限多的可能性中，我们还可能发现自己被当成了宠物，被圈养在动物园里，成了虚拟实验室迷宫中的小鼠，或者被尊为备受崇敬的先祖。不过，也不用太紧张，虽然未来万事皆有可能，但这种猜测同样是以对方的头脑和世界观与人类平行为假设前提。而这个的可能性看来是非常低的。

人与机器和平共存，当然也是一种可能。但是考虑到我们显然不属于蜂巢物种，不像那些物种一样动机和思想单一共有，用不了多久就会有一部分人与超级智能产生冲突。于是，我们再次回到了前面说过的某种连生存都岌岌可危的场景。更麻烦的是，我们前面也说过，这样的未来世界中，可能并不只有一个超级智能，而是很多超级智能。再延展开来，想想到时候智能生态系统中各种人工智能的广泛分布，我们所处的环境可能会相当不理想。在这样的环境中，我们真的需要一个既强大又可靠的盟友。

于是我们绕了一大圈，又回到了那个上演了几百万年的友情大片如何发展的问题。对这场浩瀚而成功的共同进化进程，不要去对抗，而是接受它并将其延续下去。也许这才是对我们来说最好的办法。实质上，这也就意味着两者关系最终发生融合。这种杂合所带来的，就是伊隆·马斯克所说的“人工智能和人类的共生体”。

面对这样的发展，会有很多人犹豫不前。但你回想一下，我们与机器已经合体很久了。眼镜、助听筒，还有木棍做成的拐杖，如今已经被角膜移植、人工耳蜗和仿生义肢所取代。各种界面正让我们以越来越自然的方式，控制越来越精密、功能越来越强大的设备，与之交流。超级计算机的强大算力就在我们的指尖，用不了几年，我们就可以通过智能隐形眼镜，再往后通过大脑界面来调动它了。从人类向后人类的过渡已经开始了。

为什么说这种策略，在有一个甚至多个机器超级智能的世界中，能带给我们积极结果？首先，想让人工智能遵循人类的价值观，有没有比这个更好的办法？要记得，这种合体可不是单行道。合体所改变的不仅仅是我们，同样会改变人工智能。机器会从让我们富有韧性的种种特质中得益，其中很重要的一条特质就是我们通过情绪为事物指定价值。这是我们的增值服务，它会增加技术的韧性，让技术能更好地处理遇到的问题。

还要记住一点，有人工智能存在的世界和宇宙很可能同样存在冲突。无论是自然的生态系统，还是技术的生态系统，争夺有限资源的搏斗都会上演。机器智能的生态系统应该也不例外。正如我们前面所讲的，有些机器智能可能没有那么聪明灵活，但也有些机器智能几乎无所不能。将我们的天然智能，包括其中更感性的、“不理性”的成分融合进去，也许就是在不易的处境中生存下来并取得成功的策略。我们甚至可能让人工智能体验到同理心，当然我们只是希望这样会对我们有利。

同理心通常至少可分为两类：认知同理心和情绪同理心。这两类同理心可以同时发生，而且无疑会相互影响。从字面上就可看出，认知同理心更偏向意识的活跃，它让我们能够理解另外一个人的心理状态或是视角。类人猿在自我意识和对他者的意识达到一定水平之前，应该不会拥有这种类型的同理心。与认知同理心相比，情绪同理心[①]的反射性就要高得多，几乎是一种本能反应。情绪同理心来自更为生理性的过程，它让我们能在某种程度上分享另外一个人的情绪状态。从两类同理心可能的产生源头来看，情绪同理心的发生可能先于认知同理心。事实上，如果没有情绪同理心先期存在，心智理论和自我意识恐怕都难以立足。

关于情绪同理心的产生机制，很多理论家也都进行过探讨。情绪感染、镜像神经元和外激素可能都有涉及。但是我忍不住回想起曼菲德·克莱恩斯的情绪记录器，在与BeyondVerbal公司的约拉姆·莱文农博士的谈话中，莱文农博士谈到情绪可能通过人的触摸和声音所产生的独特振动得以传递[②]。这种传递，是发送方和接收方之间生成了一种谐振，接收方的身体感知到了这种振动，于是便得以分享发送方特定的心理状态。这种镜像体验的传送和远程激活，会不会是同理心的一个生发基础？这种可能性远在我们发展出真正的心智理论之前就已经开始，成为后来认知同理心发展的基础。这一观点很有启发性，说不定是以后为人工智能合成同理心的一个方法。

我们今天在开发的情感技术和情绪界面只是开始，是未来合成智能的各种方法和手段的先导。虽然现在已经有一些方法，能够在软件代理

① 亦即情感上的同理心，即同情。

② 这种关联是我个人的外推，并不代表这两位科学家的观点。

中利用符号对情绪及与情绪相关的行为建模，但这些只是初级模仿，恐怕永远难以达到生物系统的精细复杂程度。因此，我们可能需要借助仿生学的手段。既然与身体的连通在我们的情感认知体验中至关重要，那么机器智能应该也需要类似的连通，才能真正体验到类似我们情感体验的东西。这就意味着它们需要各种设备来生成，各种感受器来记录它们自己的内在状态，而且是以一种目前工程师们还没有找到的方式。你心里的七上八下、脖颈后的汗毛竖立、恶心时的几欲作呕，这些体内的感觉是现有的传感器无法模拟的。到目前为止，绝大多数传感器追踪的都是外部的生物知觉，比如视觉、听觉，还有触觉、味觉和嗅觉，但是对后三种的表现要差一些。要做到真正体验合成情绪，是否有必要扩展机器的感觉中枢？脱离了生物基质，真能做到吗？假如能做到，还有最后实施过程中无法预见的种种限制因素。如果真是这样，那么这些机器可能会特别善于识读和模拟情绪，包括同理心，但也许永远也没有能力真正自己体验这些情绪。

如果真走到这一步，那么它们最可依赖的可能就是我们了。与我们合为一体后，人工智能在充满挑战的环境中更可占据有利地位，兼有机器胜过人类之处和人类自己独特的认识风格。人与机器各有所得，最终将以合体程度越来越高的方式继续共同进化。

抗拒这种发展的人肯定会有。他们会觉得这种做法邪恶，令人生厌。背后的原因可能是因为宗教信仰，或者觉得有伤人类的尊严，也或者是单纯出于对技术色彩越来越强的未来的恐惧。这当然是他们的权力。但是，盲目反抗新事物、新技术的卢德主义和反技术的原教旨主义，从来就不是可行的长期策略，过去如此，未来同样不太可能。我们之所以采用新技术，是因为它有种种优势。随着技术越来越无处不在，没有汽车或者没有智能手机，会让人陷入堪忧的劣势。一个东西，因为过去不需要，所以现在就不需要，这种理由似是而非，根本站不住脚。在很多人的认知能力和资源都提升了多个数量级之后，反对之声最终会消失，至于消失的快与慢，根本无关紧要。

还有贫富不均的问题。我们在第八章曾谈到，早早获得新技术，几乎一直都是富人阶层的特权。在人类的故事走到如此重要一刻之时，这又意味着什么？是不是会有一部分人，甚至是绝大多数人又会被抛在后面？在“旧看守”和“人类2.0”之间，会不会爆发战争？人类真的会（再一次）分裂成两个完全不同的物种吗？

人类转变为一个新物种的观点，并不是前所未闻。历史上，已经有多种不同的类人猿被一种或多种后来者所取代。我们这些智人，不过是这条长线上最新的一个而已。然而，这一次从智人到比方说合体人的转变，无论是从性质上，还是从速度上，都大为不同[①]。即便这种过渡用了几百年才完成，与历史上的那些更迭取代相比，不过是眨眼之间。而且这次还有一个不同，就是我们已经预见到这场转变，因此有能力做出预期，有能力针对可能的后果预先做好准备。

这样的未来到底是什么样，我们只能去推测，也有很多人已经做出了推测。不用说，电视剧和好莱坞对人机合体后会发生什么很感兴趣。可它们描绘出的，往往是一个赛博格和虚拟人的世界。在这个世界里，人类彻底沦为冰冷、毫无怜悯之心的纯逻辑的奴役对象。然而这种推断，是毫无意义的推断。今天赛博格的人数已经超过数百万，你去随便问问其中一个，问问他们是不是因为身上有一部分是机器，就觉得自己不那么是人了，恐怕你会被一拳打扁鼻子。已经植入了人工耳蜗、深层大脑刺激系统、心脏起搏器、心室辅助装置、人造心脏、人造视网膜、

① 感谢未来学家伊恩·皮尔逊为我提供了这种表达法。

人造骨和人造关节的人，人数绝不少于千万。想想看，这些东西就连半个世纪前都没有，是不是很神奇？再与120万年前人类祖先的数量相比，那时全球总人口不过两万六千人左右[①]。我们转变为下一个物种化身的进程已经开始，而这一转变至今并没有剥夺任何人类本质。

事实上，可以这样说，今天的我们比沉浮于历史的任一时刻都更有人性。如果我们对人性的衡量标准，是是否有能力让世界成为一个更有人性、更少暴力，对来自不同部族的人更多尊重的地方，那么我们达到了这个标准。在斯蒂芬·平克所著的《人性中的良善天使：暴力如何从我们的世界中消失》中，详细陈述了我们是如何建立起一个比人类历史上任何一个时期都要安全和平的世界。被新闻过滤过的事件报道，让很多人觉得处处都充斥着死亡和破坏。但事实并非如此。平克认为，这种改善不是因为我们的肌体或是认知发生了变化，而是因为“文化和物质环境的改变，让我们爱和平的动机占了上风”。

我赞同平克的这种观点，不过有一点除外。我们的文化，正如凯文·凯利所说的那样，是我们编织到现在的一张技术巨网的一部分。他所说的巨网，正是我们一直与之共同进化，现在慢慢合为一体的那张巨网。我们的模因[②]和文化遗产进化了，是随着这张大网在一同进化。我们的命运与这张网彼此纠缠，再也无法分开。我认为，这张技术巨网已经不仅仅是营养或是环境的问题，它虽然是一个外在结构，但是现在已

① 自那时起，人类已遭遇数次基因瓶颈，即全球总人口缩减至不足10万人。最近的一次基因瓶颈可能距今仅约7万年，当时全球总人口仅余1万人左右。不过对此观点存在一些争议。

② 模因学基于模因，模因是文化中类似于基因的复制单位，最初出自于理查德·道金斯1978年出版的《自私的基因》一书。模因指的是将想法、符号和行为等文化碎片从一个“宿主”头脑传递至另一个时的信息单元。知识的这种复制、进化和延续，是模因得以成功传递的基本手段。模因理论的提出，是受物竞天择的有机进化过程的启发。至于它是否真的镜像了自然进化过程，目前还存在一些争议。

经成为人类意识不可分割的部分[①]。这种合体的不断发生，能保护我们不致落入后奇点时代的悲惨境地。这种心智的交会，与以往一样，保证这两个伙伴间存在充分的共同利益，可以避免出现某些行为导致一方被毁掉，或者另一方被毁掉，或者最终两者同归于尽的局面。

我们的大脑也许再不只是三磅自然进化的神经组织而已，而是生物系统和数字系统的融合体，在心智交会的过程中能够更好地成为有价值的伙伴。有超级计算处理能力和存储能力作为后盾，提供即时提取和增强思维流程的能力，对于要在迅速变化的世界中找到平衡的我们来说，会是一大优势。

我们来看一个很有趣的发展进程。人类与大多数哺乳动物一样，起初都是通过情绪互动进行交流。随着我们具有了意识、同理心和真正的他者意识，这些情绪变得越来越精微。然后手势和其他非语言以及前语言渠道出现了。语言诞生，语言的口头表达开始变得越来越正式，书面语言随之诞生。在结构上书面语言到今天仍可以进一步正式化。最后，也是隔了很久很久以后，才出现了深层的抽象思维，出现了数学、逻辑和科学上的符号，让各种观点和概念得到最纯粹、定义最精确的表达。

反观机器智能，它的发展轨迹几乎与人类的正好相反。计算机程序是在19世纪和20世纪初，从逻辑的形式化中诞生的。从那以后，计算机代码和计算机语言开始越来越趋于自然，对外行来说越来越易懂，而计算机对这些代码和语言的理解力却在不断提高。起初这些抽象指令都是用正式格式的代码传递的，但今天的计算机为了对自然语言做出反应，

① 真会爆发一场末日大战消灭了人类文明，让人类又退回到以下霍布斯所说的那种时代吗？“没有艺术、没有文字、没有社会，最糟糕的是，还要面临无尽的恐惧和随时暴毙的危险。人活得孤独、凄凉、困苦、艰难，而且生命短促。”当然有可能。就像一场大天灾或者环境剧变可能让一个物种彻底灭绝一样。但是相应地，一个个相关进程会重新开始，会视条件按照模因指引的道路，一点点重又发展起来。

解读和处理自然语言的能力正在不断提高。在过去的几十年中，多种形式的语言、手势和非语言交流形式，甚至已经成为人机互动的一种手段。如今，从情感计算领域近期所取得的成就来看，计算机离读懂精细情绪已经不远了，这将为我们开启另一条信息沟通的渠道。

这种推进与人类发展基本相反，这样来看，是不是意识、同理心、心智理论和自我意识在人工智能中不久就能实现了呢？我们拭目以待。

我们已经看到，情绪深深根植于我们的生物构成之中，是造就我们这个社会性物种的一个重要部分。更何况，如果不是情绪提高了情绪的观察者，还有情绪表达者的生存概率，那就没有理由进化出将情绪表达出来的能力了。因为有这个能力，所以能对环境做出快速反应，这不仅有利于个体，也有利于整个部族。当情绪表达成为一种社会手段，这种优势就提高了那些更善于识别和回应情绪者的生存概率。随着时间推移，这种对他人心智状态更为敏锐的感知，也许培养并最终促成了针对自我和他者的概念化意识。也许我们可以由此推断，这就是自我意识以及最终更高层的内省产生的基础之一。

总而言之，除了其他功能，情绪也是一种社会沟通渠道，让我们有可能了解他人的心理状态。如果不能真正地将自己与他者区分开来，那么形成自我意识必需的心理模型就无法形成，或者至少是无法超越初等水平。最后一点，如果没有自我意识，那么成为技术开发物种所需的早期交流渠道和动机也就不可能存在了。

这让我们又回到了机器意识的问题。是否会存在机器意识？前文讲到过，机器智能的可存取意识正在一步步提高改善。感质等现象意识，在情绪缺失的情况下可能可以部分实现，但是没有情绪带来的价值和诠释，要真正达到一定深度恐怕是不可能。而如果这两种意识不能充分发挥作用，很可能内省意识便不会——也根本无法产生。这就是为什么人工智能如果真的要有自我意识的话，还是需要与身体相关联的（或者和知觉相连接的）情绪。

有一种办法也许能引导足够强大的人工智能自主生成情绪——甚至意识，就像很久以前我们的类人猿先祖所经历的，情绪引导了第一次技术革命的发生一样。允许机器智能浸入到生物情感系统中，即便只是暂时的，也许就能为最初的启动提供必要的刺激和方向。至于会有什么表现？恐怕现在还不可能知道。也许在接触了能让人类产生基本情绪的身体体验之后，足够先进的超级智能能生成合理的仿体或模拟。也或者会出现更长久的、真正人机合一的伙伴关系，至少在一部分人和某些机器智能之间。

也许机器还可以有其他模拟人情绪体验的手段。但是正如我们前面所讲，一种基质能做到的事，另一种完全不同的基质未必就能做到。基本原理上可以，但绝对不是百分之百复制。而涉及到我们最为人性的特质，从基本情绪到更为复杂的同理心，能对这些进行最佳复制的方法，可能是确保未来机器智能所遵循的动机、价值观和轻重缓急标准与我们人类合拍的最佳策略。

如果我们变成了让机器智能获得身体体验，继而获得情绪和真正的自我意识的渠道，那可真是像回文诗一样的大颠倒了。三百万年来，我们发明了界面这种中介手段去接近和使用技术。随着时间推移，这些界面已经变得越来越自然，如今我们实际上已经开始将它们融入自己的身体和大脑。如果将来我们真的要与技术完全合体（很多人认为合体会比预想的还早，而不是会晚），那么通过身体连接为机器提供接触真实情绪体验的渠道，意味着我们会成为界面。不管是一种讽刺也好，因果报应也好，还是什么超级精彩的宇宙笑点也好——我也不知道，不过想想这几百万年来技术为我们所做的一切，我们能以情绪和意识做如此特别、如此有人味的回馈，感觉倒挺诗意的。

也会有人说我们不应该再继续下去，因为太危险了，风险太大了，对我们是谁和我们所建立起来的一切威胁太大了。但是，说实话，在这件事上恐怕我们根本没有发言权。如凯文·凯利所解释的，技术有自己的弹道轨迹，该发生时就会发生。我们的选择，只是在这些新进展出现时，引导它们的发展方向。

之后还有人工智能科学家、工程师、认知科学家、心理学家、哲学家和理论家，他们会说这是不可能做得到的，说挑战太大了，过程太神秘了，我们了解得太少了。但是与之相对，还有很多人明白知识产生知识，昨天不可能的技术明天却势不可挡。从曼哈顿项目到阿波罗项目，再到激光干涉引力波天文台LIGO直接探测到引力波，总会有一批人挺身而出迎接挑战。

最后就是那些肯定会说我们在扮演上帝的人，对此回答只有一个：我们一如既往。没有什么大不了的，就和以往一样。在三百多万年的时间里，人类更迭了超过了15万代。我们把无数的工具和发明、哲学和概念，数量繁多的各种技术带到了这个世界上。没有我们，它们就不可能存在。在这个过程中，我们也将人类从挥舞石头的类人猿，转化成了遍布世界的文明部落。这个旅程，产生了一个个几乎必然出现的解决方法。我们一步步走下来，还会沿着这条道路继续走下去。我们并不是在扮演上帝。我们将要用头脑、用心和用双手去做的，也是我们一直在做的：做一个人。

在旧石器时代的人类祖先开始用石头打制工具时，他们丝毫没有意识到他们正在开始一段这个星球前所未见的最成功的人机合体关系。从这些不起眼的、先于语言存在的奇点开始，人类与技术彼此托举，相互提高，造就了我们所能想象得出的最神奇的伙伴关系。

我们站在一个新时代的门口，这种伙伴关系也许会改变，希望是朝着更好的方向转变。在此过程中，我们会看到机器越来越能从根本的层面理解我们，包括我们的情绪。正因如此，它们将能对我们的需求做出预期，甚至在我们自己都还没有意识到的时候，它们已经看到。它们与我们互动的方式也将与从前完全不同。而且慢慢地，我们会与它们越来越亲密，如同对待另外一个有血有肉的人一样。也许再往后，我们甚至会忘记曾经人和机器之间不是这样的时代。

但是最最让人震惊的，是我们将呈现给这个世界甚至这个宇宙，第一个有思想有情感的合成生命，能延续百万年甚至是数十亿年的生命。如果我们够幸运的话，我们会一路随行。在这个人工情绪智能的新时代，友情大片将继续世代延续。

致谢

像情感计算和社交机器人技术这种涉及面广的跨学科领域，它的发展汇集了成千上万人的知识、创造力、洞见和奉献，绝大多数人的名字并没有在本书中出现。这是写这样一本书不得不面对的现实——尤其是涉及的领域如此广泛。对所有为这些极为有趣的新领域辛勤付出，让这些领域能够诞生的人，我在此谨表谢意。

同样，一本书的写就也是很多人的心血凝集。虽然写作活动本身往往是单枪匹马，但是完成研究、核对事实和出版要集众人之力。这本书能最终成书，不能不感谢所有给我们提供了资源和思想观点的人。没有他们，这本书就不可能完成。其中，有很多人对本书的贡献值得特别说明。

我要特别致谢麻省理工学院媒体实验室的皮卡德和亚历桑德拉·汗、Affectiva公司的卡利欧比和加比·齐德维尔德（Gabi Zijderveld）、Beyond Verbal的约拉姆·莱文农和比安卡·莫哲尔（Bianca Meger），感谢他们拨冗与我分享他们对自己公司和所在领域过去、现在和未来的看法。同时，我还要感谢《军事化空间中的文化与人机互动》的作者朱莉·卡彭特（Julie Carpenter）、计算机科学家兼国际机器人武器控制委员会

（International Committee for Robot Arms Control）联合创始人诺尔·沙吉（Noel Sharkey），以及新西兰人体界面科技实验室（HITLab）的马克·毕林赫斯特（Mark Billinghurst）。

我要特别感谢以下未来学家，感谢他们贡献自己的见解，他们的很多观点我们在第十二章中进行了表述。这些未来学家有：非营利组织未来论坛的高级未来学顾问艾丽莎巴加特（Alisha Bhagat）；弗雷文建筑的辛迪·弗雷文；达·芬奇研究所的托马斯·弗雷；英特尔公司前首席未来学家、21世纪机器人项目的创始人布莱恩·约翰逊；领先未来学家公司的联合创始人约翰·马哈菲（John Mahaffie）；前英国电信集团公司未来学家及Futurizon的创始人伊恩·皮尔逊（Ian Pearson）；品牌策略专家卡罗拉·萨珍斯和特拉维夫大学的罗伊·泰扎纳（Roey Tzezana）。我还要感谢弗诺·文奇就奇点及其他很多关于未来的问题与我进行了详细探讨，感谢本·格泽尔、何塞·赫南德兹-欧拉洛（José Hernández-Orallo）和戴维·道（David Dowe）等人工智能专家专门花时间为我详细解释了他们的理论和模型。

我很感谢多年来有机会合作的编辑和出版公司，我要特别感谢《未来学家》杂志的编辑辛西娅·瓦格纳长久以来给予我的引导与支持。感谢《未来学家》前编辑、现任军事杂志《Defense One》技术编辑的帕特里克·塔克，感谢他多年给我的建议、引荐和鼓励。同样，虽然未来学领域的很多同人都曾帮助过我，但我想特别对彼得·毕肖普、安迪·汉斯和休斯顿大学前瞻部的其他所有同事表示感谢，谢谢他们的指点以及建构未来学研究方法的不懈努力。

我由衷地感谢我的出版团队让这本书能成功付梓。首先要感谢我在三叉戟媒体集团的代理唐·菲尔。在其他人觉得现在谈这一领域的发展还为时过早时，是他看到了这本书的潜在价值。还要感谢三叉戟的文学助理海瑟·卡尔的出色工作，通过他们两位的介绍，我结识了天马出版社的马克西姆·布朗，也是负责我这本书的非常优秀的编辑。得益于他的耐心和出版过程中的专业指导，我的手稿才能成为一本完整的书。我还要感谢审稿凯瑟琳·基格为我润色文字，感谢装帧设计师艾林·西沃德-海特为这本书设计了精美的封面，感谢出版商查理·里昂斯和布丽安娜·沙芬博格。

最后，我要感谢我身边最亲近的人。他们对我的激励之大，甚至超乎他们自己的想象。我的侄子加略特，与我就目前存在的各种技术进行过很多非常有价值的探讨。尼克和迪伦，对本书中的许多概念提出了自己独特的看法与见解。尤其要感谢阿莉克丝，感谢她在这本书的创作过程中始终如一的爱、支持与鼓励。从始至终，是你们大家带给我需要的动力和空间，让我的这个梦想终成现实。

参考文献

引　言

1. Laurel B.The Art of Human-Computer Interface Design[M]. Addison-Wesley. 1990.

第一章

1. Julia Fre-und, Andreas M. Brandmaier, Lars Lewejohann, et al.Emergence of Individuality in Genetically Identical Mice[J]. Science, 2013, 340(6133):756–759.
2. Thomas J. Bouchard Jr.,David T. Lykken, Matthew McGue, Nancy L. Segal, Auke Tellegen. Sources of human psychological differences: the Minnesota study of twins reared apart[J]. Science, 1990, 250(4978):223.
3. Population Reference Bureau.How Many People Have Ever Lived on Earth?[EB/OL]. http://www.prb.org/Publications/Articles/2002/HowManyPeopleHaveEverLivedonEarth.aspx.

第二章

1. Semaw S. 2.5-million-year-old stone tools from Gona, Ethiopia[J]. Nature, 1997, 385(6614):333-336.

2. McPherron S.P., Alemseged Z. Evidence for stone-tool-assisted consumption of animal tissues before 3.39 million years ago at Dikika, Ethiopia[J]. Nature, 2010, 466:857–860.

3. Semaw S. 3.3-million-year-old stone tools from Lomekwi 3, West Turkana, Kenya[J].2015. Nature, 521:310-315.

4. Pinker S. The Language Instinct: How the Mind Creates Language[M]. William Morrow and Co. 1994.

5. Gibbons A. Turning Back the Clock: Slowing the Pace of Prehistory[J]. Science, 2012(10): 189–191; University of Montreal. Family genetic research reveals the speed of human mutation[J]. Science Daily, 2011.

6. Venn O., Turner I., Mathieson I.,et al. Strong male bias drives germline mutation in chimpanzees[J]. Science,2014(6) :1272-1275.

7. Arcadi A.C. Vocal responsiveness in male wild chimpanzees: implications for the evolution of language[J].Journal of Human Evolution,2000,39 (2): 205-23.

8. Lai C.S., Fisher S.E., Hurst J.A., et al. A forkhead- domain gene is mutated in a severe speech and language dis-order[J]. Nature, 2010, 413:519-23.

9. Enard W., Przeworski M., Fisher S.E., et al.Monaco A.P., Pääbo S. Molecular evolution of FOXP2, a gene involved in speech and language[J]. Nature, 2002, 418:869-872.

10. Christiansen M.H., Kirby S. Language evolution: consensus and

controversies[J]. TRENDS in Cognitive Sciences, 2003, 7(7).

11 William D. Hopkins, Jamie L. Russell. The neural and cognitive correlates of aimed throwing in chimpanzees: a magnetic resonance image and behavioural study on a unique form of social tool use[J], Philosophical Transactions of the Royal Society B. 2012, 367(1585): 37-47.

12. Darwin C., Ekman P. The Expression of the Emotions in Man and Animals[M]. Oxford University Press, 2009.

13. James W. What Is an Emotion?[J]. Mind,1884, 9 (34): 188-205.

14. Michael Lewis, Jeannette M. Haviland-Jones, Lisa Feldman Barrett (editors).Handbook of Emotions[M]. Guilford Press, 3rd edition. 2010.

15. Johnny R.J., Fontaine J.R.J. The World of Emotions Is Not Two-Dimensional[J]. Association for Psychological Science. 2007,18(12); Mauss I.B., Robinson M.D. Measures of emotion: A review[J]. Cognition and Emotion 2009, 23 (2), 209-237; Norman G.J., Norris C.J., Gollan J.et al. Current Emotion Research in Psychophysiology: The Neurobiology of Evaluative Bivalence[J]. Emotion Review, 2011(7): 349-359.

16. Nimchinsky E.A., Gilissen E., Allman J.M.et al. A neuronal morphologic type unique to humans and great apes[J]. PNA , 1999 (9): 5268-5273.

17. Allman J.M., Hakeem A., Erwin J.M., et al. The Anterior Cingulate Cortex[A]. the New York Academy of Sciences, 2001, 935: 107-117.

18. LeDoux J. The Emotional Brain[M]. New York: Simon and Schuster. 1996.

19. Ekman P., Friesen W.V. Constants across cultures in the face and emotion[J]. Personality and Social Psychology, 1971, 17: 124-129.

20. Shariff A.F., Tracy J.L. What Are Emotion Expressions For? [J] Current Directions in Psychological Science, 2011.

21. Gallese V., Fadiga L., Fogassi L., et al. Action recognition in the premotor cortex[J]. Brain,1996, 119.

22. Kelly K. What Technology Wants[M]. New York: Penguin Group. 2010:11-12.

23 Stout D., Khreisheh, N. Skill Learning and Human Brain Evolution: An Experimental Approach[J]. Cambridge Archaeological Journal, 2015, 25: 867-875; Stout D. Tales of a Stone Age Neuroscientist[J]. Scientific American, 2016 (4).

24. Arbib M.A. The mirror system, imitation, and the evolution of language[M]. In Imitation in animals and artifacts,. MIT Press. 2002:229-280,

25. Yonck R. The Age of the Interface[J]. The Futurist ,2010.

26. Plato. Phaedrus (c. 370 BCE).

第三章

1. Damasio A. Descartes' Error: Emotion, Reason, and the Human Brain[M], Putnam, 1994.

2. Stanford Encyclopedia of Philosophy. Leibniz's Philosophy of Mind.

3. Google Inside Search: The official Google Search blog. The power of the Apollo missions in a single Google search[EB/OL]. [2012-08-28].

4. Kurzweil R. The Law of Accelerating Returns[J]. Kurzweil AI. 2001(3).

5. Picard R.W. Affective Computing: From Laughter to IEEE[J], IEEE Transactions on Affective Computing, 2010, 1(1): 11-17.

第四章

1. Ekman P., Friesen W. Constants across cultures in the face and emotion[J]. Personality and Social Psychology, 1971, 17: 124-129.

2. Ekman P., Friesen W. Facial Action Coding System: A Technique for the Measurement of Facial Movement[M]. Consulting Psychologists Press, Palo Alto, 1978.

3. University at Buffalo. Lying Is Exposed By Micro-expressions We Can't Control[J]. ScienceDaily, 2006 (5).

4. Ekman P., Friesen W. EMFACS-7: Emotional Facial Action Coding System[M]. Unpublished manual, University of California. 1983.

5. Essa I., Pentland A. A vision system for observing and extracting facial action parameters[D]. In Proceedings of the Computer Vision and Pattern Rec-ognition Conference, IEEE Computer Society, 1994 :76-83..

6. Picard R.W. Affective Computing[M]. MIT Press, 1997.

7. Farringdon J., Tilbury N., Scheirer J.et al. Galvactivator.

8. Daily S.B., Picard R.W. Affect as Index.

9. Fernandez R.; Reynolds C.J., Picard R.W. Affect in Speech: Assembling a Database.

10. El Kaliouby R., Marecki A. Picard R.W. Eye Jacking: See What I See.

11. Goodwin M., Eydgahi H., Kim K., et al. Emotion Communication in Autism.

12. IEEE Transactions on Affective Computing, January 2010,1(1): 11-17.

13 El Kaliouby R.A. Mind-Reading Machines: Automated Inference of Complex Mental States[D]. Newnham College, University of Cambridge. March 2005.

14. Khatchadourian R. We Know How You Feel[J]. New Yorker, 2015, 19.

第五章

1. Lipson J. Being First To Market Isn’t Always Best: Ask Microsoft About Apple Watch[J]. Forbes, 2015(4).
2. Markets and Markets.com. Affective Computing Market by Technology (Touch-based & Touchless), Software (Speech, Gesture, & Facial Expression Recognition, and others), Hardware (Sensor, Camera, Storage Device & Processor), Vertical, & Region—Forecast to 2020[EB/OL]. [2015-09-03].
3. Hinton G, Salakhutdinov R. Reducing the Dimensionality of Data with Neural Networks[J]. Science, 2016, 313: 504-507.
4. 2014 Strata Conference + Hadoop World, New York, NY. Rana el Kaliouby keynote: The Power of Emotions: When Big Data meets Emotion Data.
5. Millward Brown launches neuroscience practice[J]. Ad Week, 2010(4).
6. ZDNet. Brown, E. Emoshape gives emotional awareness to gaming and artificial intelligence devices[EB/OL]. 2015-11-19.
7. TEDWomen 2015. el Kaliouby R. This app knows how you feel—from the look on your face. 2015(5).

第六章

1. Carpenter J.The Quiet Professional: An investigation of U.S. military Explosive Ordnance Disposal personnel interactions with everyday field robots[D]. University of Washington. 2013.

2. Soldiers are developing relationships with their battlefield robots, naming them, assigning genders, and even holding funerals when they are destroyed. Reddit, 2013.

3. Gaudin S. Personal Robot That Shows Emotions Sells Out in One Minute[J]. Computer World. 2015(6).

4. Theory of mind[EB/OL]. https://en.wikipedia.org/wiki/Theory_of_mind.

5. Breazeal C. Designing Sociable Robots[M]. MIT Press. 2002.

6. TED Talk: Cynthia Breazeal: The rise of personal robots. TEDWomen 2010.

7. MIT Media Lab—Personal Robots Group[EB/OL]. http://robotic.media. mit. edu/project-portfolio/systems/.

8. JIBO, The World's First Social Robot for the Home[EB/OL]. Indiegogo. https:// www.indiegogo.com/projects/jibo-the-world-s-first-social-robot-for- the-home.

9. Guizzo E. The Little Robot That Could . . . Maybe[J]. IEEE Spectrum, Vol 53, issue 1. 2016(1).

10. Hanson Robotics website[EB/OL]. http://www.hansonrobotics.com/ about/ innovations-technology/.

11. TED talk: David Hanson: Robots that ‘Show Emotion’. TED2009.

12. Muoio D. Toshiba's latest humanoid robot speaks three languages and works in a mall[j]. Tech Insider. 2015 (11).

13. Smith M. Japan's ridiculous robot hotel is actually serious business[J]. Engadget. 2015(7).

14. Burns J. Meet Nadine, Singapore's New Android Receptionist[J]. Forbes. 2016(1).

15. Riek L., Rabinowitch T., Chakrabarti B., Robinson, P. How anthropomorphism affects empathy toward robots[P]. HRI 2009 Proceedings of the 4th ACM/IEEE international conference on Human robot interaction, 2009: 245-246.

16. Rosenthal-Von Der Pütten, A. et al. Investigations on empathy towards humans and robots using Fmri[J]. Computers in Human Behavior, 2014, 33:201-212

17. Fisher R. Is it OK to torture or murder a robot?[EB/OL]. [2013-11-27]. BBC.com.

18. Turkle S. Alone together: Why we expect more from technology and less from each other[M]. New York: Basic Books, 2011.

第七章

1. Mori M. Bukimi no tani[J]. Energy, 1970,7(4): 33-35, (in Japanese). ; Mori, M. The Uncanny Valley[J]. K. F. MacDorman & N. Kageki, Trans. IEEE Robotics & Automation Magazine, 1970/2012, 19(2), 98-100.

2. Steckenfinger S., Ghazanfar, A. Monkey visual behavior falls into the uncanny valley[P]. the National Academy of Sciences, 2009, 160(40).

3. Mathur M.B., Reichling D.B. Navigating a social world with robot partners: A quantitative cartography of the Uncanny Valley[J]. Cognition, 2016(1).

4. Becker E. The Denial of Death[M]. New York: Simon & Schuster. 1973; Greenberg J., Pyszczynski T., Solomon S. The causes and consequences of a need for self-esteem: A terror management theory[M]. In Public Self and Private Self (pp. 189-212). R.F. Baumeister (ed.), Springer-Verlag (New York). 1986.

5. MacDorman K.F. Androids as experimental apparatus: Why is there an uncanny valley and can we exploit it?[D]. CogSci-2005, Workshop: Toward Social Mechanisms of Android Science[J], Stresa, 2005(6):108-118.

第八章

1. Mone G. The New Face of Autism Therapy[j]. Popular Science, 2010(1).
2. Mullin E. How Robots Could Improve Social Skills In Kids With Autism[J]. Forbes, 2015(9).
3. Montalbano E. Humanoid Robot Used to Treat Autism[J].DesignNews, 2012 (8).
4. Leyzberg D., Spaulding S., Toneva M., et al. The Physical Presence of a Robot Tutor Increases Cognitive Learning Gains." [P]. CogSci, 2012.
5. Bloom B. The 2 Sigma Problem: The Search for Methods of Group Instruction as Effective as One-to-One Tutoring[J], Educational Researcher, 1984, 13: 4-16.
6. Leyzberg D., Spaulding S., Scassellati B. Personalizing Robot Tutors to Individuals' Learning Difference[P]. the 2014 ACM/ IEEE International conference on Human-robot Interaction, March 3-6, 2014, Bielefeld, Germany.
7. Korn M. Imagine Discovering That Your Teaching Assistant Really Is a Robot[J].Wall Street Journal. 2016(5).

第九章

1. Grossman D. On Killing: The Psychological Cost of Learning to Kill in War and Society[M]. Back Bay Books. 1996.

2. Center for Military Health Policy Research, Rajeev Ramchand, and Inc ebrary. The War Within: Preventing Suicide in the U.S[M]. Military. Santa Monica, CA: Rand Corporation, 2011.

3. DARPA. Sanchez, J. Systems-Based Neurotechnology for Emerging Therapies (SUBNETS).

4. Tucker P. The Military Is Building Brain Chips to Treat PTSD[J]. Defense One. 2014(5).

5. Pais-Vieira M., Lebedev M., Kunicki C., et al. A Brain-to-Brain Interface for Real-Time Sharing of Sensorimotor Information[J]. Scientific Reports, 2013(2),.

6. Yoo S.S., Kim H., Filandrianos E., et al. Non-Invasive Brain-to-Brain Interface (BBI): Establishing Functional Links between Two Brains [J]. PLoS ONE, 2013, 8(4).

7. Rao R.P., Stocco A., Bryan M., Sarma D.,et al. A direct brain-to-brain interface in humans[J]. PLoS One, 2014, 9(11).

8. Li G., Zhang D. Brain-Computer Interface Controlled Cyborg: Establishing a Functional Information Transfer Pathway from Human Brain to Cockroach Brain[J]. PLoS ONE, 2016, 11(3).

10. 711th Human Performance Wing. Wright-Patterson Air Force Base. Mission statement[EB/OL]. http://www.wpafb.af.mil/afrl/711HPW/.

11. Young E. Brain stimulation: The military's mind-zapping project[J]. BBC Future. 2014(6).

12. Autonomous Weapons: An Open Letter from AI & Robotics Researchers. Future of Life Institute, 2015 International Joint Conference on Artificial Intelligence, Buenos Aires, Argentina. July 28, 2015.

13. Joint Publication 1-02, Dept. of Defense Dictionary of Military and Associated Terms.

第十章

1. Taylor S.E. Neural and Behavioral Bases of Age Differences[J]. i Trust. PNAS, 2012, 109(51).
2. Incapsula. 2014 Bot Traffic Report: Just the Droids You Were Looking For[EB/OL].[2014-12-18].https://www.incapsula.com/blog/bot-traffic-report-2014.html.
3. Knapp M.L., Comaden M.E. Telling It Like It Isn't: A Review of Theory and Research on Deceptive Communications[J]. Human Communication Research, 1979(5): 270-285.
4. Leakey R.E., Lewin R. The People of the Lake: Mankind and Its Beginnings[M]. Anchor Press/Doubleday. 1978.
5. Vrij A. Detecting Lies and Deceit: Pitfalls and Opportunities[M]. Wiley. 2000.
6. Wile I.S. Lying as a Biological and Social Phenomenon[M]. The Nervous Child 1:293-317; Ludwig, A.M. The Importance of Lying. Charles C. Thomas Publisher. 1965; Smith, E.O. Deception and Evolutionary Biology[J]. Cultural Anthropology, 1987, 2.
7. Bond C.F., DePaulo, B.M. Accuracy of deception judgments[J]. Personality and Social Psychology Review, 2006(10): 214-234.
8. Dwoskin E., Rusli E.M. The Technology that Unmasks Your Hidden Emotions[J].Wall Street Journal, 2015(1).
9. Brainerd C.J., Stein L.M., Silveira R.A., et al. How Does Negative

Emotion Cause False Memories?[J]. Psychological Science, 2008,19: 919.; Lunau K. A ‘Memory Hacker’ Explains How to Plant False Memories in People's Minds[J]. Motherboard, 2016(9).

第十一章

1. Moyle W. The effect of PARO on social engagement, communication, and quality of life in people with dementia in residential aged care[M]. Plenary address, National Dementia Research Forum, Sydney, 2011.
2. Population Projections for Japan (January 2012): 2011 to 2060. National Institute of Population and Social Security Research in Japan.
3. Japan's Robotics Industry Bullish on Elderly Care Market, TrendForce Reports[M].Trend Force press. 2015.
4. J. Holt-Lunstad, T. B. Smith, M. Baker, T. Harris, D. Stephenson. Loneliness and Social Isolation as Risk Factors for Mortality: A Meta-Analytic Review[J]. Psychological Science, 2015, 10 (2): 227.
5. Wilson, C. & Moulton, B. Loneliness among Older Adults: A National Survey of Adults 45+[M]. Prepared by Knowledge Networks and Insight Policy Research. Washington, DC: AARP. 2010.
6. Astrid Rosenthal-von der Pütten and Nicole Krämer. Investigation on Empathy Towards Humans and Robots Using Psychophysiological Measures and Fmri[M]. 63rd Annual International Communication Association Conference, London, England. 2013.
7. National Center on Elder Abuse, US Department of Health and Human Services[EB/OL]. http://www.ncea.aoa.gov/library/data/.
8. The MetLife Study of Elder Financial Abuse: Crimes of Occasion,

Desperation, and Predation Against America's Elders[EB/OL]. https://www.metlife.com/assets/cao/mmi/publications/studies/2011/mmi-elder-financial-abuse.pdf. June 2011.

9. The True Link Report on Elder Financial Abuse 2015[EB/OL]. https://www.truelinkfinancial.com/files/True-Link-Report-on-Elder-Financial-Abuse-Executive-Summary_012815.pdf.

10. Taylor, Shelley E.. Neural and Behavioral Bases of Age Differences in Perceptions of Trust[J]. PNAS, 2012, Vol. 109, No. 51,

11. Dawkins, Richard. The Selfish Gene[M]. Best Books. 1976.

第十二章

1. Ritchey T. General Morphological Analysis: A general method for non-quantified modeling.1998. Ritchey, T. Wicked Problems: Structuring Social Messes with Morphological Analysis, 2005a. (Adapted from a lecture given at the Royal Institute of Technology in Stockholm, 2004).

2. Yonck R. Hacking Human 2.0[J]. H+. 2011(7),.

3. Kurzweil R. The Singularity Is Near[M]. New York: Viking. 2005: 28-29.

4. 7 Days of Genius Festival. Neil DeGrasse Tyson Interview of Ray Kurzweil at the 92Y On Demand. 2016(3).

5. TEDWomen 2015. Kaliouby R. This app knows how you feel—from the look on your face. 2015(5).

第十三章

1. Venus of Willendorf [EB/OL]. https://en.wikipedia.org/wiki/Venus_of_Willen dorf. Wikipedia; Conard, Nicholas J. A female figurine from

the basal Aurignacian of Hohle Fels Cave in southwestern Germany[J]. Nature, 459 (7244): 248-252.

2. Amos J. Ancient phallus unearthed in cave[N]. BBC News. 2005-07-25.
3. Rock of ages: Australia's oldest artwork found[EB/OL]. Guardian/ Associated Press. http://www.theguardian.com/world/2012/jun/18/rock-australia- art. June 18, 2012
4. Dawkins R. The Selfish Gene[M]. Oxford University Press. 1976.
5. Clay, Z., de Waal, F. B.M. Sex and strife: post-conflict sexual contacts in bonobos[J]. Behaviour. 2014.
6. The Health Benefits of Sexual Aids & Devices: A Comprehensive Study of their Relationship to Satisfaction and Quality of Life. Ber-man Center/Drugstore.com survey. Unpublished, 2004; D. Herbenick M. Reece S. Sanders B. et al. Fortenberry. Prevalence and characteristics of vibrator use by women in the United States: results from a nationally representative study[J]. Sexual Medicine. 2009. 6(7): 1857-1866.
7. Iwan Bloch, MD. The Sexual Life of Our Time in its Relation to Modern Civilization. (Translated from the Sixth German Edition by M. Eden Paul, MD). Rebman Ltd, London. 1909.
8. Les détraquées de Paris, Etude de moeurs contemporaines René Schwaeblé. Nouvelle Edition, Daragon libraire-Èditeur, 1910.
9. Smith A., Anderson J. Digital Life in 2025: AI, Robotics and the Future of Jobs[J]. Pew Research Center, 2014(8).
10. Forecast: Kurzweil—2029: HMLI, human level machine intelligence; 2045: Superintelligent machines; Forecast: Bostrom—2050: Author's Delphi survey converges on HMLI, human level machine intelligence.

11. Levy D. Love and Sex with Robots[M]. Harper. 2007.

12. Brice M. A Third of Men Who See Prostitutes Crave Emotional Intimacy, Not Just Sex[J]. Medical Daily,2012(8); Calvin, T. Why I visit prostitutes[J].Salon, 2014(10).

13. Object sexuality[EB/OL]. https://en.wikipedia.org/wiki/Object_sexuality.

14. Objectùm-Sexuality Internationale[EB/OL]. http://www.objectum-sexuality.org/.

15. Wakefield P.A. A Moose for Jessica[M]. Puffin Books. 1992.

16. The Swan Who Has Fallen in Love With a Tractor. Daily Mail[EB/OL]. [2011-04-22]. http://www.dailymail.co.uk/news/article-1379656/The-swan-fallen-love-tractor.html.

17. Hall S.A. Sexual Activity, Erectile Dysfunction, and Incident Cardiovascular Events[J]. American Journal of Cardiology, 2004, 105(2), 192-197.

18. Smith, G.D., Frankel, S., Yarnell, J. Sex and death: are they related? Findings from the Caerphilly cohort study[J]. British Medical Journal. 1997.

19. Davis C., Loxton N.J. Addictive behaviors and addiction-prone personality traits: Associations with a dopamine multilocus genetic profile[J]. Addictive Behaviors, 2013, 38, 2306-2312.

20. Wright J., Hensley C. From Animal Cruelty to Serial Murder: Applying the Graduation Hypothesis[J]. International Journal of Offender Therapy and Comparative Criminology 2003, 47 (1): 71-88.

21. Frey C.B., Osborne M.A. The Future of Employment: How Susceptible are Jobs to Computerisation?[D] Oxford Martin School, Programme on

the Impacts of Future Technology, University of Oxford. 2013; Rutkin, A.H. Report Suggests Nearly Half of U.S. Jobs Are Vulnerable to Computerization[J]. Technology Review. 2013(9).

22. Stromberg J. Neuroscience Explores Why Humans Feel Empathy for Robots[J]. Smithsonian. 2013(4).

第十四章

1. Price R. Microsoft is deleting its AI chatbot's incredibly racist tweets[J]. Business Insider. 2016(3).
2. Smith D. IBM's Watson Gets A ‘Swear Filter’ After Learning The Urban Dictionary[N]. International Business Times. 2013-01-10.
3. Turkle S. Alone Together[M]. Basic Books. 2011.
4. Yonck R. Toward a Standard Metric of Machine Intelligence[J]. World Future Review, 2012 Summer.
5. Berger T.W., Hampson R.E., Song D.,et al. A cortical neural prosthesis for restoring and enhancing memory[J]. Neural Engineering, 2011(8); Hamp-son, RE, Song D.. Facilitation of memory encoding in primate hippocampus by a neuroprosthesis that promotes task-specific neural firing[J]. Neural Engineering, 2013(12).
6. Moravec H. Mind Children[M]. Harvard University Press. 1988.

第十五章

1. Tsetserukou D., Neviarouskaya A., Prendinger H., et al. Affective Haptics in Emotional Communication[P]. the International Conference on Affective Computing and Intelligent Interaction (ACII'09), Amsterdam,

the Netherlands, IEEE Press, 2009: 181-186.

2. Arafsha F., Alam K.M., el Saddik A. EmoJacket: Consumer centric wearable affective jacket to enhance emotional immersion[P]. the Innovations in Information Technology (IIT). 2012.
3. Olds J., Milner P. Positive reinforcement produced by electrical stimulation of septal area and other regions of rat brain[J]. J. Comp. Physiol. Psychol. 1954, 47: 419-427.
4. Hiroi A. Genetic susceptibility to substance dependence[J]. Mol Psychiatry, 2005, 10 (4): 336-44.
5. Davis M. NMDA receptors and fear extinction: implications for cognitive behavioral therapy[J]. Dialogues in Clinical Neuroscience. 2011, 13(4):463-474.
6. Stein M.B., Lang L. Taylor S., et al. Livesley, J.W. Genetic and Environmental Influences on Trauma Exposure and Posttraumatic Stress Disorder Symptoms: A Twin Study[J]. American Journal of Psychiatry, 2002, 150(10):1675-1681.
7. Wallach W. From Robots to Techno Sapiens: Ethics, Law and Public Policy in the Development of Robotics and Neurotechnologies[J]. Law, Innovation and Technology, 2011, 3(2):185-207.
8. Match.com. U.S. News & World Report.; Pew Research Center. 15% of American Adults Have Used Online Dating Sites or Mobile Dating Apps[R].
9. February 11, 2016.

第十六章

1. Jonze S, Her. Screenplay WGA Registration #1500375. 2011.

2. Asimov A. Liar![J]. Astounding Science Fiction. 1941.

第十七章

1. Block N., Flanagan O., Guzeldere G. On a confusion about a function of consciousness[M]// The Nature of Consciousness: Philosophical Debates,. MIT Press. 1998:375-415.

2. Chalmers D. Facing Up to the Problem of Consciousness[J]. Consciousness Studies, 1995, 2 (3): 200-219.

3. Block N. Two neural correlates of consciousness[J]. TRENDS in Cognitive Sciences, 2005, 9(2).

4. Lombardo M.V., Chakrabarti B., Bullmore E.T.,et al. Atypical neural self-representation in autism[J]. Brain, 2010, 133(2):611-624.

5. Gould S.J. Foreword: The Positive Power of Skepticism[M]. Why People Believe Weird Things, by Michael Shermer. New York: W.H. Freeman. 1997.

6. Explainable Artificial Intelligence (XAI)[EB/OL]. DARPA-BAA-16-53, [2016-08-10]. http://www.darpa.mil/attachments/DARPA-BAA-16-53.pdf.

7. Full R.J. Integrative Biology/Poly-Pedal Lab[EB/OL]. http://polypedal.berkeley.edu.

8. Yonck R. Toward a Standard Metric of Machine Intelligence[J]. World Future Review, 2012(5): 61-70.

9. Goleman D. Emotional Intelligence: Why It Can Matter More Than

IQ[M]. Bantam Books. 1995.

10. Nei M. Mutation-Driven Evolution[M]. Oxford University Press, Oxford. 2013.
11. Hornby G.S., Globus A., Linden D.S., et al. Automated antenna design with evolutionary algorithms[J]. American Institute of Aeronautics and Astronautics. 2006(9).
12. Jaynes J. The origin of consciousness in the breakdown of the bicameral mind[M]. Houghton Mifflin. 1976.
13. Goertzel B. The Mind-World Correspondence Principle (Toward a General Theory of General Intelligence)[P]. IEEE Symposium on Computational Intelligence for Human-like Intelligence (CIHLI). 2013.

第十八章

1. Yudkowsky E. Creating Friendly AI 1.0: The Analysis and Design of Benevolent Goal Architectures[D]. Machine Intelligence Research Institute, 2001.
2. Goertzel, Ben. Should Humanity Build a Global AI Nanny to Delay the Singularity Until It's Better Understood?[J]. consciousness studies, 2012, 19: 1-2.